有机合成
百题精解

朱万仁 罗志辉 ○编著

西南交通大学出版社
·成 都·

图书在版编目（CIP）数据

有机合成百题精解／朱万仁，罗志辉编著. —成都：
西南交通大学出版社，2016.4
ISBN 978-7-5643-4644-7

Ⅰ. ①有… Ⅱ. ①朱… ②罗… Ⅲ. ①有机合成－高
等学校－题解 Ⅳ. ①O621.3-44

中国版本图书馆 CIP 数据核字（2016）第 075729 号

有机合成百题精解

朱万仁　罗志辉　编著

责 任 编 辑	牛　君	
封 面 设 计	何东琳设计工作室	
出 版 发 行	西南交通大学出版社 （四川省成都市二环路北一段 111 号 西南交通大学创新大厦 21 楼）	
发 行 部 电 话	028-87600564　028-87600533	
邮 政 编 码	610031	
网　　　　址	http://www.xnjdcbs.com	
印　　　　刷	成都蓉军广告印务有限责任公司	
成 品 尺 寸	185 mm×260 mm	
印　　　　张	15.25	
字　　　　数	379 千	
版　　　　次	2016 年 4 月第 1 版	
印　　　　次	2016 年 4 月第 1 次	
书　　　　号	ISBN 978-7-5643-4644-7	
定　　　　价	38.00 元	

前　言

有机合成是一门艺术——一门分子水平上的建筑艺术；是一项复杂、艰巨的工作；也是一项耐人寻味和富有挑战性、创造性的工作。其任务就是构建碳碳骨架和所需的官能团。这就要求我们必须熟练掌握官能团的引入和相互转换的反应，以及碳碳键的构建。

编写本书的目的是给刚接触有机合成反应的学生提供一个模仿的样式。使有机合成初学者有样可学，促使他们较快地掌握有机合成的一些基本规律，系统掌握有机化学的基本知识和基本理论，并能很快地应用到合成路线的设计上来，迅速提高应用有机化学基本知识和基本理论的能力。通过学习和训练，帮助学生提高理论推导能力、有机化学的基本理论和基本知识的应用能力，进一步提高逻辑思维能力，拓展知识的应用范围，开阔视野。通过学习和训练，学生应能达到较顺利地掌握和熟悉有机合成路线设计的基本要求和能力。对于学生系统学习和复习有机化学，尤其是对考研具有重要意义。

考虑到篇幅的限制，本书主要内容分为三章，第一章解答有机合成题的基础知识准备；第二章有机化合物常见增长和缩短碳链的方法；第三章有机合成练习题题解。重点是第三章，详细介绍了 300 多条基本有机合成路线的设计，特点是采用一题一分析一推导一解释一路线的方式进行。按照有机合成的基本要求，进行逆合成分析，然后加以文字解释，最后给出符合有机合成要求的、可行的、简练的合成路线。

本书作为有机合成教学的重要参考书，重在启蒙、引领、启发，重在学生自学，适合本专科生、研究生学习参考，也适合考研学生复习使用，是一本适时的参考书。希望能给初学者和考研学习者带来一些可贵的启发，助其提高学习效率。

本书经过 10 多年的教学和考研辅导促成初稿，在学校和二级学院领导的鼓励和支持下才得以完成。由于时间关系，来不及系统分类，对有机合成的分析技术和路线设计难以做到非常精准。书中难免存在错漏之处，敬请读者批评指正。

编　者

2015 年 10 月于广西玉林

目　录

第一章　解答有机合成题的基础知识准备 ··· 1

一、烃类和简单杂环的官能团化 ··· 1

二、官能团的转换 ·· 6

三、复习和熟练掌握碳链的增长方法 ··· 9

四、熟悉一些重要的重排反应 ·· 10

五、掌握碳碳键的构建方法 ··· 10

六、掌握化学键的切断与逆合成分析法 ·· 10

七、熟悉按照化学键异裂方式切断后的常见合成子及其对应的等价物 ······ 10

八、逆合成分析切断法的技巧 ·· 11

九、一条理想的合成路线的确定需要把握的几点 ································ 11

第二章　有机化合物常见增长和缩短碳链的方法 ······························· 12

第一节　增长碳链的方法 ·· 12

一、增加一个碳原子的常见方法 ·· 12

二、增加两个碳原子的常见方法 ·· 16

三、增加三个碳原子的常见方法 ·· 19

四、增加四个碳原子的常见方法 ·· 22

五、碳链倍增法 ··· 22

第二节　缩短碳链的方法 ·· 24

一、减少一个碳原子的常见方法 ·· 24

二、烯烃通过氧化断键减少一个或多个碳的方法 ································ 25

第三章　有机合成练习题题解 ··· 26

参考文献 ··· 238

第一章　解答有机合成题的基础知识准备

俗话说得好，"磨刀不误砍柴工"，这对于解答有机合成题来说是非常贴切的。有机合成题是一类有机化学知识综合练习题，解答时需要学生具有较全面的有机化学基础知识作为支撑。因此，练习前较全面综合地复习有机化学基础知识是非常必要的。

一、烃类和简单杂环的官能团化

（一）烷烃的官能团化

该反应属于自由基型反应，通常在高温或光照条件下进行。

（二）烯烃的官能团化

以丙烯为例：

此外，涉及立体化学的反应有：

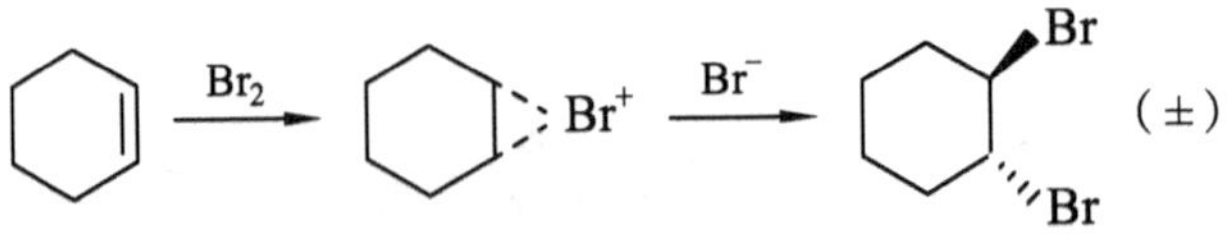

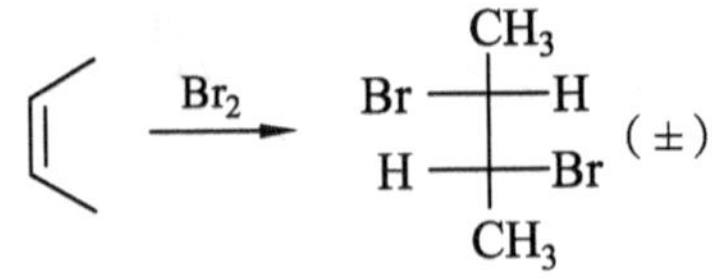

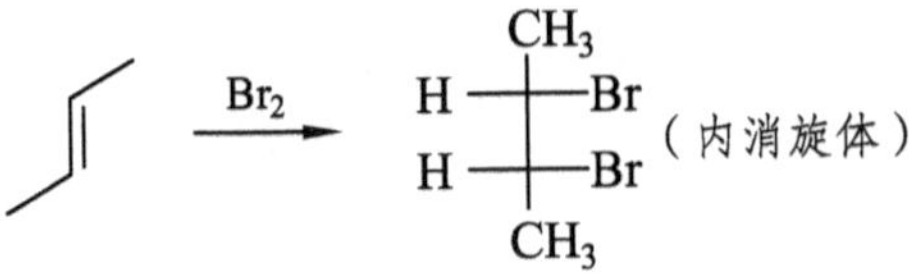

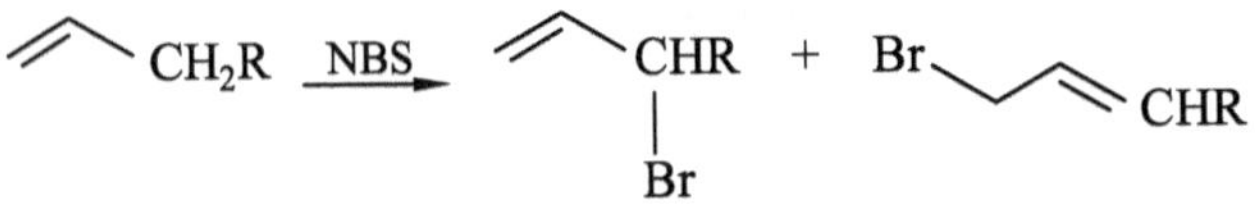

（三）炔烃的官能团化

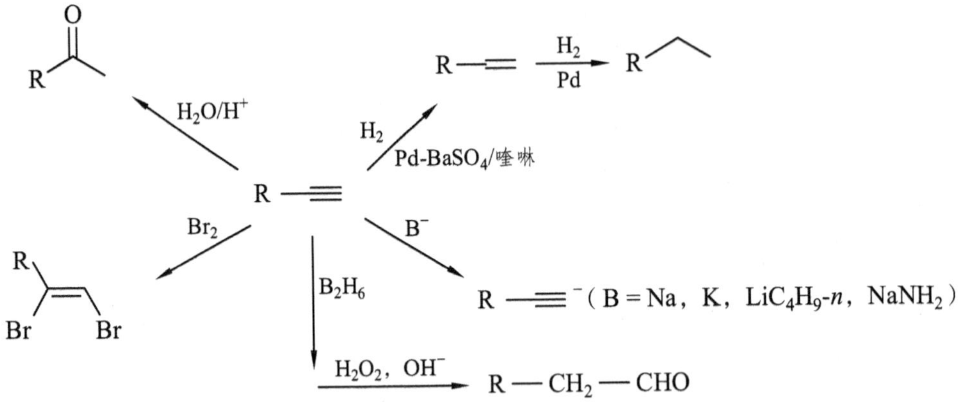

亲电加成属于反式加成：

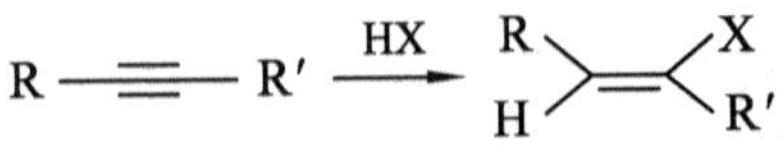

催化加氢的立体化学：

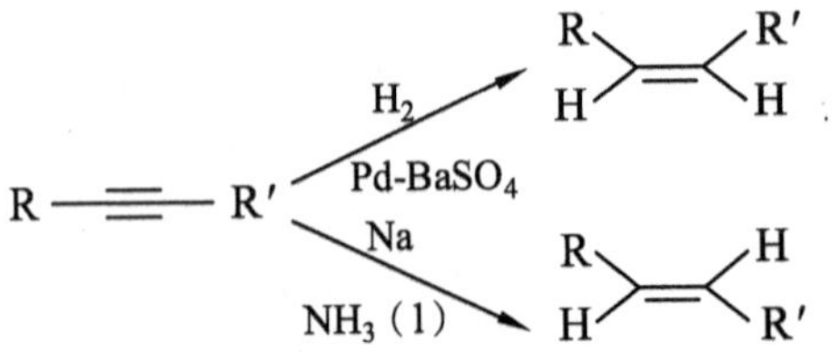

（四）芳烃的官能团化

1. 芳环上的亲电取代反应

2. 侧链上的反应

$$Ph—CH(CH_3)_2 \xrightarrow{O_2} Ph—\underset{\underset{OOH}{|}}{C}(CH_3)_2 \xrightarrow{H^+} Ph—OH + CO(CH_3)_2$$

（五）简单杂环化合物的官能团化

五元杂环为富电子芳环，亲电取代反应比苯快；吡啶属于缺电子芳环，亲电取代反应比苯慢。

1. 亲电取代反应

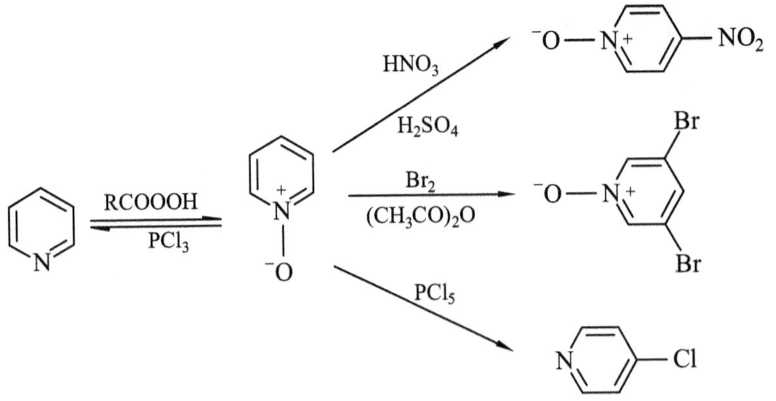
RCOOOH
PCl3
HNO3
H2SO4
NO2
Br2
(CH3CO)2O
Br
Br
PCl5
Cl

2. 亲核取代反应

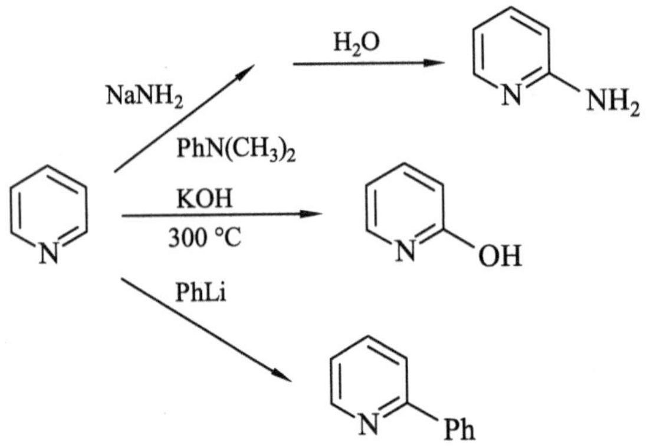
NaNH2
PhN(CH3)2
H2O
NH2
KOH
300 °C
OH
PhLi
Ph

3. 五元杂环的反应

（1）

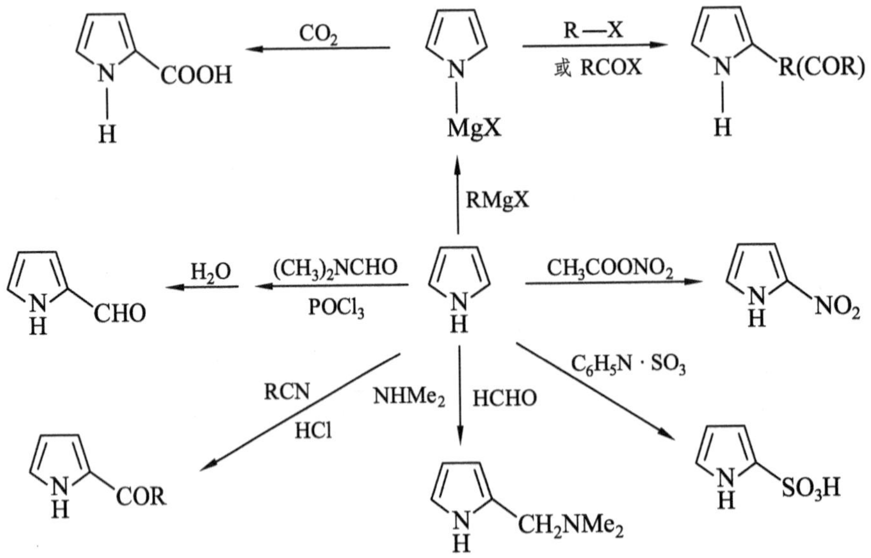
CO2
COOH
MgX
R—X
或 RCOX
R(COR)
RMgX
H2O
(CH3)2NCHO
POCl3
CHO
CH3COONO2
NO2
C6H5N · SO3
SO3H
RCN
HCl
COR
NHMe2
HCHO
CH2NMe2

（2）

（3）

二、官能团的转换

（一）羟基的转换

（二）氨基的转换

2,4,6-三苯基吡啶是一个很好的离去基团，利用它下列反应都能很好地进行。

（1）

（2）

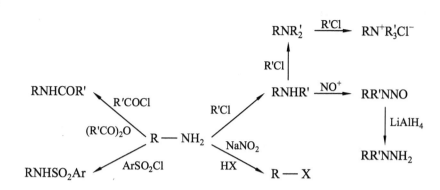

（3）

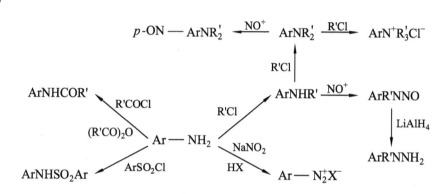

（4）

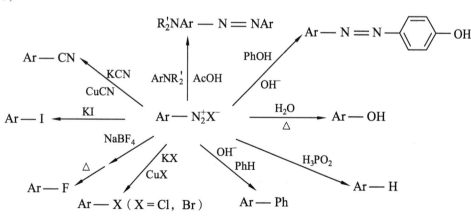

（三）卤代烃的转换

（Diagram: 卤代烃的转换反应图）

CH_3CH_2Li ← Li
RS^- → SR 取代
OH^- → OH
RO^-, △ → 烯烃
Mg, Et_2O → MgCl
RNH_2 → NHR + NR
RCH_2 → CH_2R
RO^- → OR
CN^- → CN

（四）硝基的转换

$$Ar-N_2^+ \xleftarrow[\text{HCl}]{NaNO_2} Ar-NH_2 \xrightarrow{H_2SO_4} Ar-NO$$

$$Fe-HCl \parallel CF_3COOOH$$

$$\overset{+}{Ar}N=NHAr \xleftarrow[\text{NaOH}]{As_2O_3} Ar-NO_2 \xrightarrow{Zn,\ NH_4Cl} Ar-NHOH$$

$K_2Cr_2O_7$

$$ArNHNHAr \xleftarrow[\text{OH}^-]{Zn} ArN=NAr$$

Zn | OH⁻ ; NaOH/MeOH, Zn ; ArNH₂

（五）醛和酮的转换

（1）

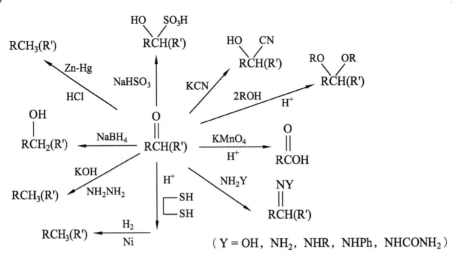

$$(Y = OH,\ NH_2,\ NHR,\ NHPh,\ NHCONH_2)$$

（2）

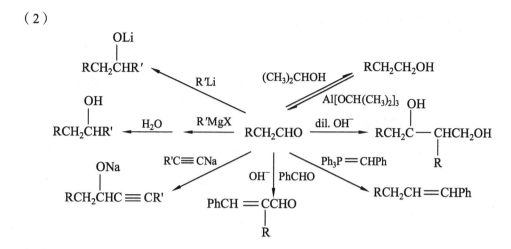

（3）

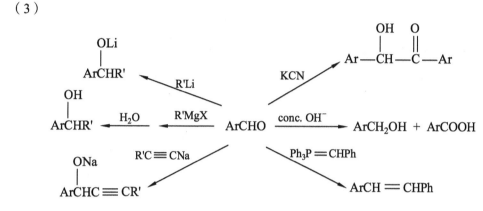

（六）羧酸及其衍生物的转换

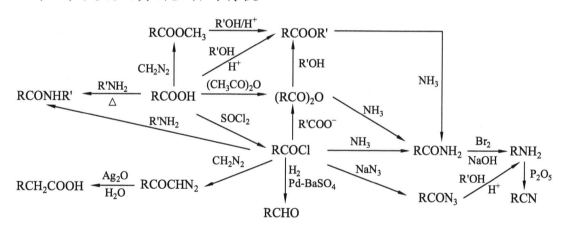

三、复习和熟练掌握碳链的增长方法

具体见第二章。

四、熟悉一些重要的重排反应

不是每一个重排反应都在有机合成上发挥重要作用。但是，有一些重排反应对于合成某些特定的化合物是非常重要的，如频哪醇重排、霍夫曼（Hoffmann）重排、贝克曼（Beckmann）重排等。

五、掌握碳碳键的构建方法

1. 通过自由基构建

$$R \cdot + \cdot R \longrightarrow R—R$$

这种构建化学键的形式和反应所占比例较少。

2. 通过亲核试剂向亲电试剂提供电子对构建

$$R^- + R^+ \longrightarrow R—R$$

通过这种方法构建化学键的反应占多数。

例如，其对应的化合物反应：

$$RMgX + R—X \longrightarrow R—R + MgX_2$$

六、掌握化学键的切断与逆合成分析法

要完成一个复杂化合物的合成路线的设计，首先，需要对合成目标物进行一步一步倒推分析，称为"逆合成分析"。通过对目标物化学键的每一次合理切断，分为两个部分（亲核部分和亲电部分），也称为碎片，按照专业名称则称为合成子。随后对两个合成子找到其合理的对应等价物，即亲核试剂和亲电试剂。能找到合理的合成子所对应的等价物的切断才属于有效切断。只有每一步的切断均属于有效切断，最终才有可能设计出最佳的合成路线。

七、熟悉按照化学键异裂方式切断后的常见合成子及其对应的等价物

下面把常见的化学键产生异裂后的两个合成子及其对应的等价物（即亲核试剂和亲电试剂）罗列出来，供参考。

1. 亲核合成子及其对应的等价物

（1）烷基碳负离子 R^- 对应的等价物有：$RMgX$，RLi，R_2Cd，RCu，R_2CuLi，$XZnCH_2COOEt$ 等。

（2）芳基碳负离子 Ar^- 对应的等价物有：$ArMgX$，$ArLi$，Ar_2Cd，$ArCu$，Ar_2CuLi 等。

（3）取代乙炔型碳负离子 $RC\equiv C^-$ 对应的等价物有：$RC\equiv CNa$，$RC\equiv CMgX$，$RC\equiv CLi$，$RC\equiv CCu$ 等。

需要注意的是，以上亲核试剂 R 基上不能连有含活泼氢的官能团（—OH，—COOH，—NH$_2$）。

（4）在强碱作用下形成的碳负离子：

$$CH_2Y_2 \xrightarrow{\text{EtONa}} {}^-CH_2Y_2 \quad (—CHO，—COR，—COOR，—CN，—NO，—NO_2)$$

2. 亲电合成子及其对应的等价物

（1）烷基碳正离子对应的等价物有：$R—X$，$R—OSO_2R'$，$R—O^+H_2$ 等。

（2）芳环碳正离子对应的等价物有：$Ar—Br$，$Ar—I$，$Ar—N_2^+X^-$ 等。

（3）取代乙烯基碳正离子 $RCH=CH^+$ 对应的等价物有：$RCH=CHBr$ 等。

（4）酰基碳正离子对应的等价物有：$RCOCl$，$(RCO)_2O$，$RCOOR'$，$RCONR_2$，RCN，$RCOOH$ 等。

（5）羧基正离子 ^+COOH 对应的等价物是：CO_2。

（6）羟甲基正离子 $^+CH_2OH$ 对应的等价物是：CH_2O。

（7）烷基羟甲基正离子 R^+CHOH 对应的等价物是：$RCHO$。

（8）二烷基羟甲基正离子 $^+CR_2OH$ 对应的等价物是：$RCOR$。

（9）羟乙基正离子 $^+CH_2CH_2OH$ 对应的等价物是：环氧乙烷（）。

（10）酰基乙基正离子 $^+CH_2CH_2—COR$（$—COOR'$，$—CN$，$—NO_2$）对应的等价物是：$CH_2=CH—COR$（$—COOR'$，$—CN$，$—NO_2$）。

八、逆合成分析切断法的技巧

（1）优先考虑在官能团附近的切断。在官能团附近切断所得到的合成子较容易找到其对应的等价物。

（2）优先考虑碳杂键的切断。碳与氮、氧等杂原子构成的化学键往往不如碳碳键稳定，键的形成也比较容易。

（3）添加辅助基团后再切断。有些化合物在结构上没有官能团，或有官能团但找不到合适的合成子等价物，此时在适当位置添加辅助官能团，可更加顺利地找到切断的位置。例如，通常在乙酰基或羧基的 α-位添加一个羧基。

（4）利用目标分子结构的对称性进行切断。如果分子对称性高，则考虑对半切断，可满足合成路线的步骤尽可能少的要求。

（5）优先考虑在"共用原子"附近切断。对于稠环化合物，利用"共用原子"法可使这一问题大大简化。

（6）注意把握 1,3-、1,4-、1,5-、1,6-含氧碳架倒推法。

（7）适当使用导向基、堵塞基、保护基等技术。

九、一条理想的合成路线的确定需要把握的几点

（1）要有合理的反应机理；

（2）合成路线简洁（尽可能短）；

（3）区域性、立体选择性高；

（4）原子转化率（产率）高；

（5）操作简便、安全，反应条件温和；

（6）原料易得；

（7）合成路线绿色环保。

第二章　有机化合物常见增长和缩短碳链的方法

第一节　增长碳链的方法

一、增加一个碳原子的常见方法

含有一个碳原子的化合物都可以作为增加一个碳的反应试剂，如 $CH_2=O$，$HCOOC_2H_5$，$HC(OC_2H_5)_3$，CO，CO_2，$COCl_2$，CHX_3，CH_2X_2，HCN，CH_2N_2，DMF，$CO(NH_2)_2$，CH_3Li，$(CH_3)_2CuLi$，CH_3MgX，$Ph_3P=CH_2$ 等。这些试剂的相关反应如下：

1. 亲核试剂与甲醛反应，转变成羟甲基或氯甲基或氨甲基

（1）

$$RCH_2MgX + CH_2=O \longrightarrow RCH_2CH_2OMgX \xrightarrow{H_3O^+} RCH_2CH_2OH$$

（2）

$$(RCH_2)_2CuLi + CH_2=O \longrightarrow RCH_2CH_2OLi \xrightarrow{H_3O^+} RCH_2CH_2OH$$

（3）

$$R-Li + CH_2=O \longrightarrow RCH_2OLi \xrightarrow{H_3O^+} RCH_2OH$$

（4）

$$CH_3CH=O + CH_2=O \xrightarrow{稀OH^-} HOCH_2CHCH=O \xrightarrow[-H_2O]{\triangle} CH_2=CHCH=O$$

$$RCH_2CH=O + CH_2=O \xrightarrow{稀OH^-} \underset{CH_2OH}{RCHCH=O} \longrightarrow \underset{CH_2}{RCCH=O}$$

$$2CH_2=O + CH_2(COOC_2H_5)_2 \xrightarrow{NaHCO_3} (HOCH_2)_2C(COOC_2H_5)_2$$

（5）

$$\text{（benzene）} + CH_2=O + HCl \xrightarrow{ZnCl_2} \text{（benzyl chloride）}CH_2Cl$$

（6）

$$CH_2=O + HN(CH_3)_2 + CH_3COCH_3 \longrightarrow CH_3\overset{\overset{\displaystyle O}{\|}}{C}CH_2CH_2N(CH_3)_2$$

$$CH_2=O + HN(CH_3)_2 + \text{（indole）} \longrightarrow \text{（indole-CH_2N(CH_3)_2）}CH_2N(CH_3)_2$$

2. 甲酰化反应，引入甲酰基

（1）

$$\text{（2-methylcyclohexanone）} + HCOOC_2H_5 \xrightarrow{OH^-} \text{（product）}CHO$$

$$\text{（benzene）} + H\overset{\overset{\displaystyle O}{\|}}{C}-Cl \xrightarrow{AlCl_3} \text{（benzaldehyde）}CH=O$$

（2）

$$\text{（2-chloroanisole）} + HCN + HCl \xrightarrow{AlCl_3} \text{（product）}CHO$$

（3）

$$\text{（N,N-dimethylaniline）} + HCON(CH_3)_2 \xrightarrow{POCl_3} \xrightarrow{H_3O^+} \text{（4-dimethylaminobenzaldehyde）}CHO$$

（4）

$$\text{苯酚} + HCCl_3 \xrightarrow{OH^-} \text{对羟基苯甲醛} + \text{邻羟基苯甲醛}$$

（5）

$$\text{（反应式，见图）} \xrightarrow{} \xrightarrow{H_3O^+}$$

$$\text{苯} + CO + HCl \xrightarrow{ZnCl_2} \text{苯甲醛}$$

3. 通过反应引入甲基

（1）亲核加成

$$CH_3MgX + RCH{=}O \longrightarrow \xrightarrow{H_3O^+} \underset{OH}{RCH}{-}CH_3$$

$$CH_3Li + RCH{=}O \longrightarrow \xrightarrow{H_3O^+} \underset{OH}{RCH}{-}CH_3$$

$$(CH_3)_2CuLi + RCH{=}O \longrightarrow \xrightarrow{H_3O^+} \underset{OH}{RCH}{-}CH_3$$

$$CH_3MgX + RR'C{=}O \longrightarrow \xrightarrow{H_3O^+} \underset{OH,\,R'}{RC}{-}CH_3$$

（2）亲电取代

$$\text{苯} + CH_3Cl \xrightarrow{AlCl_3} \text{甲苯}$$

（3）亲核加成和消去

$$R-COOH + 2CH_3Li \longrightarrow \underset{\underset{CH_3}{|}}{R-\overset{\overset{LiO\quad OLi}{|\quad\quad|}}{C}} \xrightarrow{H_3O^+} R-\overset{\overset{O}{\|}}{C}-CH_3$$

（4）亲核取代

4. 通过亲核加成增加一个碳

（1）

$$CH\equiv CH + HCN \longrightarrow CH_2=CHCN \xrightarrow{H_3O^+} CH_2=CHCOOH$$

（2）

$$R-\underset{\underset{H(R)}{|}}{C}=O + HCN \longrightarrow R-\overset{\overset{OH}{|}}{\underset{\underset{H(R)}{|}}{C}}-CN \xrightarrow{H_3O^+} R-\overset{\overset{OH}{|}}{\underset{\underset{H(R)}{|}}{C}}-COOH$$

（3）

$$RCH_2MgX + CO_2 \longrightarrow RCH_2COOMgX \xrightarrow{H_3O^+} RCH_2COOH$$

（4）

$$R-Li + CO_2 \longrightarrow RCOOLi \xrightarrow{H_3O^+} RCOOH$$

（5）

$$(RCH_2)_2CuLi + CO_2 \longrightarrow RCH_2COOLi \xrightarrow{H_3O^+} RCH_2COOH$$

（6）

$$RC\equiv CNa + CO_2 \longrightarrow RC\equiv CCOONa \xrightarrow{H_3O^+} RC\equiv CCOOH$$

$$NaC\equiv CNa + 2CO_2 \longrightarrow NaOOCC\equiv CCOONa \xrightarrow{H_3O^+} HOOC-C\equiv C-COOH$$

（7）

$$CH_2 = CH_2 + CO + H_2O \xrightarrow[\text{CuCl}]{\text{CdCl}_2} CH_3CH_2CH = O$$

5. 通过亲核取代增加一个碳

$$R-CH_2-X + KCN \longrightarrow R-CH_2-CN \xrightarrow{H_3O^+} R-CH_2-COOH$$

$$Ph-CH_2-X + KCN \longrightarrow Ph-CH_2-CN \xrightarrow{H_3O^+} Ph-CH_2-COOH$$

6. 通过其他方法

（1）

$$\begin{matrix} RC=O \\ | \\ H(R) \end{matrix} + Ph_3P = CH_2 \longrightarrow \begin{matrix} RC=CH_2 \\ | \\ H(R) \end{matrix}$$

（2）

（3）

$$ArCOOH \xrightarrow{CH_2=N=N} \xrightarrow[\text{H}_2\text{O}]{\text{Ag}_2\text{O}} ArCH_2COOH$$

二、增加两个碳原子的常见方法

（1）

$$\left.\begin{matrix} R-MgX \\ R-Li \\ R_2CuLi \end{matrix}\right\} + CH_3CH_2-X \longrightarrow \left\{\begin{matrix} RCH_2CH_3 + MgX_2 \\ RCH_2CH_3 + LiX \\ RCH_2CH_3 + RCu + LiX \end{matrix}\right.$$

$$RC \equiv CNa + CH_3CH_2-X \longrightarrow RC \equiv CCH_2CH_3$$

（2）

$$R—MgX$$
$$R—Li$$
$$R_2CuLi$$
$$\Bigg\} + \triangle^O \longrightarrow$$

$$RCH_2CH_2OMgX \xrightarrow{H_3O^+} RCH_2CH_2OH$$
$$RCH_2CH_2OLi \xrightarrow{H_3O^+} RCH_2CH_2OH$$
$$RCH_2CH_2OLi + RCu$$
$$\quad \downarrow{H_3O^+}$$
$$\quad RCH_2CH_2OH$$

$$RC \equiv CNa + \triangle^O \longrightarrow RC \equiv CCH_2CH_2ONa \xrightarrow{H_3O^+} RC \equiv CCH_2CH_2OH$$

（3）

（4）

（5）

$$2CH_3CH = O \xrightarrow{\text{稀}OH^-} CH_3CHCH_2CH = O \xrightarrow{-H_2O} CH_3CH = CHCH = O$$
$$\qquad\qquad\qquad\qquad\quad \underset{OH}{|}$$

$$PhCH = O + CH_3CH = O \xrightarrow{\text{稀}OH^-} PhCHCH_2CH = O \xrightarrow{-H_2O} PhCH = CHCH = O$$
$$\qquad\qquad\qquad\qquad\qquad\qquad\qquad \underset{OH}{|}$$

（6）

$$PhCH = O + (CH_3CO)_2O \xrightarrow{CH_3COOK} PhCH = CHCOOH$$

(7)

$$\underset{\substack{|\\ H(R)}}{RC}=O+Ph_3P=CHCH_3 \longrightarrow \underset{\substack{|\\ H(R)}}{RC}=CHCH_3$$

(8)

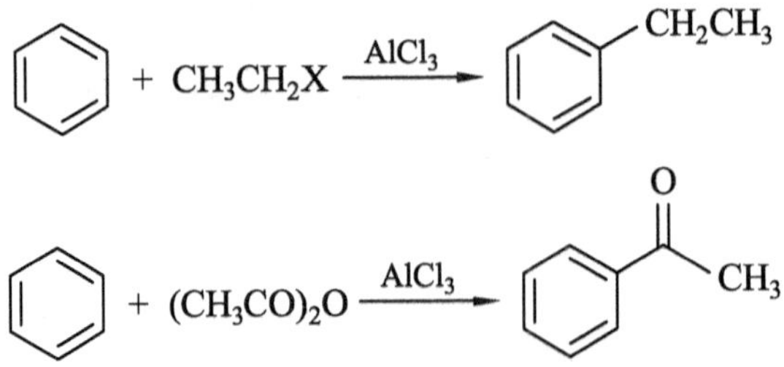

(9)

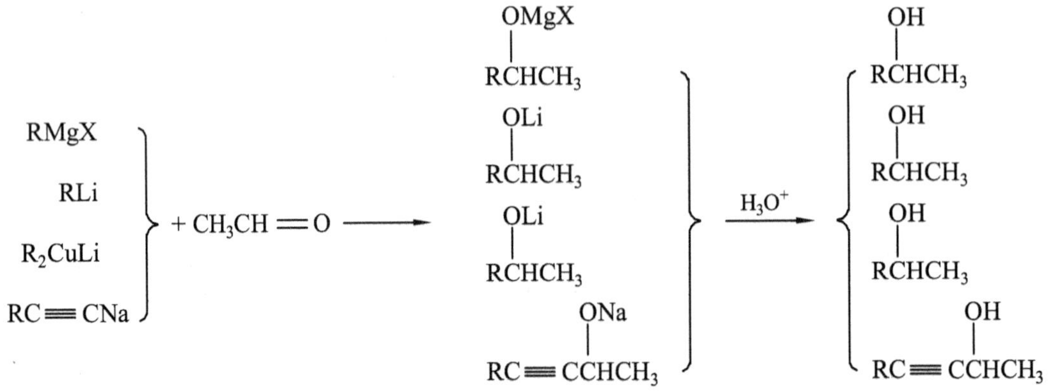

(10)

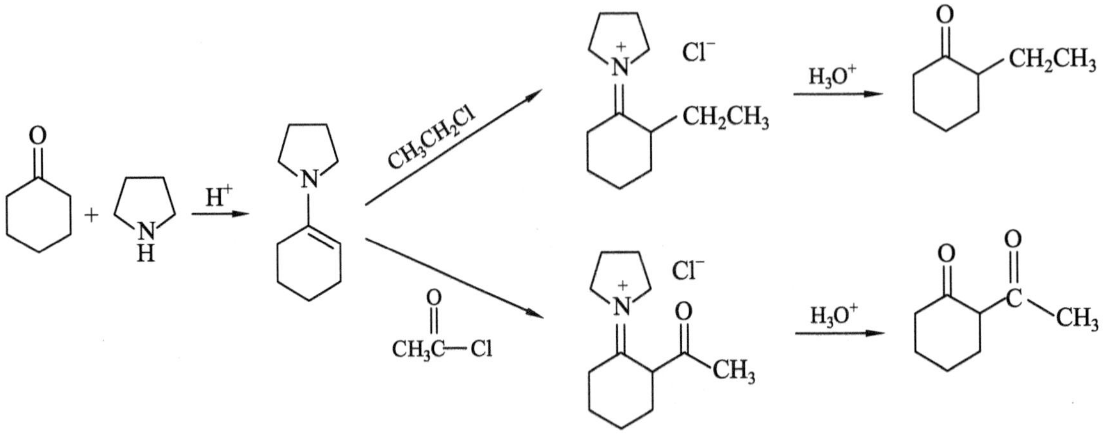

(11)

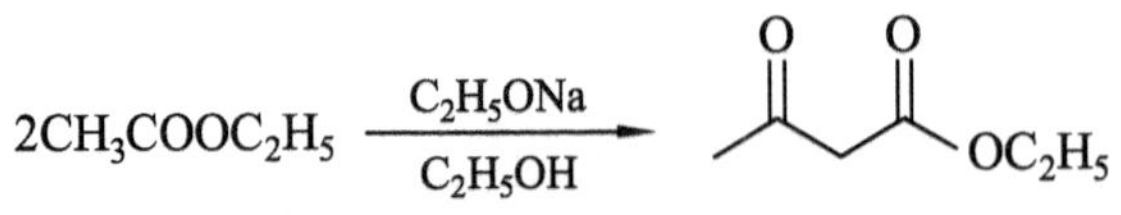

（12）

$$RC\underset{H(R)}{=}O + BrZnCH_2COOC_2H_5 \longrightarrow RC\underset{H(R)}{\overset{OZnBr}{\underset{|}{-}}}CH_2COOC_2H_5 \xrightarrow{H_3O^+}$$

$$RC\underset{H(R)}{\overset{OH}{\underset{|}{-}}}CH_2COOC_2H_5 \xrightarrow{-H_2O} RC\underset{H(R)}{=}CHCOOC_2H_5$$

（13）

$$2CH_3COOC_2H_5 \xrightarrow[C_6H_6]{Na} \underset{NaO \quad ONa}{\overset{}{\diagup\!\!\diagdown}} \xrightarrow{H_3O^+} \underset{O \quad OH}{\overset{}{\diagup\!\!\diagdown}}$$

（14）

$$PhCHO + CH_3COOC_2H_5 \xrightarrow{C_2H_5ONa} PhCH=CHCOOC_2H_5$$

（15）

$$CH_3COCH_2COOC_2H_5 \xrightarrow[C_2H_5Br]{C_2H_5ONa} CH_3COCHCOOC_2H_5 \xrightarrow[\text{（酸式水解）}]{\text{浓}OH^-} \xrightarrow{H_3O^+} \diagup\!\!\diagdown\!\!\diagup COOH$$
$$\underset{C_2H_5}{\qquad\qquad\qquad\qquad\qquad\quad |}$$

（16）

$$CH_2(COOC_2H_5)_2 \xrightarrow[C_2H_5Br]{C_2H_5ONa} C_2H_5CH(COOC_2H_5)_2 \xrightarrow[H_2O]{OH^-} \xrightarrow[-CO_2]{H_3O^+, \ \triangle} \diagup\!\!\diagdown\!\!\diagup COOH$$

三、增加三个碳原子的常见方法

（1）

$$\left.\begin{array}{r} RMgX \\ RLi \\ R_2CuLi \\ RC{\equiv}CNa \end{array}\right\} \xrightarrow{\diagup\!\!\diagdown X} \left\{\begin{array}{l} R\diagup\!\!\diagdown\!\!= \\ R\diagdown\!\!\diagup\!\!= \\ R\diagup\!\!\diagdown\!\!= \\ RC{\equiv}CCH_2CH{=}CH_2 \end{array}\right.$$

（2）

$$\diagup\!\!\diagdown\!\!\diagup + \overset{Y}{\diagdown\!\!\!=} \longrightarrow \overset{Y}{\bigcirc} \quad （Y = CN, \ COOH, \ CH_3）$$

（3）

$$\begin{array}{c}\text{CH}_2=\text{CH}-\overset{\displaystyle O}{\underset{\displaystyle \parallel}{C}}-R \\ \text{CH}_2=\text{CH}-\overset{\displaystyle O}{\underset{\displaystyle \parallel}{C}}-OC_2H_5\end{array} \xrightarrow{(CH_3CH_2CH_2)_2CuLi} \begin{array}{c}\overset{OLi}{\underset{}{\diagup}}R \\ \overset{OLi}{\underset{}{\diagup}}OC_2H_5\end{array} \xrightarrow{H_3O^+}$$

（4）

$$\diagup\!\!=\!\!O \xrightarrow[C_6H_6]{Mg} \underset{Mg}{\diagdown\!\!\diagup} \xrightarrow{H_3O^+} H_3C-\overset{CH_3}{\underset{OH}{\overset{|}{\underset{|}{C}}}}-\overset{CH_3}{\underset{OH}{\overset{|}{\underset{|}{C}}}}-CH_3$$

（5）

$$\bigcirc + CH_3CH_2CH_2-X \xrightarrow{FeCl_3} \bigcirc-CH_2CH_2CH_3$$

$$\bigcirc + CH_3CH_2\overset{O}{\overset{\parallel}{C}}-X \xrightarrow{AlCl_3} \bigcirc-\overset{O}{\overset{\parallel}{C}}CH_2CH_3$$

（6）

$$\begin{array}{c}RMgX \\ R-Li \\ R_2CuLi \\ RC\!\equiv\!CNa\end{array} \Big\} \xrightarrow{\diagup\!\!\diagup\!\!=\!\!O} \begin{array}{c}\overset{OMgX}{\underset{}{RCHCH_2CH_2CH_3}} \\ \overset{OLi}{\underset{}{RCHCH_2CH_2CH_3}} \\ \overset{OLi}{\underset{}{RCHCH_2CH_2CH_3}} \\ \overset{ONa}{\underset{}{RC\!\equiv\!CCHCH_2CH_3}}\end{array} \Big\} \xrightarrow{H_3O^+} \begin{array}{c}\overset{OH}{\underset{}{RCHCH_2CH_2CH_3}} \\ \overset{OH}{\underset{}{RCHCH_2CH_2CH_3}} \\ \overset{OH}{\underset{}{RCHCH_2CH_2CH_3}} \\ \overset{OH}{\underset{}{RC\!\equiv\!CCHCH_2CH_3}}\end{array}$$

(7)

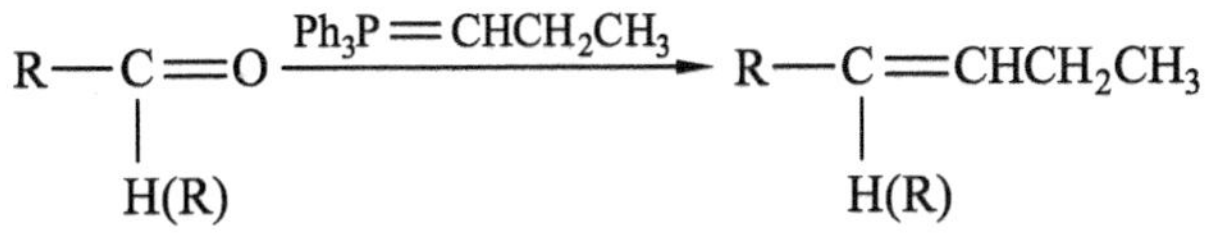
R—C=O
H(R)
Ph3P=CHCH2CH3
R—C=CHCH2CH3
H(R)

(8)

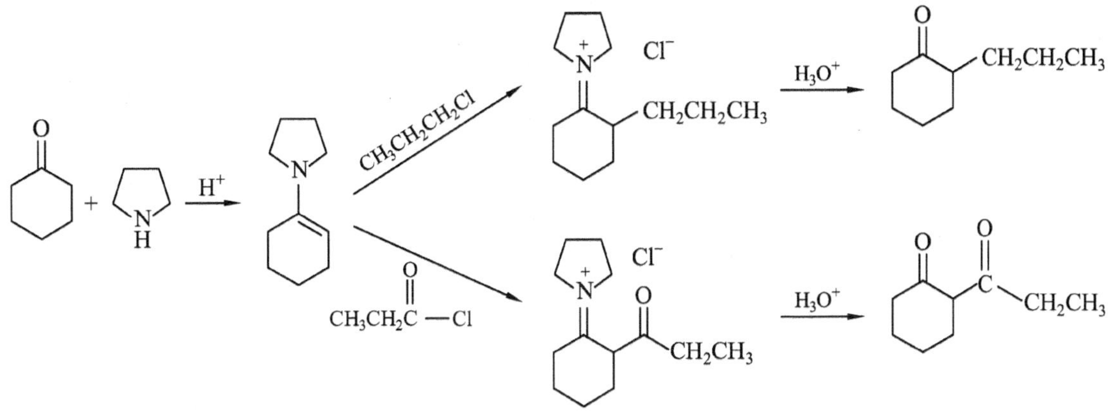
O
H+
N
H
CH3CH2CH2Cl
Cl−
CH2CH2CH3
H3O+
O
CH2CH2CH3
CH3CH2C—Cl
Cl−
CH2CH3
C
CH2CH3

(9)

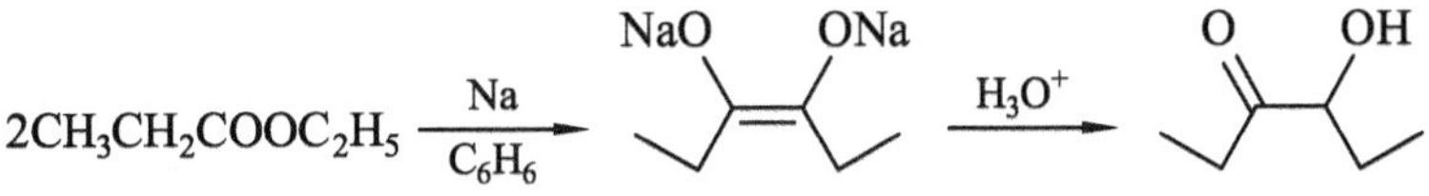
2CH3CH2COOC2H5
Na
C6H6
NaO
ONa
H3O+
O
OH

(10)

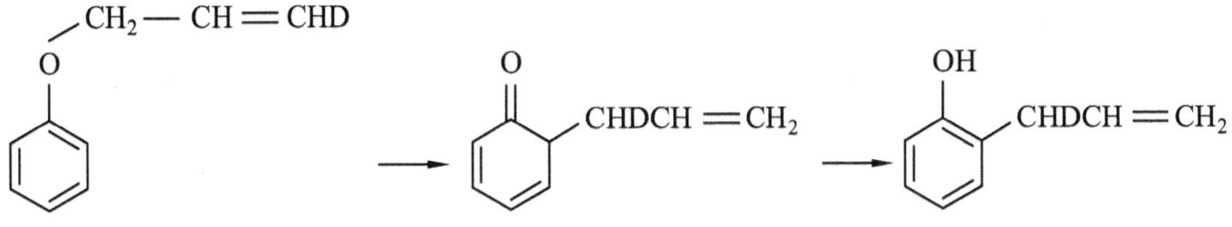
CH2— CH=CHD
O
CHDCH=CH2
OH
CHDCH=CH2

(11)

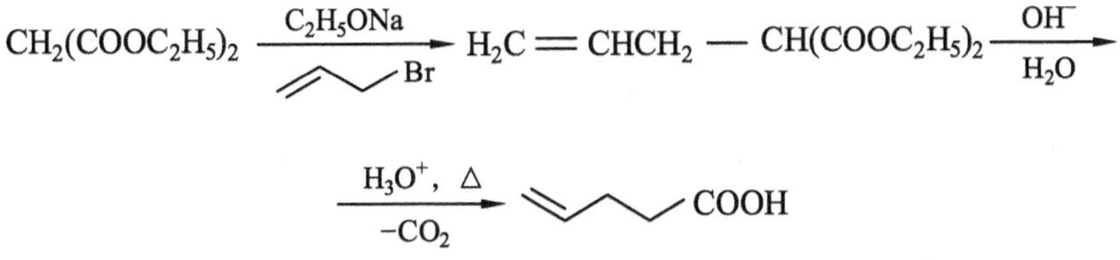
CH2(COOC2H5)2
C2H5ONa
Br
H2C=CHCH2 — CH(COOC2H5)2
OH−
H2O
H3O+, Δ
−CO2
COOH

四、增加四个碳原子的常见方法

（1）

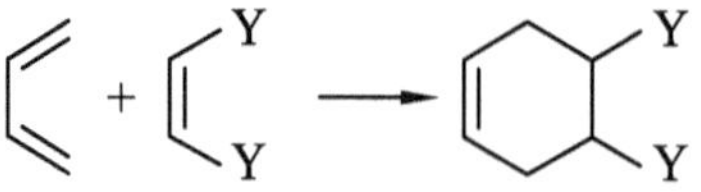

$$ \text{（Y = CN，COOH，CH}_3\text{）} $$

（2）

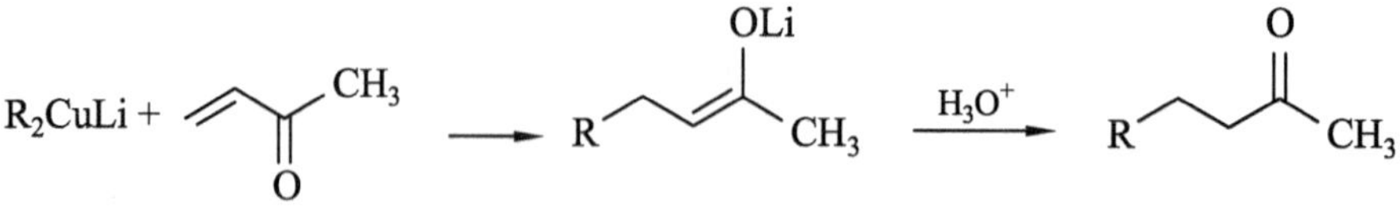

（3）

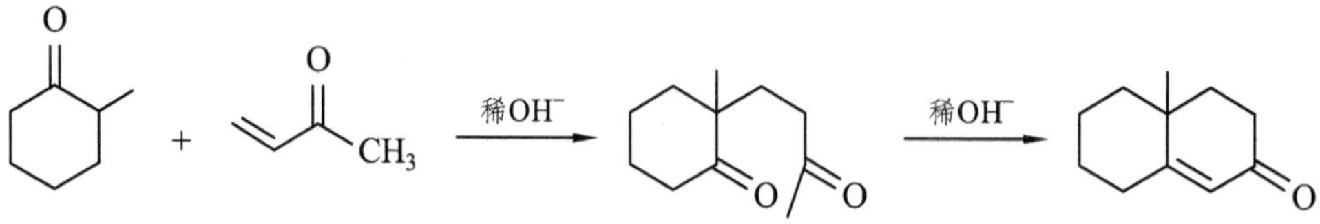

增加其他更多碳原子的方法与增加三个碳原子的方法相似，这里不再一一列举。

五、碳链倍增法

成倍增长碳链的反应有 Kolbe 反应、Wurte 反应、羟醛缩合、安息香缩合、羰基化合物的双分子还原、醛酮的偶联反应、羰基化合物与同碳原子数的试剂反应、Ullmann 偶合、联苯胺的重排等。

（1）

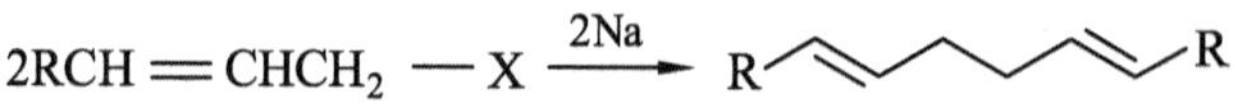

（2）

$$ 2Br(CH_2)_n COOH \xrightarrow{\text{电解}} Br(CH_2)_n \!-\! (CH_2)_n Br \quad (n = 5\sim11) $$

（3）

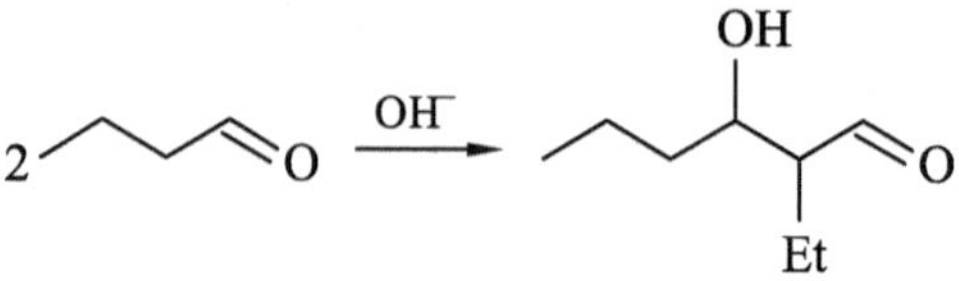

（4）

$$2 \text{ (cyclohexanone)} \xrightarrow{\text{Al}(t\text{-BuO})_3}$$

（5）

$$2R_2C{=}O \xrightarrow[\text{C}_6\text{H}_6]{\text{Mg}} \xrightarrow{\text{H}_3\text{O}^+}$$

（6）

$$2\text{ArCH}{=}O \xrightarrow{\text{KCN}}$$

（7）

$$2\text{RCOOC}_2\text{H}_5 \xrightarrow[\text{C}_6\text{H}_6]{2\text{Na}} \xrightarrow{\text{H}_3\text{O}^+}$$

（8）

$$2 \xrightarrow[200\ ^\circ\text{C}]{\text{Cu}}$$

（9）

$$\xrightarrow{\text{H}^+}$$

（10）

$$2 \xrightarrow[4\,\text{h},\ \triangle,\ \text{N}_2]{\text{TiO(TiCl}_3/\text{K)},\ \text{THF}}$$

第二节　缩短碳链的方法

根据有机合成的需要，有时需要减少一个碳原子，即碳链的降级反应。这类反应常用的有：卤仿反应、Hoffmann 重排、链端不饱和烃的氧化、Hunsdiecker 反应、Ruff 反应、Wohl 降级反应等。

一、减少一个碳原子的常见方法

（1）

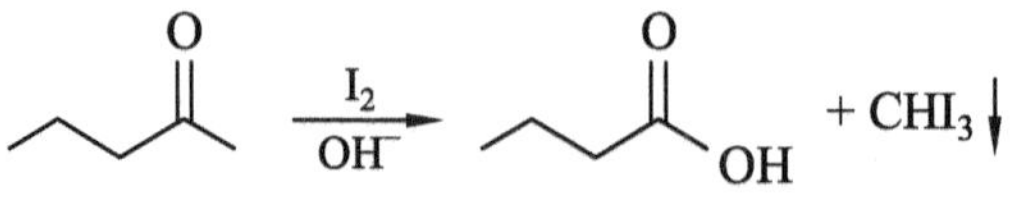

（2）

$$Ar-CO-NH_2 \xrightarrow[OH^-]{Br_2} Ar-NH_2$$

（3）

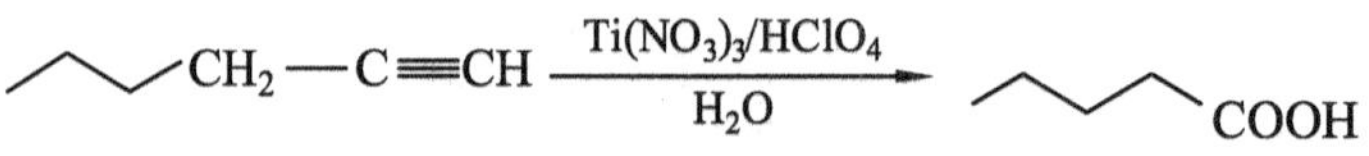

（4）

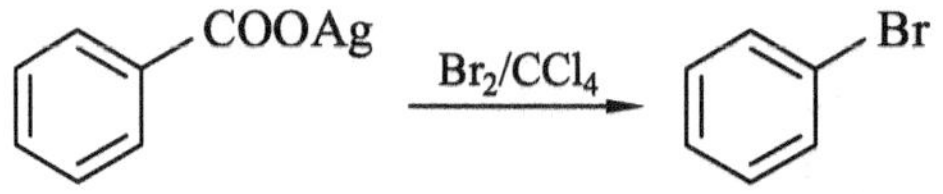

（5）

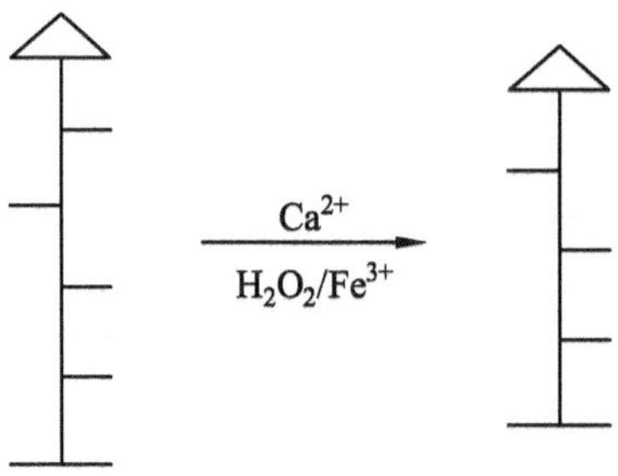

（6）

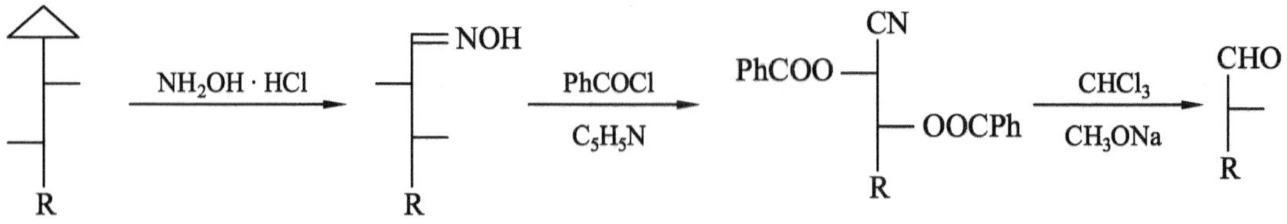

α, β-不饱和酰胺、α-羟基酰胺、α-甲氧基酰胺，在碱性条件下，用次卤酸钠处理，可得到少一个碳的醛，称为 Weerman 降级反应。

（7）

$$RCH{=}CH-CO-NH_2 \xrightarrow{NaOCl} \xrightarrow{NaHSO_3} RCH_2CHO$$

（8）

$$PhCH(OH)-COOH \xrightarrow{NaOCl} \xrightarrow{稀H_2SO_4} PhCHO$$

（9）

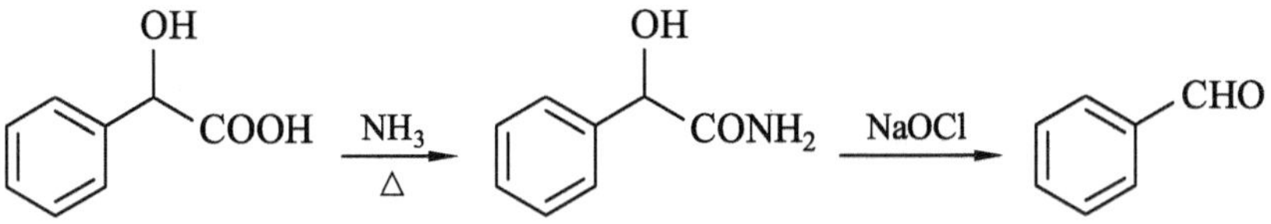

（10）

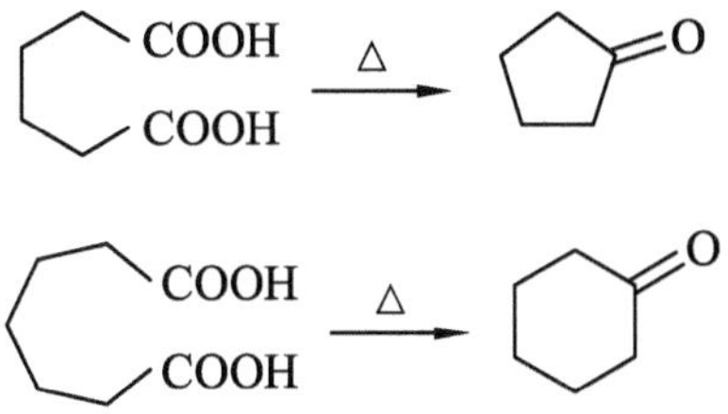

二、烯烃通过氧化断键减少一个或多个碳的方法

1. 氧化断键减少一个碳的方法

$$RCH{=}CH_2 \xrightarrow[H^+]{KMnO_4} RCOOH + CO_2$$

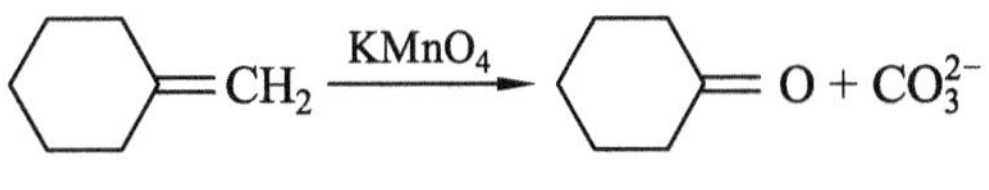

2. 氧化断键减少多个碳的方法

$$RCH{=}CHR' \xrightarrow[H^+]{KMnO_4} RCOOH + R'COOH$$

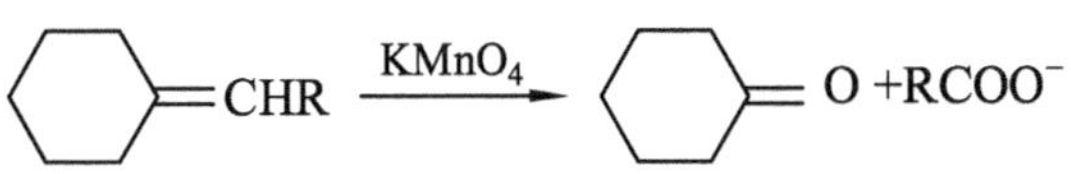

第三章 有机合成练习题题解

本章通过 300 多个合成例子，用倒推法，即逆合成分析法进行分析，通过比较、评价，确定一条最佳的合成路线。最佳的合成路线标准，一般认为应该具备"三个尽可能"，即原料尽可能易得，步骤尽可能少，产率尽可能高。对多种方法进行评价的过程，既包括了对已知的合成方法进行归纳、演绎、分析、综合等逻辑思维形式，又包括了在学术研究中的创造性思维形式。通过学习，学生可掌握合成技巧，对于丰富自己的知识、培养多维思维能力是非常重要的。

要较好地把握倒推法，首先要熟悉几个术语：

1. 合成子与合成子等价物

合成子是指在切断过程中所得到的分子碎片。携带负电荷的碎片称电子给予体，用"d-合成子"表示；携带正电荷的碎片称电子接受体，用"a-合成子"表示。

含有合成子的试剂称为合成子等价物。

2. 官能团互换

把一种官能团转换成另一种官能团的过程，称为官能团互换。这种互换是建立在正确的化学反应基础上的。

倒推法所进行的切断要在掌握相应的化学反应的基础上进行。切断成为合成子的过程，要讲究一定的策略。

下面以 300 多个例子进行倒推法分析，并分别给出合成路线。为了方便学生学习，先给出题目，然后在题目的后面统一给出倒推分析方案，最后给出合成路线。

1. 由甲苯、丙二酸二乙酯及其他必要试剂合成

解：倒推分析如下

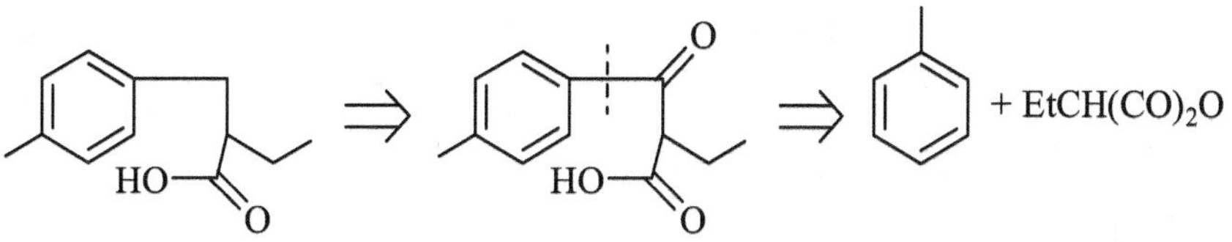

首先进行官能团的转换，从氨基到亚氨基再到羰基，切断羰基旁边的碳碳键，得到一个芳香羧酸；然后转化羧基β-位的亚甲基为羰基，切断芳环与羰基间的碳碳键，得到合成子的等价物：甲苯、丙二酸酐衍生物；后者可以通过丙二酸酯烷基化来构建。

合成路线如下：

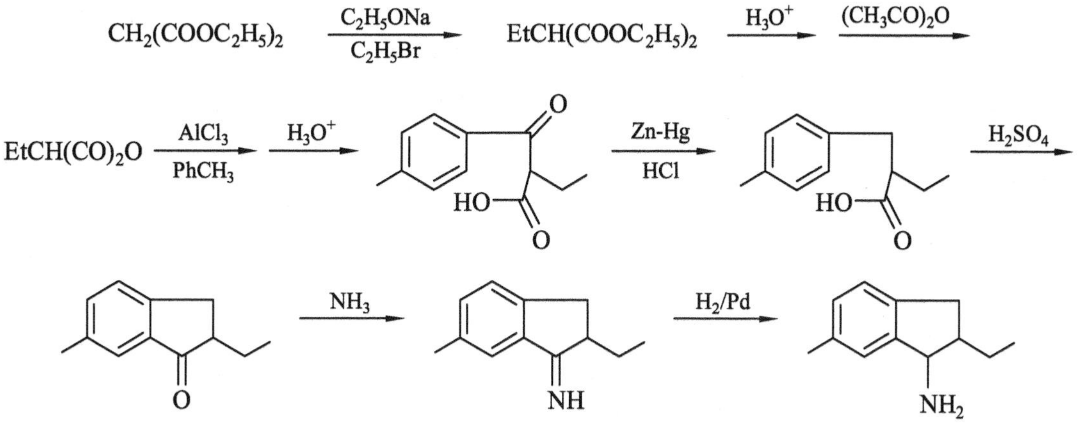

2. 由萘及其他必要试剂合成

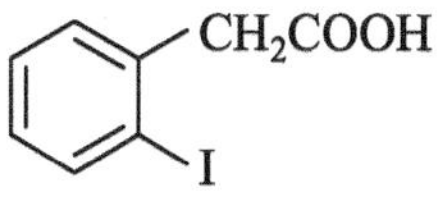

解： 倒推分析如下

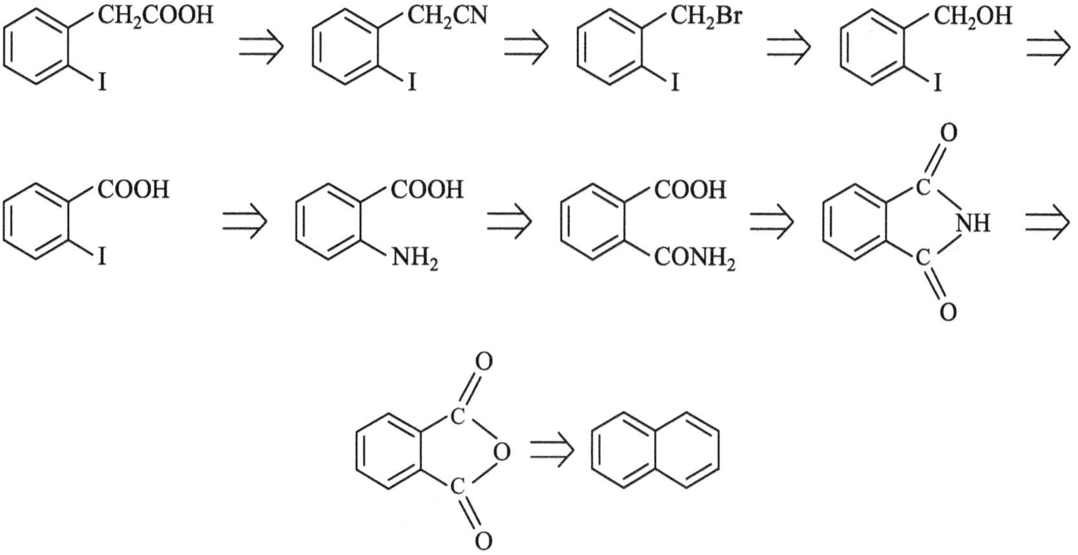

由萘和甲苯转换成目标物。官能团的转换很重要，由碘原子转换成氨基，然后倒推至氨甲酰基，最后倒推至邻苯二甲酸酐；取代芳基乙酸也可以通过一系列官能团的转换一步一步倒推至邻苯二甲酸酐；后者则通过萘氧化而得。

合成路线如下：

3. 完成下列合成：

A.

B.

解：合成路线

A.

该路线的关键是保护好更加活泼的醛基，然后在羰基上进行亲核加成，构建目标物的碳骨架。

B.

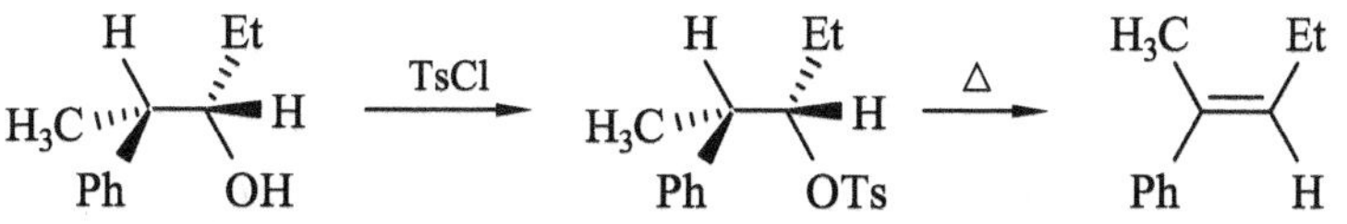

该路线着重把不易离去的羟基转换成易离去的磺酸基，使反式消去变得更加容易。

4. 用乙酰乙酸乙酯（简称三乙）和基本有机化工原料合成

A.

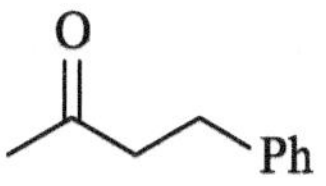

B.

解：倒推分析如下

A.

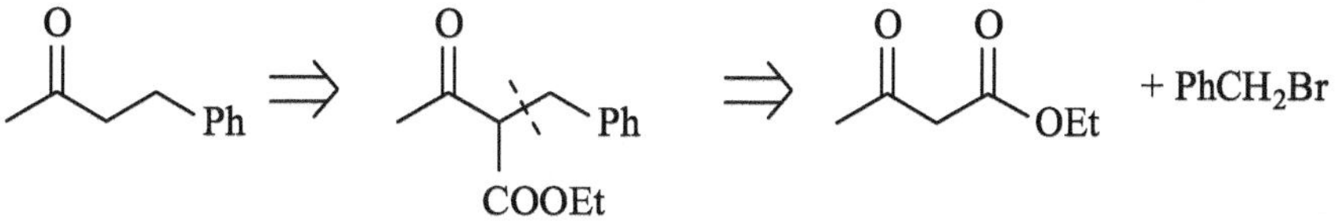

首先在 A 的羰基右侧添加一个羧基，此时很容易可以看出三乙的烷基化后的整体碳骨架；接着在三乙的亚甲基上切断其他碳碳键，得到合成子的等价物：三乙、苄基溴。此处可通过三乙和亲电试剂卤代烃来构建。

B.

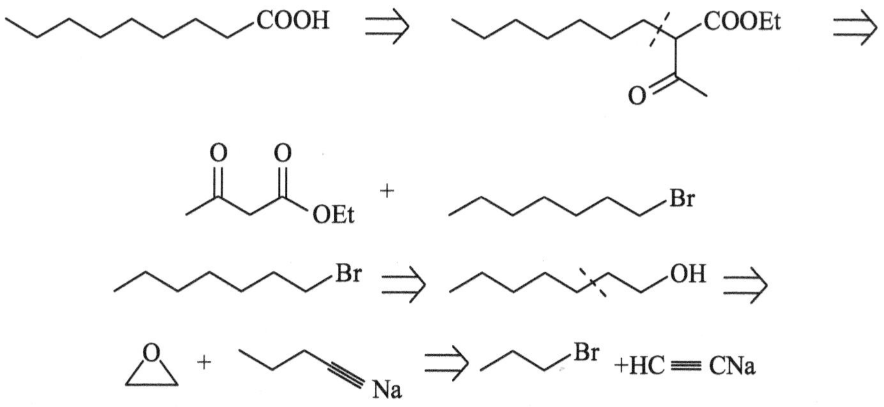

在 B 中，首先在羧基的 α-位添加一个乙酰基，即可很容易地看出其是三乙进行烷基化后的整体碳骨架，然后在三乙的亚甲基处切断碳碳键，得到两个合成子的等价物：三乙、1-卤庚烷。在此处可以通过三乙和卤代烷进行烷基化来构建。1-卤庚烷可以通过增长碳链的方法获得。

合成路线如下：

A.

$$PhCH_3 \xrightarrow{NBS} PhCH_2Br \xrightarrow[\text{EtONa}]{\text{（乙酰乙酸乙酯）}} \text{（中间体，COOEt）} \xrightarrow[\Delta]{\text{稀OH}^- \quad H_3O^+} \text{（酮）}$$

B.

$$= + CF_3COOOH \longrightarrow \triangle O$$

$$\text{（丙烯）} \xrightarrow[\text{H}_2\text{O}_2]{\text{HBr}} \text{（丙基）Br} \xrightarrow{HC\equiv CNa} \text{（）}\equiv CNa \xrightarrow{\triangle O} \xrightarrow[\text{Pd}]{\text{H}_2} \xrightarrow{H_3O^+}$$

$$\text{（长链）OH} \xrightarrow{\text{HBr}} \text{（长链）Br} \xrightarrow[\text{EtONa}]{\text{（乙酰乙酸乙酯）}}$$

$$\text{（COOEt, O—CH}_3\text{）} \xrightarrow[\text{}]{\text{OH}^- \quad H_3O^+} \text{（长链）COOH}$$

5. 完成下列转化：

A.

$$\text{（苯）} \longrightarrow \text{（间甲基苯胺，CH}_3\text{, NH}_2\text{）}$$

B.

$$\text{（苯）} \longrightarrow PhCH_2 - \underset{\underset{Et}{|}}{CH} - COOH$$

C.

$$\text{（甲苯，CH}_3\text{）} \longrightarrow H_3C\text{（苯环，Br, Br）} - N = N - \text{（苯环，HO, CH}_3\text{）}$$

解：倒推分析如下

A.

由 A 的逆合成分析可见，甲基不是氨基（硝基）的导向基，倒推时考虑在甲基的对位引入硝基的导向基，即先硝化再转换成氨基（导向基），在甲基的间位上引进硝基，然后再转换硝基为氨基；最后再把导向基移除掉。

B.

$$PhCH_2—CH—COOH \Rightarrow PhCH_2—C(COOEt)_2 \Rightarrow CH_2(COOEt)_2 + PhCH_2Cl + EtBr$$
$$\quad\quad\quad | \quad\quad\quad\quad\quad\quad\quad |$$
$$\quad\quad\quad Et \quad\quad\quad\quad\quad\quad Et$$

在 B 的倒推分析中，首先在羧基的 α-位添加羧基，使丙二酸二酯烷基化后的整体碳骨架显现出来，接着切割丙二酸酯亚甲基上的其他碳碳键，得合成子的等价物：丙二酸酯、卤代乙烷和卤化苄。

C.

在 C 的倒推分析中，首先要考虑目标物可通过酚与重氮化合物偶联来构建，所以，首先切割酚的芳环旁的碳氮键，得到合成子的等价物：对甲苯酚、4-甲基-2,6-二溴重氮苯。等价物均可通过甲苯的官能团化和相应的官能团转换反应而获得。

合成路线如下：

A.

$$\text{(structure with } CH_3, NO_2, NHCOCH_3) \xrightarrow{H_3O^+} \xrightarrow[HCl]{NaNO_2} \xrightarrow{H_3PO_2} \text{(structure with } CH_3, NO_2) \xrightarrow[Fe]{HCl} \text{(structure with } CH_3, NH_2)$$

B.

$$\text{(benzene)} + CH_2=O + HCl \xrightarrow[60\,^\circ C]{ZnCl_2} \text{(structure with } CH_2Cl)$$

$$CH_2=CH_2 + HBr \longrightarrow EtBr$$

$$CH_2=CH_2 \xrightarrow{H_3O^+} C_2H_5OH \xrightarrow[H^+]{KMnO_4} CH_3COOH \xrightarrow[P]{Br_2} BrCH_2COOH \xrightarrow{NaCN}$$

$$NCCH_2COOH \xrightarrow[H^+]{EtOH} CH_2(COOEt)_2 \xrightarrow[EtONa]{PhCH_2Cl} \xrightarrow[EtONa]{EtBr}$$

$$\underset{Et}{PhCH_2-CH(COOEt)_2} \xrightarrow{OH^-} \xrightarrow[\Delta]{H_3O^+} \underset{Et}{PhCH_2-CH-COOH}$$

C.

$$\text{(toluene)} \xrightarrow[H_2SO_4]{HNO_3} \text{(}CH_3, NO_2\text{)} \xrightarrow[Fe]{HCl} \text{(}CH_3, NH_2\text{)} \xrightarrow[0\sim5\,^\circ C]{NaNO_2 \ HCl} \xrightarrow{H_3O^+} \text{(}CH_3, OH\text{)}$$

$$\text{(}CH_3, NH_2\text{)} \xrightarrow[H_2O]{Br_2} \text{(}H_3C, Br, NH_2, Br\text{)} \xrightarrow[0\sim5\,^\circ C]{NaNO_2 \ HCl} \xrightarrow{HO-\text{(}CH_3\text{)}}$$

$$H_3C-\text{(}Br, Br\text{)}-N=N-\text{(}HO, CH_3\text{)}$$

6. 完成下列转换（除指定原料必用外，可选用任何原料和试剂）：

A.

$$\text{(butadiene)} \longrightarrow \text{(cyclohexene with } CH_2NH_2)$$

B.

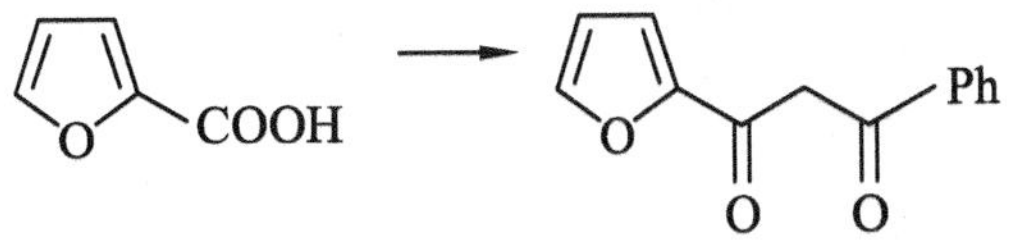

C.

$$HOCH_2C\equiv CH \longrightarrow HOCH_2C\equiv CCH_2CH_2OH$$

解：

A.

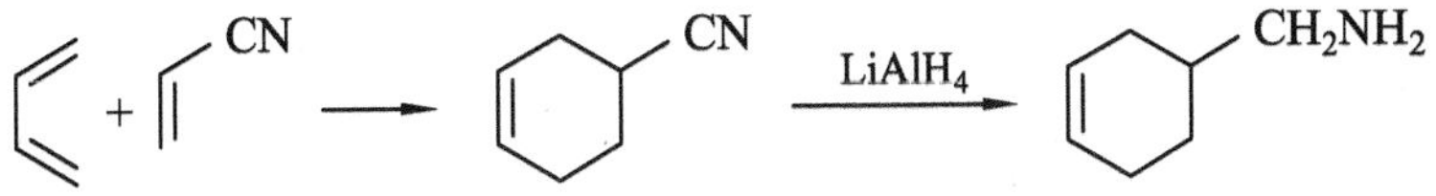

B.

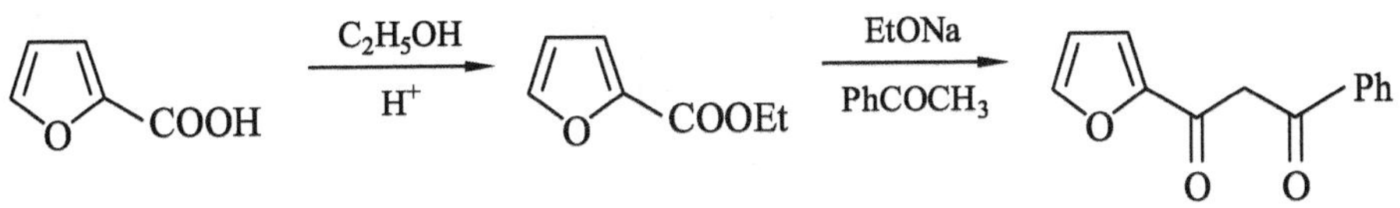

C.

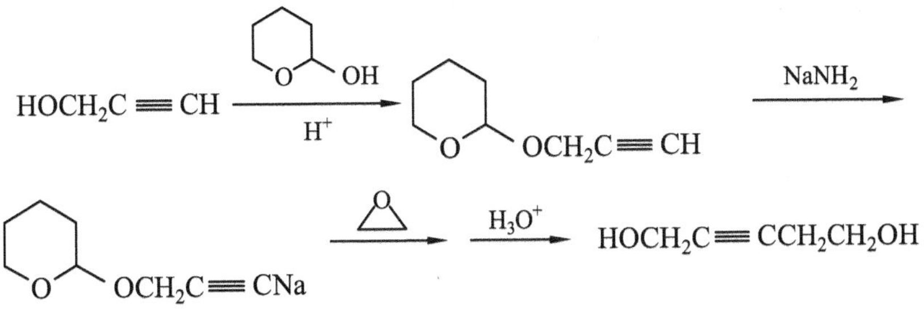

（1）狄-阿反应是构建环己环的重要方法，加上一些官能团的转化反应即可完成目标物的合成。

（2）主要通过酮和酯的交叉缩合获得目标物。

（3）增长碳链时，首先必须考虑保护活泼基团——羟基。

7. 由三乙和开链化合物及必要试剂合成

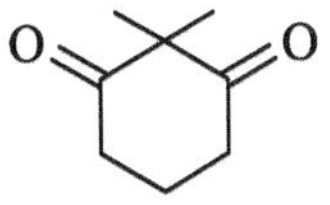

解： 倒推分析如下

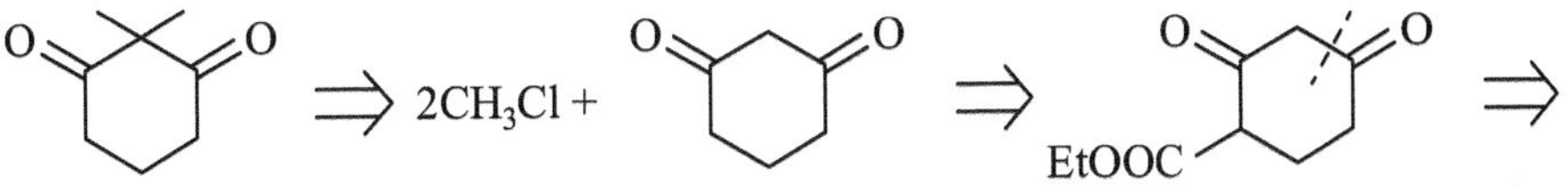

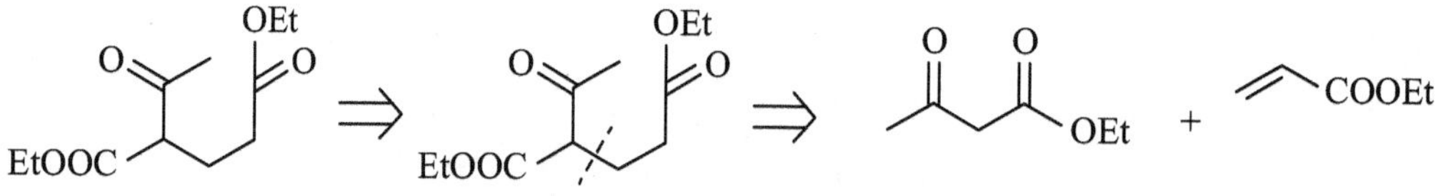

　　因为 1,3-二羰基上的亚甲基很容易烷基化，所以首先切断两个羰基旁边亚甲基上的两个甲基；接着切断两羰基间的一个碳碳键，得 1,5-酮酸，此处可以通过酮、酯交叉缩合来构建；再在酮羰基 α-位引入一个羧基，即刻显现出三乙进行烷基化后的整体碳骨架；接下来切割三乙亚甲基上的其他碳碳键，得合成子的等价物：三乙和丙烯酸酯。此处切断可利用迈克尔（Michael）加成反应构建 1,5-酮酸的结构。

　　合成路线如下：

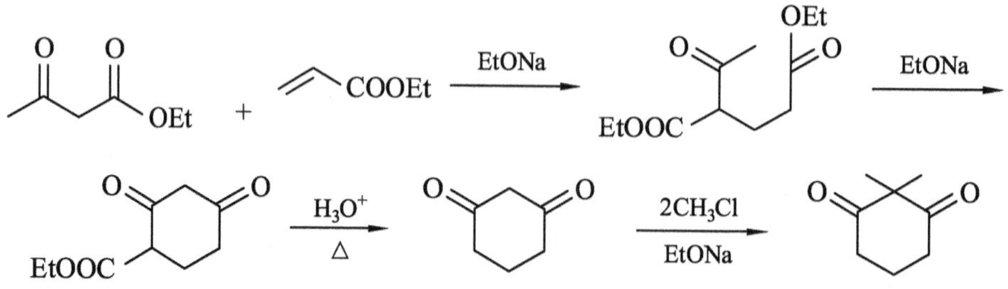

8. 由苯和不超过 3 个碳的原料及必要试剂合成

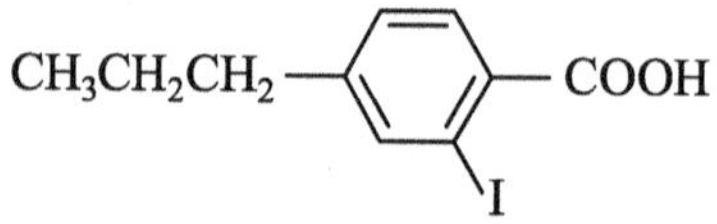

解： 倒推分析如下

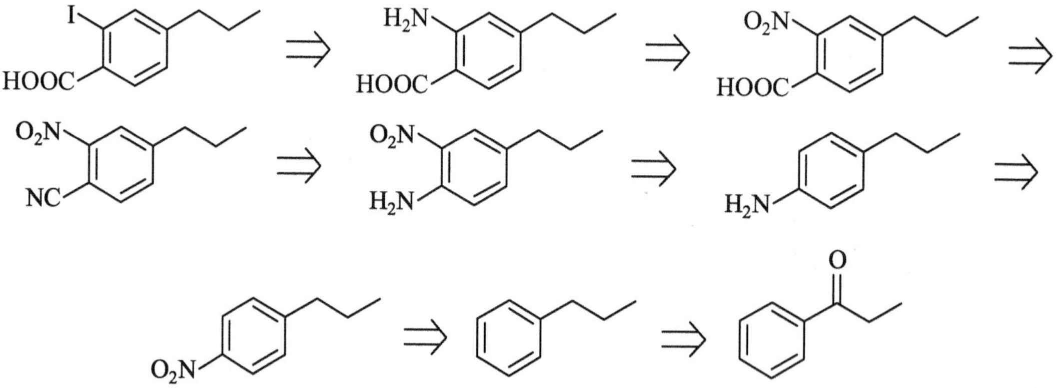

　　目标物以苯为原料，分别在苯环上引进 3 个基团，显然 I 原子可以先由硝基转化成氨基，然后由氨基转化得来，其位置与丙基处于间位，无法由丙基来调控（非定向基），所以该位置的调控由邻位的第一类定位基来完成，其邻位的羧基必须由第一类定位基氨基转化而来，氨基则由硝基转化得来，最后形成 I 原子位置的定向基；作为定向基的氨基完成任务后，再经过多次官能团转化成为羧基。

　　合成路线如下：

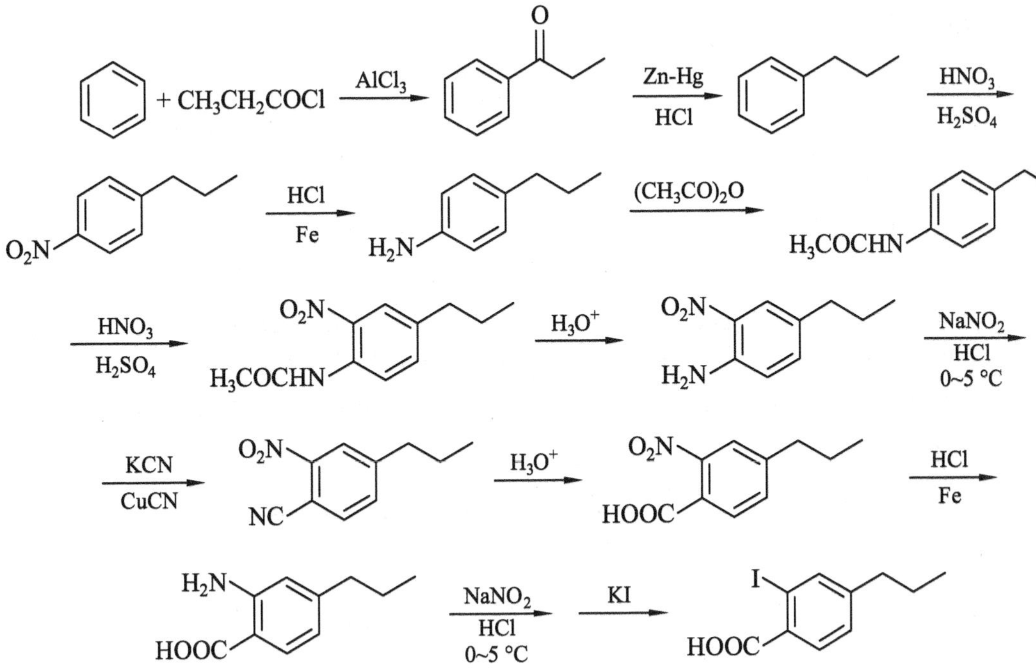

9. 由环己烷合成

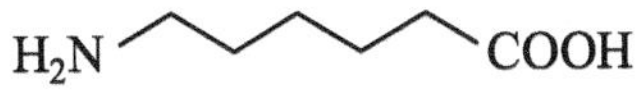

$$H_2N\text{-}CH_2CH_2CH_2CH_2CH_2\text{-}COOH$$

解： 倒推分析如下

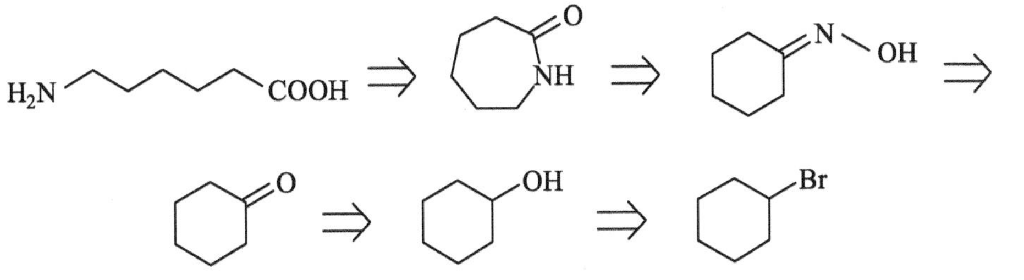

产物 ω-氨基己酸由环己烷合成，必须使用肟的重排反应才能达到反应步骤尽可能短的要求。所以首先倒推至己内酰胺，再倒推至环己酮肟，再逐步倒推至卤代环己烷。可见，掌握和使用肟的重排反应很重要。

合成路线如下：

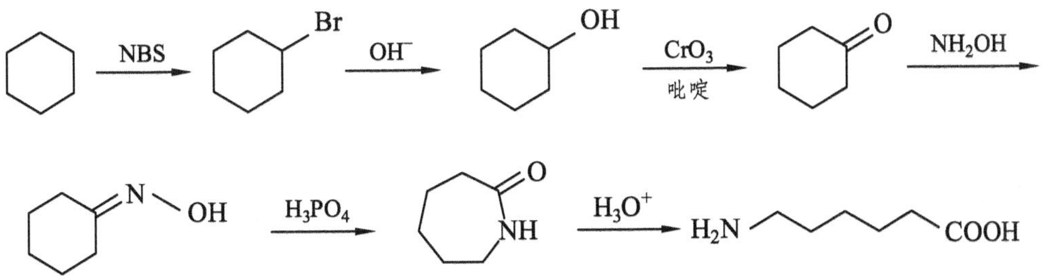

10. 由丙二酸二乙酯合成

$$\text{\LARGE{}} \quad \text{COOH}$$

解：倒推分析如下

合成目标物就是丙二酸二乙酯经过两次烷基化后再水解、脱羧的产物。首先在羧基的 α-位添加一个羧基，显示出丙二酸酯烷基化后的整体碳骨架，使我们很容易看到，切断丙二酸酯亚甲基上的其他碳碳键得到合成子的等价物：溴乙烷、碘甲烷、丙二酸二乙酯。

合成路线如下：

$$EtBr + CH_2(COOEt)_2 \xrightarrow{EtONa} EtCH(COOEt)_2 \xrightarrow[CH_3I]{EtONa}$$

$$\text{COOEt / COOEt} \xrightarrow[\triangle]{H_3O^+} \text{COOH}$$

11. 由苯甲醚及其他必要原料和试剂合成

$$H_3CO\text{—}\underset{I}{\bigcirc}\text{—}CH_2CH_2COCH_3$$

解：倒推分析如下

从苯甲醚到目标物，需要在苯环上引进 2 个基团，可知甲氧基是直接定位基，通过苯环官能团化和官能团的转换就可满足合成的需要。首先切断芳环的支链碳碳键，得到合成子的等价物：3-丁烯-2-酮、对应的有机铜锂试剂。后者可通过苯甲醚先溴代再硝化，最后制备成有机铜锂试剂。从分析中可见，迈克尔 1,4-亲核加成是增长碳链的一个好方法。

合成路线如下：

36

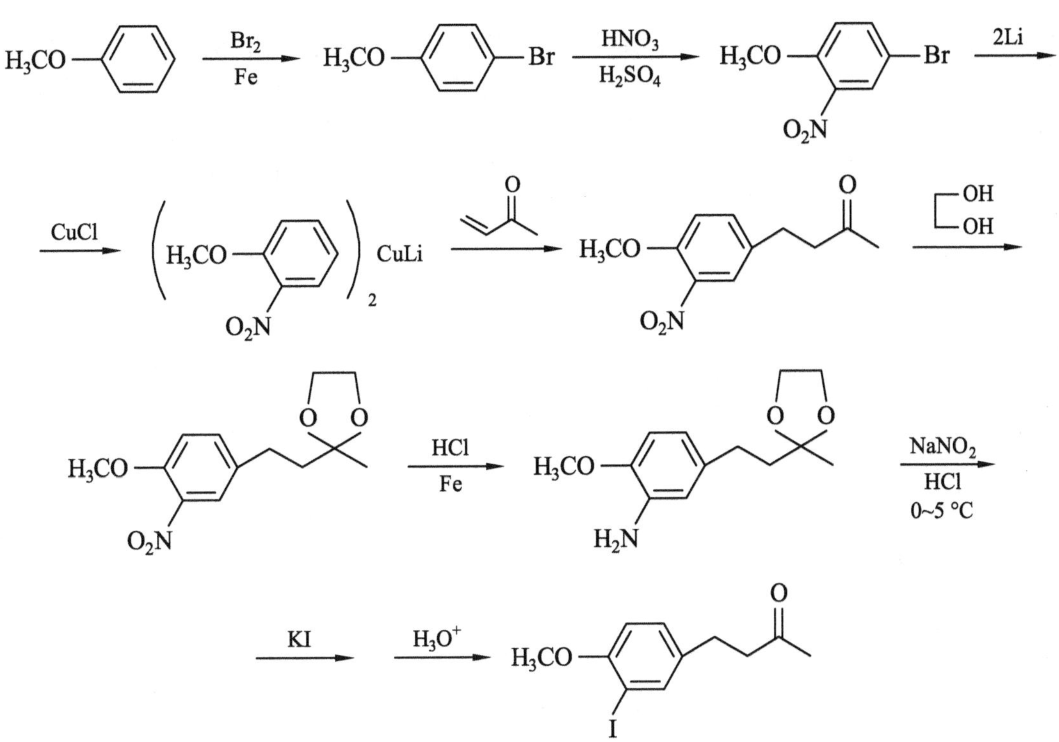

12. 由开链化合物和必要试剂合成

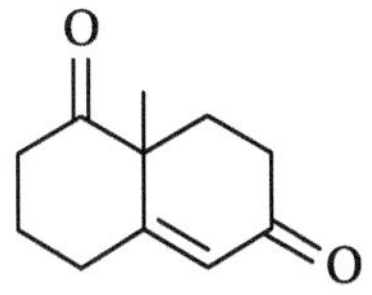

解： 倒推分析如下

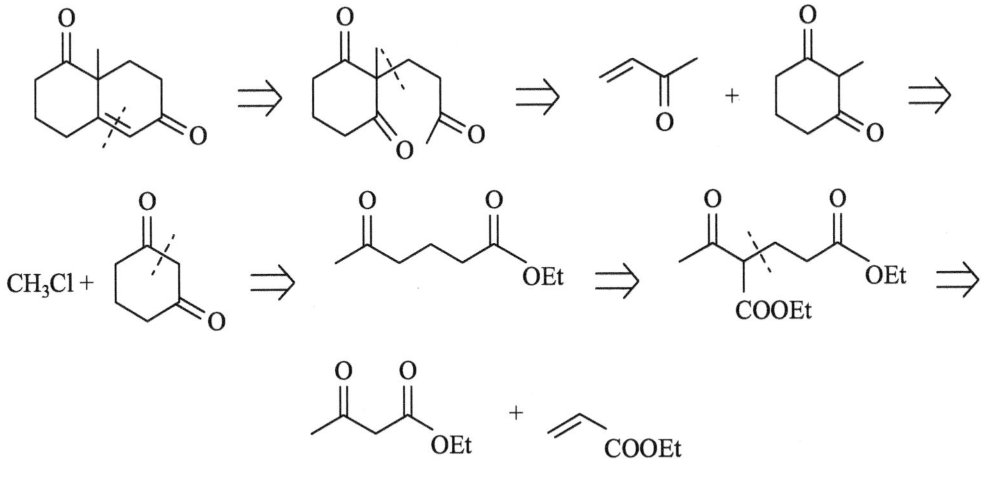

由链状化合物合成环状化合物，常使用缩合反应完成。首先在环的碳碳双键处切断，得到一个 1,5-二羰基化合物，此化合物可以通过迈克尔加成来构建；因此，接下来在环己二酮

的亚甲基上的碳碳键处切断，得到合成子的等价物：3-丁烯-2-酮和 2-甲基-1,3-环己二酮；再切去甲基得 1,3-环己二酮；切断两个羰基间的碳碳键，得到合成子的等价物：5-羰基己酸；后者在羰基的 α-位引入羧基后，显现出三乙进行烷基化后的整个碳骨架（1,5-酮酸），该结构可以通过迈克尔加成反应来构建；所以，再切断三乙的亚甲基上的碳碳键，得到合成子的等价物：丙烯酸乙酯、三乙。

合成路线如下：

13. 完成下列转化：

解： 倒推分析如下

这里主要是掌握通过格氏试剂在分子结构中引入同位素氘的方法。

合成路线如下：

14. 完成下列转化：

解：倒推分析如下

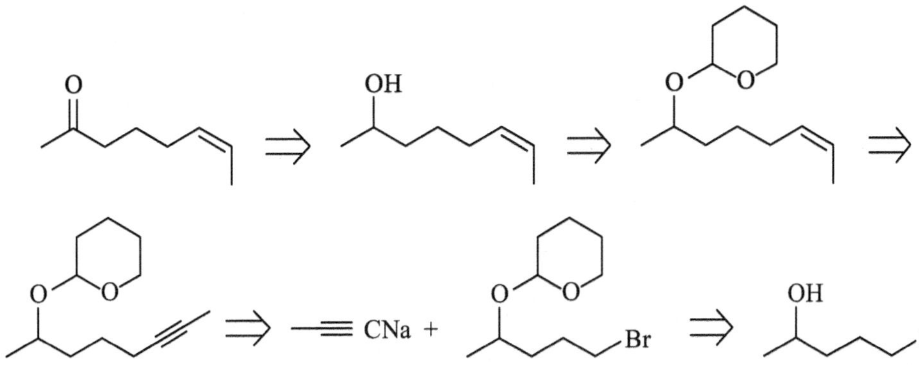

对于多官能团化合物，常常需要保护其中一个官能团。因为通过金属炔化物可顺利增长碳链，所以，首先转化碳碳双键为碳碳三键，然后在三键的左侧切断碳碳键，得到合成子的等价物：卤代烃衍生物、丙炔钠。顺式烯烃的获得，必须使用林德勒（Lindlar）催化剂加氢完成。

合成路线如下：

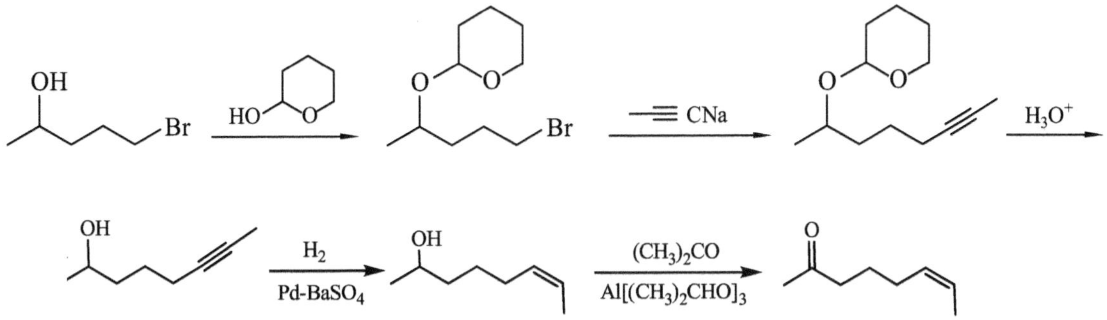

15. 完成下列转化：

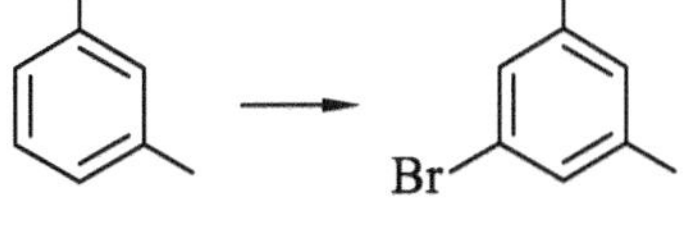

解：倒推分析如下

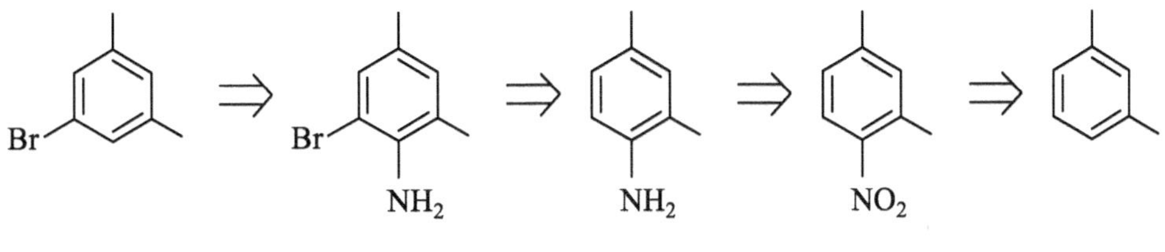

由于苯环上的两个甲基都不是溴的导向基，首先考虑引入溴的导向基，再进行溴代反应。所以可以由两个甲基导向引入硝基，再转化成氨基——溴的导向基，完成溴代反应后，再把氨基去除掉。

合成路线如下：

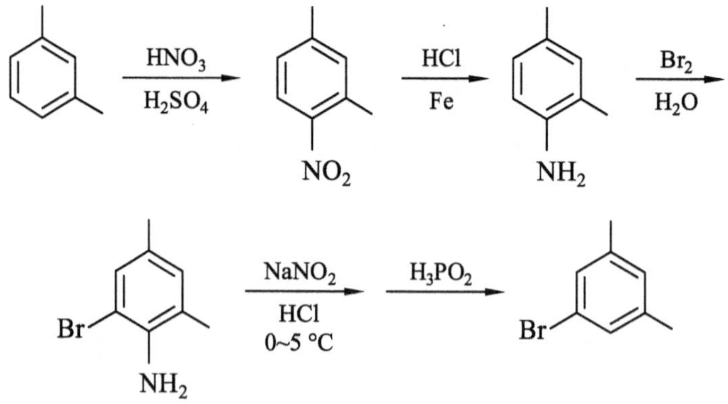

16. 完成下列转化：

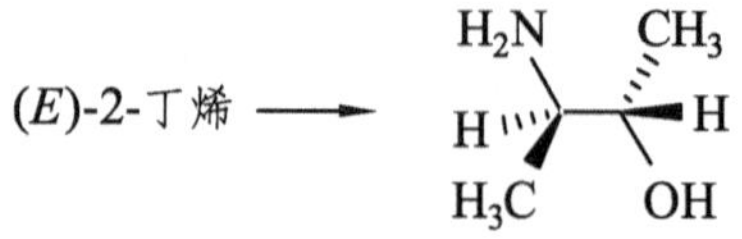

(E)-2-丁烯 ⟶

解：倒推分析如下

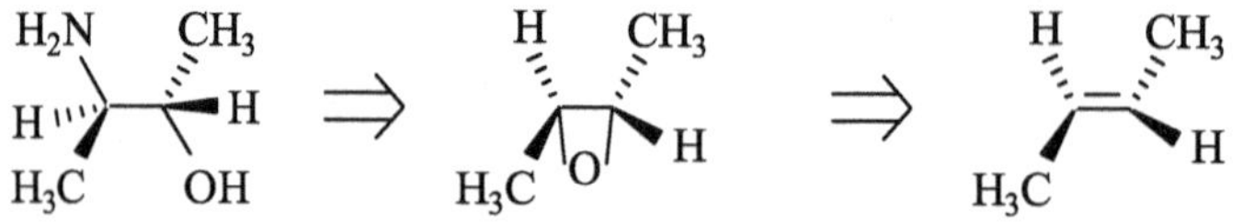

该转化主要考虑的是专一的立体化学要求。
合成路线如下：

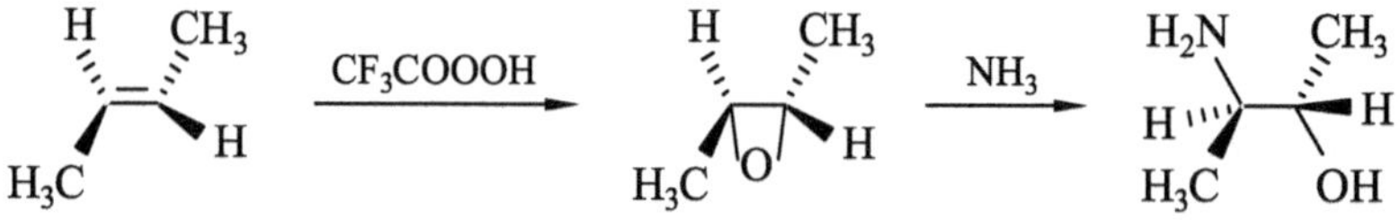

17. 完成下列转化：

$$(CH_3)_2CHCOOH \longrightarrow (CH_3)_2CH(CH_2)_6COOH$$

解：倒推分析如下

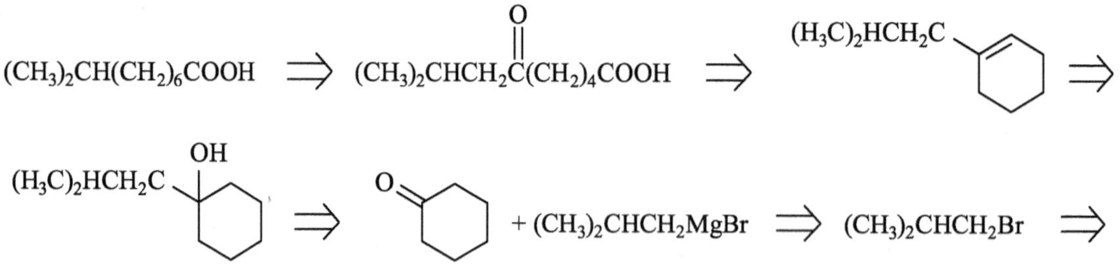

$(CH_3)_2CH(CH_2)_6COOH \Rightarrow (CH_3)_2CHCH_2\overset{O}{C}(CH_2)_4COOH \Rightarrow (H_3C)_2CHCH_2C$ （环己烯基） $\Rightarrow$

$(H_3C)_2CHCH_2C$ （环己醇基，OH）$\Rightarrow$ （环己酮） $O + (CH_3)_2CHCH_2MgBr \Rightarrow (CH_3)_2CHCH_2Br \Rightarrow$

$(CH_3)_2CHCH_2OH \Rightarrow (CH_3)_2CHCOOH$

40

从反应物到产物，碳链增加了 6 个碳原子，为了达到尽可能少的步骤，引进一个六元环，然后通过官能团的转化来完成。首先把第六个碳原子上亚甲基转换成羰基，得到 8-甲基-6-壬酮酸，倒推得到 1-异丁基环己烯，再转化为 1-异丁基-1-环己醇；切割环与异丁基之间的碳碳键，得到合成子的等价物：环己酮和异丁基格氏试剂。后者可通过异丁酸逐步转换得到。

合成路线如下：

$$(CH_3)_2CHCOOH \xrightarrow{LiAlH_4} (CH_3)_2CHCH_2OH \xrightarrow{HBr} (CH_3)_2CHCH_2Br \xrightarrow[Et_2O]{Mg}$$

$$(CH_3)_2CHCH_2MgBr \xrightarrow[Et_2O]{\text{环己酮}} (H_3C)_2HCH_2C\text{—}(\text{环己烷-OMgBr}) \xrightarrow{H_3O^+}$$

$$(H_3C)_2HCH_2C\text{—}(\text{环己烷-OH}) \xrightarrow{H^+} (H_3C)_2HCH_2C\text{—}(\text{环己烯}) \xrightarrow[H^+]{KMnO_4}$$

$$(CH_3)_2CHCH_2\overset{O}{\underset{\|}{C}}(CH_2)_4COOH \xrightarrow[HCl]{Zn-Hg} (CH_3)_2CH(CH_2)_6COOH$$

18. 由甲苯和必要的试剂合成

（2,6-二溴-4-甲基苯甲酸结构式）

解： 倒推分析如下

（倒推分析结构式序列：COOH → CN → NH₂ → NH₂ → NO₂ → 甲苯）

从甲苯转化成目标物，只有通过甲基对位上的亲电取代反应引入相应的基团，但两个溴的引入，甲基不能起导向作用，必须使甲基对位上的基团担当导向基的作用，所以该基团需

41

要多次官能团的转换才能完成。首先在甲基的对位上引入硝基，然后转换成氨基——溴的导向基，接着进行溴代反应，最后把氨基转换成羧基。

合成路线如下：

$$\text{甲苯} \xrightarrow[\text{H}_2\text{SO}_4]{\text{HNO}_3} \text{对硝基甲苯} \xrightarrow[\text{Fe}]{\text{HCl}} \text{对甲基苯胺} \xrightarrow[\text{H}_2\text{O}]{\text{Br}_2} \text{2,6-二溴-4-甲基苯胺} \xrightarrow[\substack{\text{HCl} \\ 0\sim5\ ℃}]{\text{NaNO}_2}$$

$$\xrightarrow[\text{CuCN}]{\text{NaCN}} \text{2,6-二溴-4-甲基苯甲腈} \xrightarrow{\text{H}_3\text{O}^+} \text{2,6-二溴-4-甲基苯甲酸（COOH）}$$

19. 由 1, 3-丁二烯和必要的有机、无机原料和试剂合成

$$\text{PhCH}_2\text{CH}=\text{CH}-\text{（环己烯基）}$$

解：倒推分析如下

$$\text{PhCH}_2\text{CH}=\text{CH}-\text{（环己烯基）} \Rightarrow \text{PhCH}_2\text{CH}=\text{PPh}_3 + \text{OHC-（3-环己烯基）}$$

$$\text{PPh}_3 + \text{PhCH}_2\text{CH}_2\text{Br} \Rightarrow \text{PhCH}_2\text{CH}_2\text{OH} \Rightarrow \text{PhMgBr} + \text{环氧乙烷}$$

$$\text{OHC-（3-环己烯基）} \Rightarrow \text{（1,3-丁二烯）} + \text{CHO（丙烯醛）}$$

从 1, 3-丁二烯转化成目标物，双键是定向的，通过消去反应难达到固定的位置，所以设计维悌斯（Wittig）试剂是优先考虑的策略。首先切断环外双键，得到合成子的等价物：苯乙叉维悌斯试剂、3-环己烯甲醛。前者可通过苯环的官能团化和系列官能团转换而获得；后者用 1, 3-丁二烯和丙烯醛通过 D-A（Diels-Alder）反应来构建。

合成路线如下：

$$\text{PhH} \xrightarrow[\text{FeBr}_3]{\text{Br}_2} \text{PhBr} \xrightarrow[\text{Et}_2\text{O}]{\text{Mg}} \text{PhMgBr} \xrightarrow{\text{环氧乙烷}} \xrightarrow{\text{H}_3\text{O}^+} \text{PhCH}_2\text{CH}_2\text{OH} \xrightarrow{\text{HBr}}$$

$$\text{PhCH}_2\text{CH}_2\text{Br} \xrightarrow{\text{PPh}_3} \xrightarrow{\text{KH}} \text{PhCH}_2\text{CH}=\text{PPH}_3$$

$$\text{（1,3-丁二烯）} + \text{CHO（丙烯醛）} \longrightarrow \text{OHC-（3-环己烯基）} \xrightarrow{\text{PhCH}_2\text{CH}=\text{PPh}_3} \text{PhCH}_2\text{CH}=\text{CH}-\text{（环己烯基）}$$

20. 由苯、苯甲醚和不超过 4 个碳的原料及必要的无机试剂合成

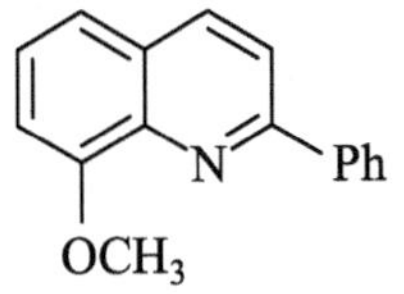

解： 逆合成分析如下

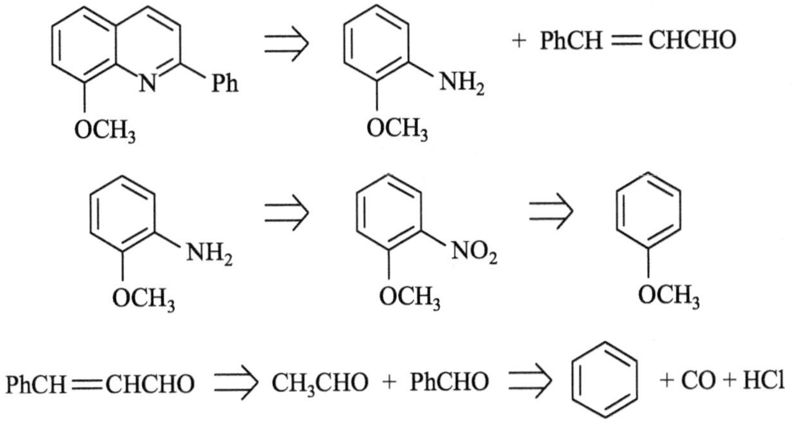

由苯、苯甲醚合成目标物喹啉环，需要芳香胺和共轭不饱和醛通过 1, 4-迈克尔亲核加成，然后关环、氧化的斯克劳普（Skraup）法才能完成。首先需要制备 2-氨基苯甲醚和 3-苯基丙烯醛。前者可通过在苯甲醚邻位引入硝基，然后还原得到；后者可先进行甲酰化，再与乙醛交叉缩合得到肉桂醛。

合成路线如下：

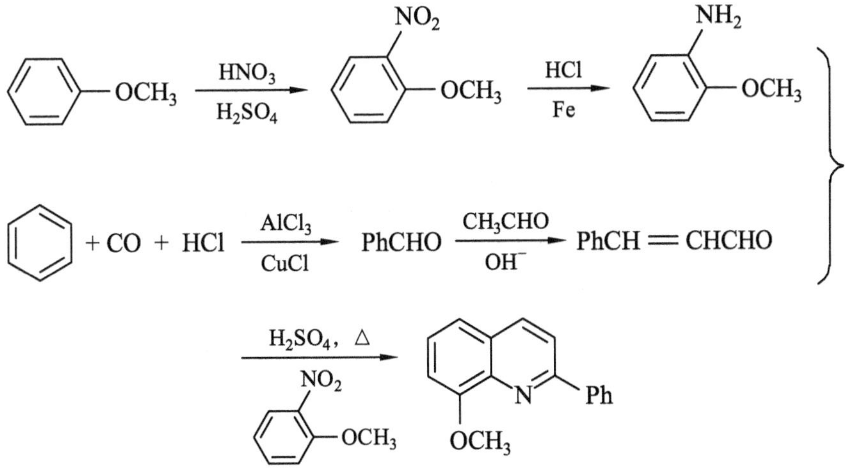

21. 由苯和不超过 4 个碳的原料及必要的无机试剂合成

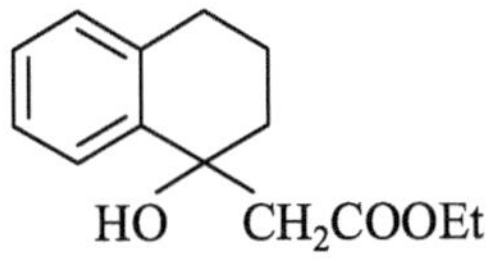

解： 倒推分析如下

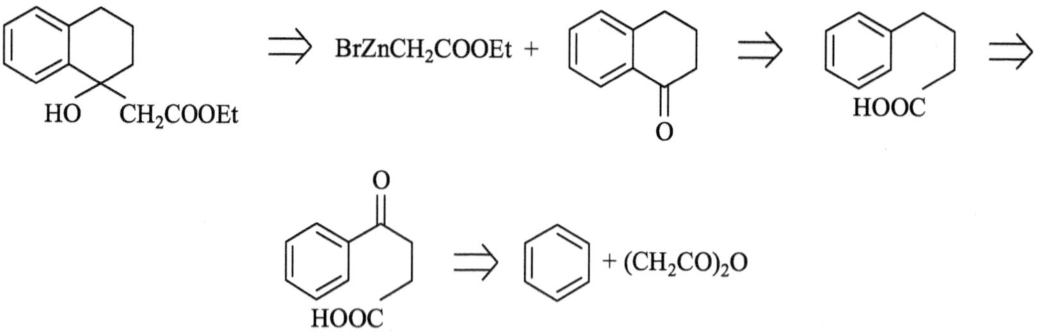

由苯和不超过 4 个碳的有机物合成稠环化合物。首先切断直链的碳碳键，得到合成子的等价物：溴代乙酸乙酯有机锌、苯并环己酮；再切断连接苯环与羰基的碳碳键，得到苯连接的单支链羧酸；转换直链第一个碳的亚甲基为羰基，再切断直链的碳碳键，得到合成子的等价物：苯、丁二酸酐，符合题目要求的原料。

合成路线如下：

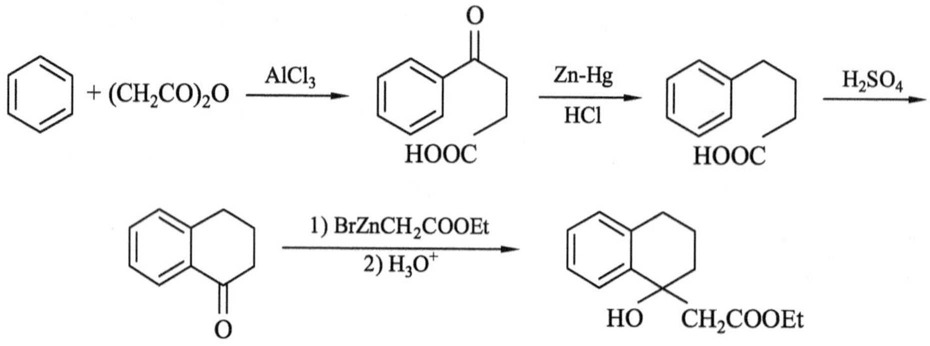

22. 由乙酰乙酸乙酯和不超过 4 个碳的原料及必要的无机试剂合成

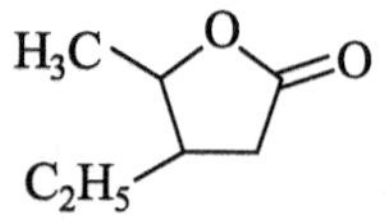

解： 倒推分析如下

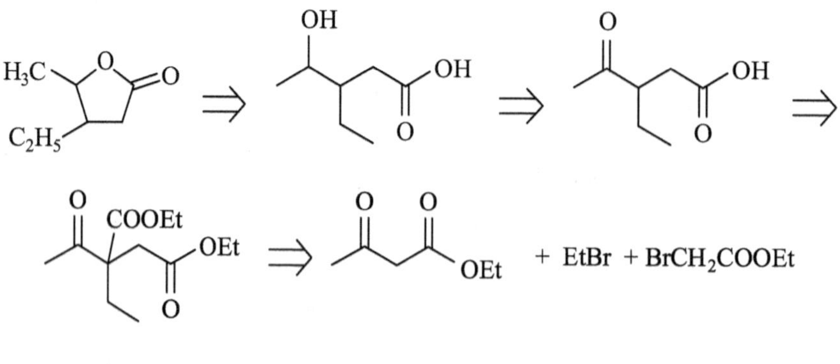

44

该题是从三乙出发合成目标物。首先切割目标物的碳氧键，得到合成子的等价物：γ-羟基羧酸；然后转换羟基为羰基，得羰基羧酸，在羰基右侧α-位上添加辅助基——羧基，即可显现出三乙进行两次烷基化后的整体碳骨架；最后在三乙的亚甲基上切断其余的碳碳键，得到合成子的等价物：卤代乙烷、溴代乙酸乙酯、三乙。

合成路线如下：

23. 分别用下列 3 种不同的原料，用不同的合成法合成对甲氧基苯乙酮：

解：合成路线如下

24. 由 3 个碳（包括 3 个）以下的原料合成

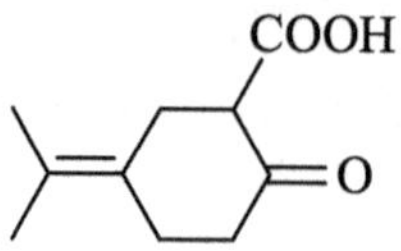

解：倒推分析如下

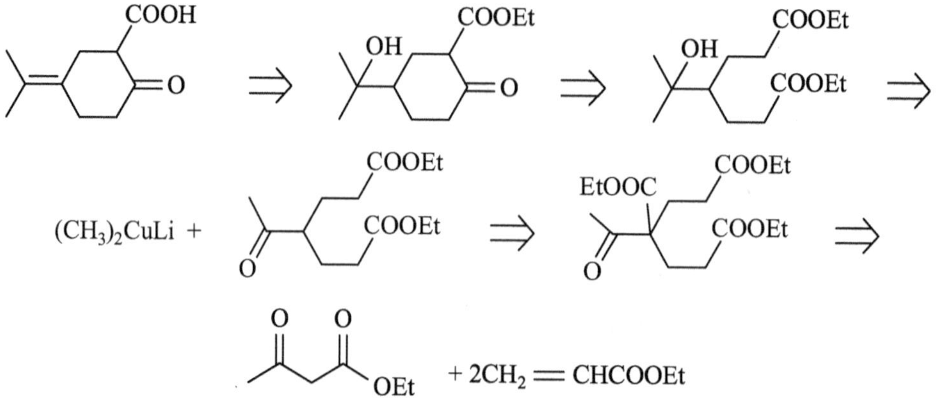

为了找到三乙的碳骨架，首先转换碳碳双键为叔醇；切割去掉一个甲基，再切割环上的羧基旁边羰基的碳碳键，则得到其中一个合成子的等价物：甲基酮衍生物；然后，在羰基右侧引入一个辅助基——羧基，即可显示出三乙进行两次烷基化后的整体碳骨架，在三乙的亚甲基上切断其余的碳碳键，得到其合成子的等价物：三乙、两个丙烯酸乙酯。此处的 1，5-酮酸可以通过迈克尔加成来构建。

合成路线如下：

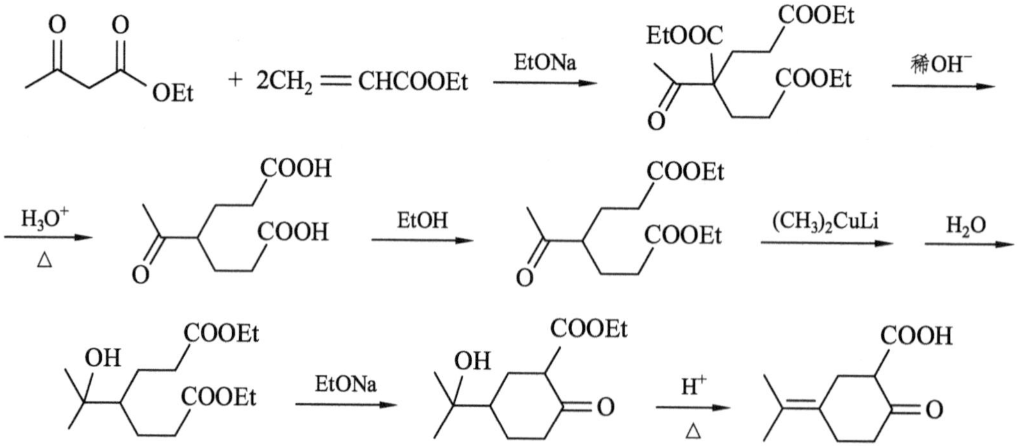

25. 由 4 个碳（包括 4 个）以下的原料合成

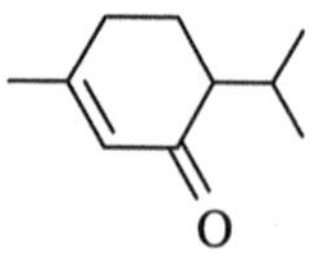

46

解：倒推分析如下

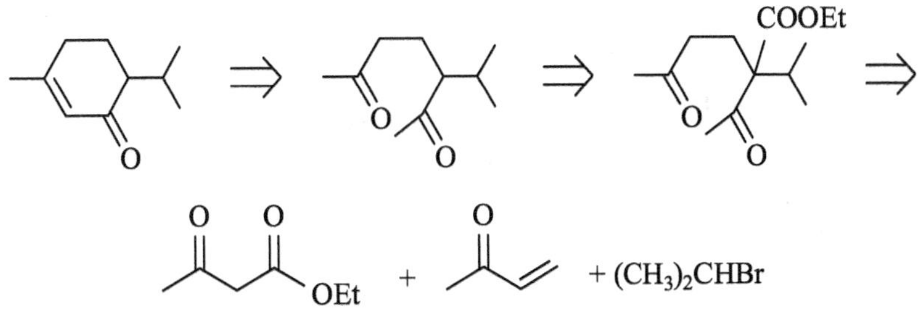

由 4 个及 4 个以下碳的有机物合成目标物。首先切割碳碳双键，得到一个 1, 5-二酮衍生物，接着在右边的乙酰基的 α-位添加一个辅助基团——羧基，此时即可看到三乙进行两次烷基化后的整体碳骨架；再切断三乙上亚甲基其余的碳碳键，则得到合成子的等价物：三乙、3-丁烯-2-酮、溴代异丙烷。最后的 3 个等价物均符合原料要求。

合成路线如下：

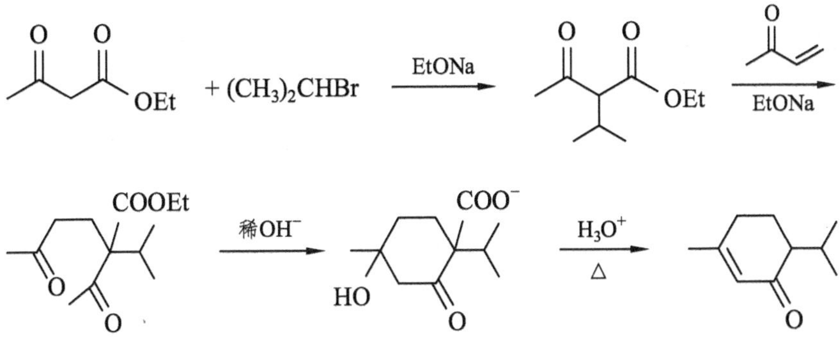

26. 由苯和 4 个碳（包括 4 个）以下的原料合成对氰基丁苯。

解：倒推分析如下

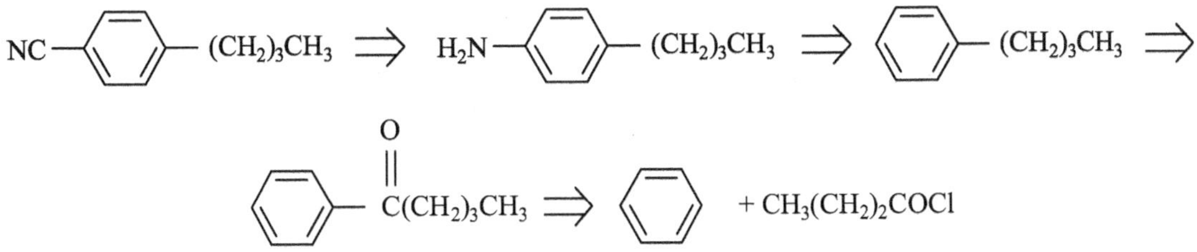

由苯和 4 个及 4 个碳以下的有机原料合成目标物。目标物中苯环引入的两个取代基，其一为正丁基（第一类定位基），由倒推法，正丁基可由丁酰基转化而来；丁基对位的氰基通过倒推可由硝基、氨基、重氮基转化而来。

合成路线如下：

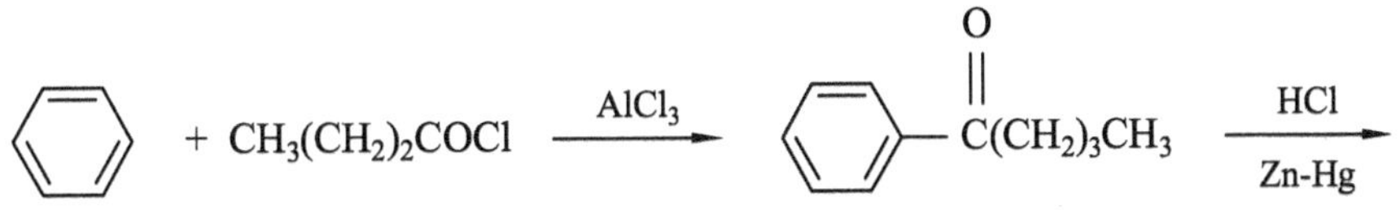

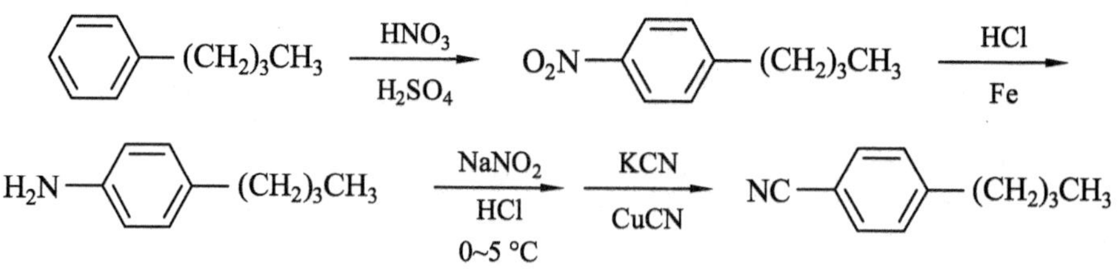

$$\text{C}_6\text{H}_5-(\text{CH}_2)_3\text{CH}_3 \xrightarrow[\text{H}_2\text{SO}_4]{\text{HNO}_3} \text{O}_2\text{N}-\text{C}_6\text{H}_4-(\text{CH}_2)_3\text{CH}_3 \xrightarrow[\text{Fe}]{\text{HCl}}$$

$$\text{H}_2\text{N}-\text{C}_6\text{H}_4-(\text{CH}_2)_3\text{CH}_3 \xrightarrow[\substack{\text{HCl}\\ 0\sim5\,^{\circ}\text{C}}]{\text{NaNO}_2} \xrightarrow[\text{CuCN}]{\text{KCN}} \text{NC}-\text{C}_6\text{H}_4-(\text{CH}_2)_3\text{CH}_3$$

27. 完成下列转化：

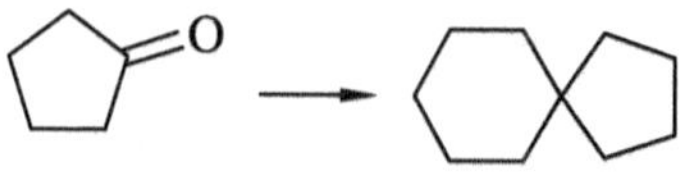

解： 倒推分析如下

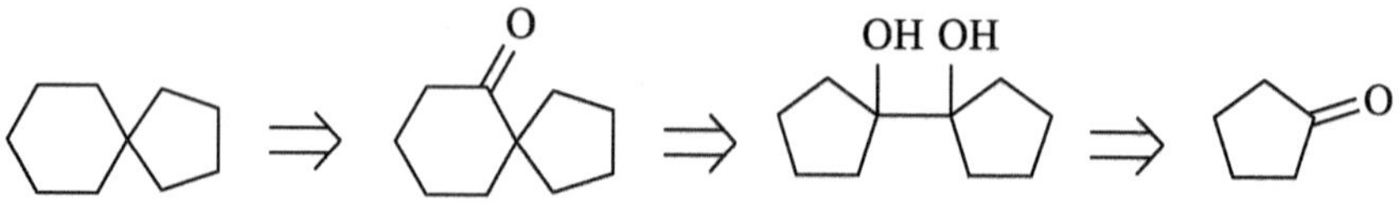

由环戊酮转化成螺环烃，在目标物螺环碳邻近添加辅助基最为重要。首先将大环紧靠螺环碳的亚甲基转换成羰基，得到一个频哪酮，然后再倒推出频哪醇重排对应的频哪醇，最后可推知该频哪醇由环戊酮逐步反应得来。

合成路线如下：

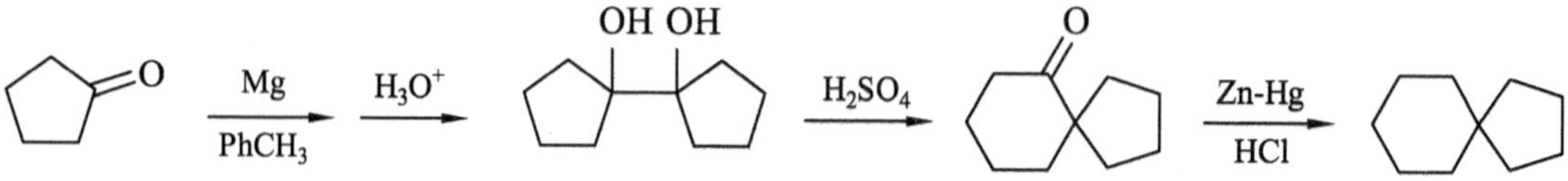

28. 完成下列转化：

$$\text{CH}_3\text{CH}_2\text{COOH} \longrightarrow \text{CH}_3\text{CH}_2\text{CH}_2\text{COOH}$$

解： 合成路线如下

$$\text{CH}_3\text{CH}_2\text{COOH} \xrightarrow{\text{LiAlH}_4} \text{CH}_3\text{CH}_2\text{CH}_2\text{OH} \xrightarrow{\text{HBr}} \text{CH}_3\text{CH}_2\text{CH}_2\text{Br} \xrightarrow{\text{NaCN}}$$

$$\text{CH}_3\text{CH}_2\text{CH}_2\text{CN} \xrightarrow{\text{H}_3\text{O}^+} \text{CH}_3\text{CH}_2\text{CH}_2\text{COOH}$$

29. 完成下列转化：

$$\text{CH}_3\text{CH}_2\text{CH}_2\text{COOH} \longrightarrow \text{CH}_3\text{CH}_2\text{COOH}$$

解： 合成路线如下

$$\text{CH}_3\text{CH}_2\text{CH}_2\text{COOH} \xrightarrow{\text{Ag}_2\text{O}} \text{CH}_3\text{CH}_2\text{CH}_2\text{COOAg} \xrightarrow[\triangle]{\text{Br}_2} \text{CH}_3\text{CH}_2\text{CH}_2\text{Br} \xrightarrow{\text{OH}^-}$$

$$\text{CH}_3\text{CH}_2\text{CH}_2\text{OH} \xrightarrow{\text{H}_2\text{CrO}_4} \text{CH}_3\text{CH}_2\text{COOH}$$

30. 完成下列转化：

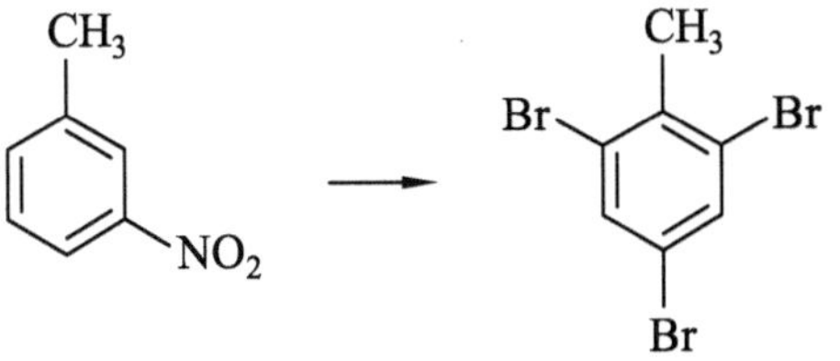

解：倒推分析如下

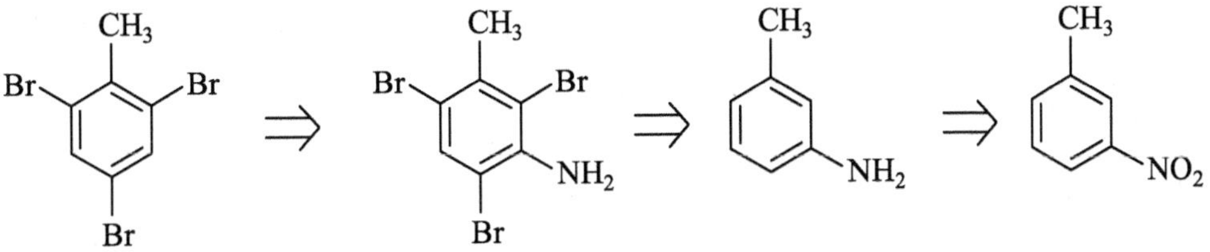

该题由间硝基甲苯转化成 2, 4, 6-三溴甲苯，目标物没有原来的硝基，但是在原硝基的邻对位上增加了 3 个溴原子。观察可知甲基不是 3 个溴原子进入苯环的良好导向基，但是硝基转化成氨基后则变成 3 个溴原子引入苯环的良好导向基，最后再把氨基消除掉。

合成路线如下：

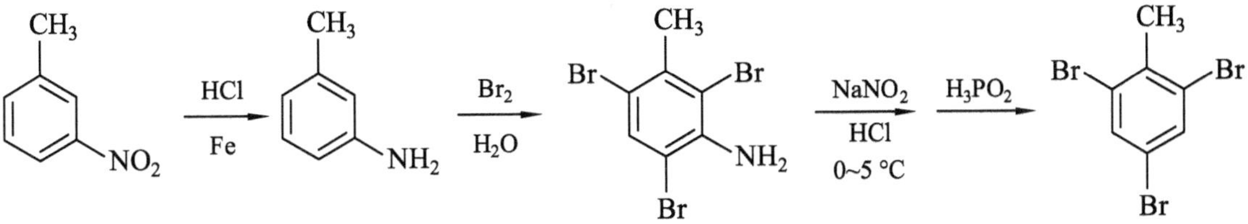

31. 由丙二酸二乙酯及 3 个碳以下的有机原料合成

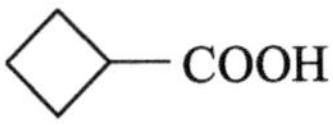

解：倒推分析如下

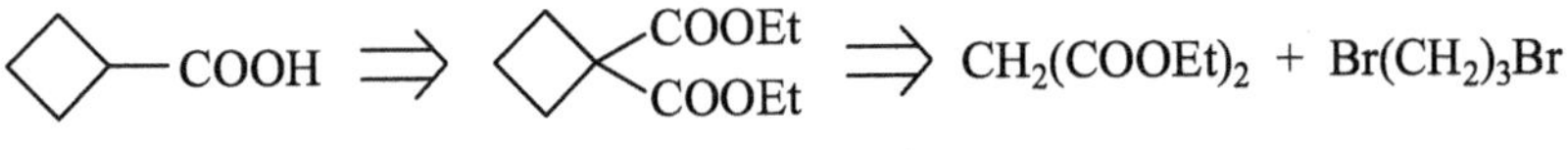

由丙二酸二乙酯和 3 个碳以下的有机物合成目标物。首先在羧基的 α-位添加一个辅助基——羧基，这样就显示出丙二酸二乙酯进行两次烷基化后的整体碳骨架；接着切断丙二酸酯亚甲基上的其他碳碳键，得到合成子的等价物：丙二酸二乙酯、1, 3-卤代丙烷，它们均符合题目对原料的要求。

合成路线如下：

32. 由苯和 4 个碳以下的有机原料合成

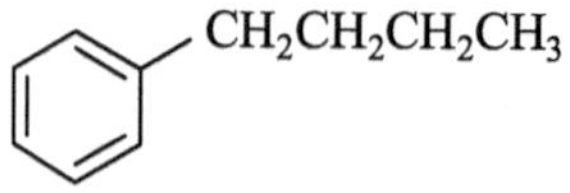

$$C_6H_5-CH_2CH_2CH_2CH_3$$

解： 倒推分析如下

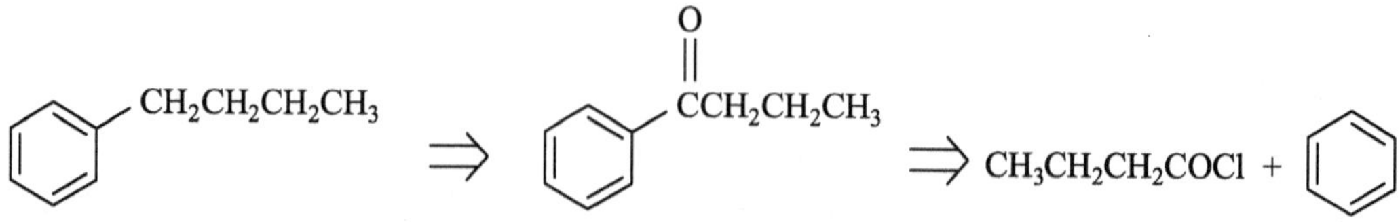

该题由苯及 4 个碳以下的有机物合成正丁基苯。目标物的环上引入 4 个碳的直链，可推知烷基化不能实现，需要酰基化，然后再由羰基转换成亚甲基而得。

合成路线如下：

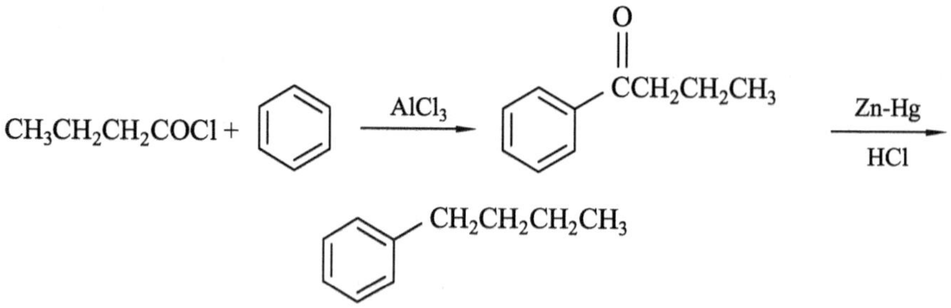

33. 由苯胺及合适的有机试剂合成甲基橙指示剂

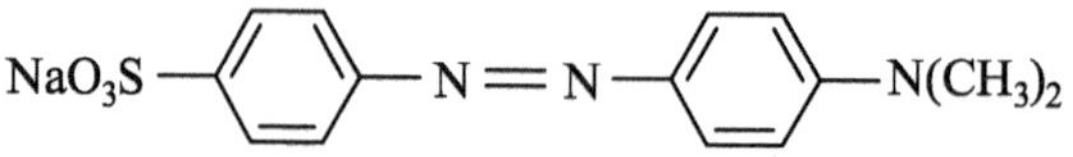

$$NaO_3S-C_6H_4-N=N-C_6H_4-N(CH_3)_2$$

解： 倒推分析如下

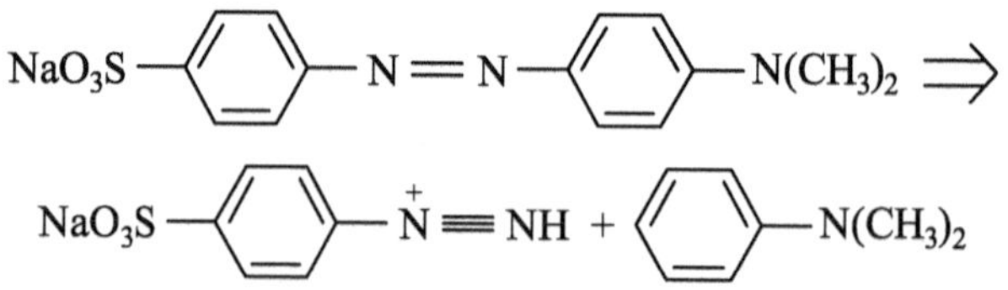

该目标物由苯胺及适合的有机物转化而来。从偶氮物倒推出目标物可由重氮化合物与芳胺（酚类）偶联而得，首先切断芳胺与偶氮基间的碳碳键，得到合成子的等价物：芳胺和对重氮基苯磺酸钠。这些等价物均可从规定的原料转化得来。

合成路线如下：

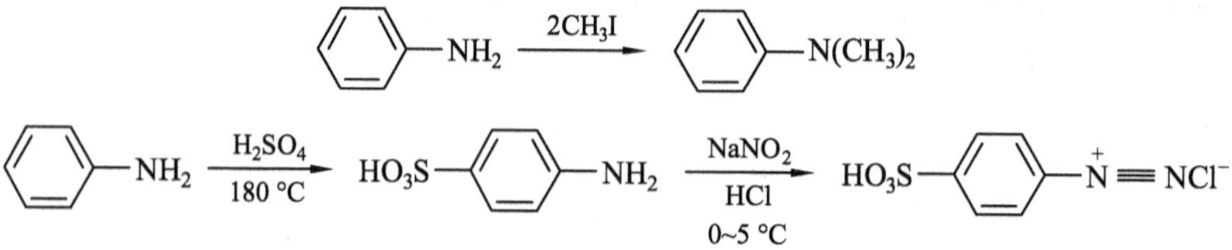

$$\xrightarrow[\text{CH}_3\text{COOH}]{\text{PhN(CH}_3)_2} \xrightarrow{\text{OH}^-} \text{NaO}_3\text{S} \longrightarrow \text{N} = \text{N} \longrightarrow \text{N(CH}_3)_2$$

34. 由萘为原料合成

解： 倒推分析如下

　　由萘出发在同一个环上的 α-位引入 2 个取代基。倒推出第一个取代基处在 α-位上，必须是一个活化芳环的第一类定位基，才能在同一环上的 α-位引入第二个取代基，即氯原子不是硝基的导向基，首先需要转化氯原子为强的导向基，如乙酰氨基等。经过乙酰氨基导向作用完成硝化反应后，再把乙酰氨基转换成氯原子。所以首先在萘环 α-位上经过多步官能团化及其转换来完成，即经过硝化、还原、乙酰化后变成乙酰氨基。

　　合成路线如下：

35. 由苯乙酮和 H_2^{18}O 合成

解： 倒推分析如下

$$\text{PhCH(}^{18}\text{OH)CH}_3 \Rightarrow \text{PhCH=CH}_2 + \text{H}_2{}^{18}\text{O} \Rightarrow$$

$$\text{PhCH(OH)CH}_3 \Rightarrow \text{PhCOCH}_3$$

由苯乙酮通过系列反应转化成有氧的同位素 ^{18}O 的苄醇衍生物。倒推时主要考虑官能团的转换方法，烯烃的水化反应就能达到目的要求。

合成路线如下：

$$\text{PhCOCH}_3 \xrightarrow{\text{NaBH}_4} \text{PhCH(OH)CH}_3 \xrightarrow[\triangle]{\text{H}^+}$$

$$\text{PhCH=CH}_2 \xrightarrow[\text{H}_2{}^{18}\text{O}]{\text{H}^+} \text{PhCH(}^{18}\text{OH)CH}_3$$

36. 由对溴苯甲醛和任意试剂合成

$$\text{D—C}_6\text{H}_4\text{—CH(OH)CH}_2\text{CH}_3$$

解： 这一合成路线涉及两个官能团的转换，分步进行即可，但是需要保护不参与反应的官能团。

合成路线如下：

$$\text{Br—C}_6\text{H}_4\text{—CHO} \xrightarrow[\text{H}^+]{\text{HOCH}_2\text{CH}_2\text{OH}} \text{Br—C}_6\text{H}_4\text{—CH(OCH}_2\text{CH}_2\text{O)} \xrightarrow[\text{Et}_2\text{O}]{\text{Mg}} \text{BrMg—C}_6\text{H}_4\text{—CH(OCH}_2\text{CH}_2\text{O)} \xrightarrow{\text{D}_2\text{O}}$$

$$\text{D—C}_6\text{H}_4\text{—CHO} \xrightarrow[\text{Et}_2\text{O}]{\text{EtMgBr}} \xrightarrow{\text{H}_3\text{O}^+} \text{D—C}_6\text{H}_4\text{—CH(OH)CH}_2\text{CH}_3$$

37. 由 3 个和 3 个 C 以下的任意有机原料（酯只计算羧酸的碳原子）合成

$$(\text{CH}_3)_3\text{C—CO—CH}_2\text{CH}_2\text{—CO—CH}_3$$

解： 倒推分析如下

$$(\text{CH}_3)_3\text{C—CO—CH}_2\text{CH}_2\text{—CO—CH}_3 \Rightarrow (\text{CH}_3)_3\text{C—CO—CH}_2\text{CH(COOEt)—CO—CH}_3 \Rightarrow \text{CH}_3\text{CO—CH}_2\text{—COOEt} +$$

目标物由 3 个碳及其以下的化合物合成。首先在右边乙酰基的 α-位添上一个羧基，此时即可倒推出一个合成子的等价物是三乙，而另一个合成子的等价物是卤代烃。该卤代烃可由甲基酮转化得来。由于该甲基酮为偶数碳——频哪酮，优先倒推其由频哪醇重排得来。所以，首先转化丙酮为频哪醇。

合成路线如下：

38. 完成下列转化：

解：倒推分析如下

目标物由甲苯为原料合成。目标物中包括甲基共有 4 个取代基，可知甲基是第一类定位基，起导向基的作用，所以推测出分步引入其他取代基即可，为了避免副反应，在对位上首先引入一个第二类取代基，然后再实现官能团的转化而得。

合成路线如下：

39. 完成下列转化：

解： 倒推分析如下

这条路线要顺利实现，主要考虑的是引入导向基和阻塞基减少副反应，来达到尽可能高的产率的目的。

合成路线如下：

40. 完成下列转化：

解： 倒推分析如下

$$\text{(CH}_3)_3\text{C–CH}_2\text{COOH} \Rightarrow \text{(CH}_3)_3\text{C–CH}_2\text{OH} \Rightarrow \triangle\!\!\!\!O \; + \; \text{(CH}_3)_3\text{C–MgBr} \Rightarrow$$

$$\text{(CH}_3)_3\text{C–Br} \Rightarrow \text{(CH}_3)_3\text{C–OH} \Rightarrow (CH_3)_2C\!=\!O \; + \; CH_3MgBr$$

该目标物由丙酮转化而得到。倒推时优先考虑官能团的转化，然后再考虑其他合成子碳骨架的构建。首先切断羟基 β-位上的碳碳键，得到合成子的等价物：环氧乙烷、叔丁基格氏试剂。格氏试剂可通过丙酮与甲基格氏试剂反应得到叔丁醇，再转换成卤代烃，最后转换成格氏试剂而得。

合成路线如下：

$$(CH_3)_2C\!=\!O \; + \; CH_3MgBr \longrightarrow \xrightarrow{H_3O^+} \text{(CH}_3)_3\text{C–OH} \xrightarrow{HBr} \text{(CH}_3)_3\text{C–Br} \xrightarrow[\text{Et}_2\text{O}]{\text{Mg}} \xrightarrow{\triangle\!\!\!\!O}$$

$$\text{(CH}_3)_3\text{C–CH}_2\text{OMgBr} \xrightarrow{H_3O^+} \text{(CH}_3)_3\text{C–CH}_2\text{OH} \xrightarrow{H_2CrO_4} \text{(CH}_3)_3\text{C–CH}_2\text{COOH}$$

41. 由丙二酸二乙酯合成

解： 倒推分析如下

$$\Rightarrow CH_2(COOEt)_2 \; +$$

$$\Rightarrow (CH_3)_2C\!=\!O \; + \; 2PhCH\!=\!O$$

目标物由三乙合成。倒推时优先考虑在羧基的 α-位上添加一个羧基，即可看出丙二酸二乙酯经过两次烷基化后的整体碳骨架，所以首先切断丙二酸酯亚甲基上其他碳碳键，得到合成子的等价物：丙二酸酯、不饱和酮；此处的 1,5-酮酸可以通过迈克尔加成反应来构建。然而，不饱和酮可以通过丙酮与苯甲醛交叉羟醛缩合来制取。

合成路线如下：

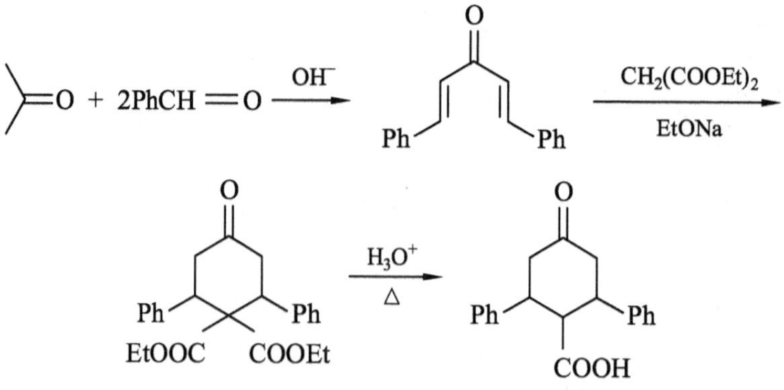

$$\text{\Large $>$=O} + 2\text{PhCH}=\text{O} \xrightarrow{\text{OH}^-} \text{(PhCH=CH-CO-CH=CH-Ph)} \xrightarrow[\text{EtONa}]{\text{CH}_2(\text{COOEt})_2}$$

$$\xrightarrow[\triangle]{\text{H}_3\text{O}^+}$$

42. 完成下列转化：

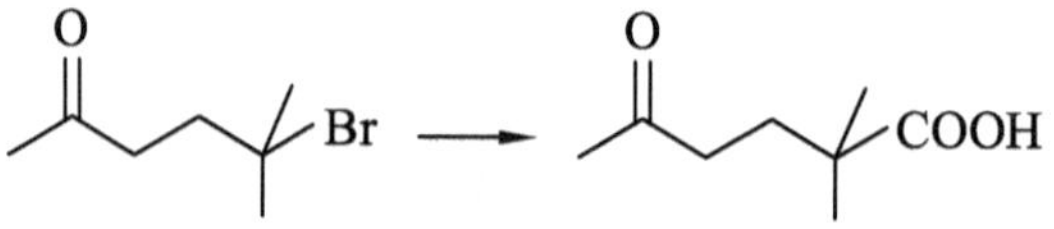

解： 倒推分析如下

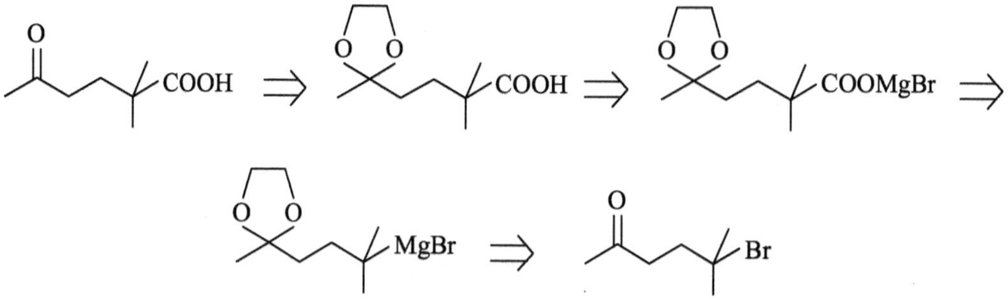

转化过程仅增加一个碳原子，所以重点是保护未参与反应的官能团。

合成路线如下：

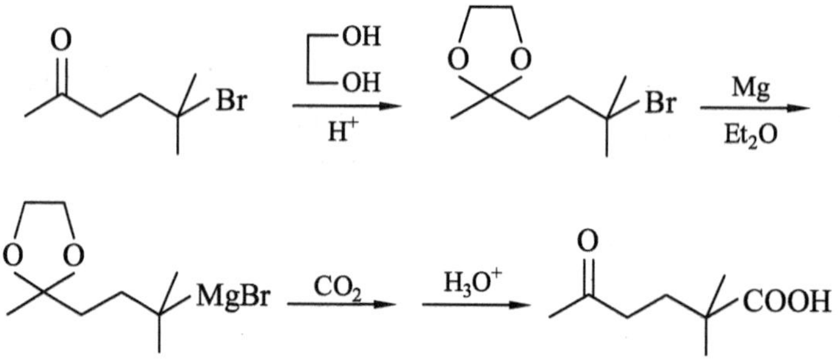

43. 以乙醇和必要的无机试剂为原料合成

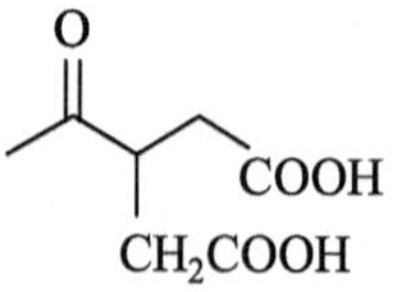

56

解： 倒推分析如下

$$\overset{O}{\underset{CH_2COOH}{\underset{|}{\overset{\quad}{C}}}}\text{—CH—COOH} \Rightarrow \overset{O}{\underset{CH_2COOEt}{\underset{|}{C}}}\text{—CH}\begin{matrix}COOEt\\COOEt\end{matrix} \Rightarrow$$

$$2BrCH_2COOEt + \overset{O}{C}\text{—}CH_2\text{—}\overset{O}{C}\text{—OEt} \Rightarrow CH_3COOEt$$

由乙醇及无机试剂合成目标物。首先在乙酰基的 α-位上添加一个羧基，此时即可看到三乙进行两次烷基化后的整体碳骨架，接着切断三乙亚甲基上的其他碳碳键，得到合成子的等价物：三乙、两个溴代乙酸乙酯。

合成路线如下：

$$CH_3CH_2OH \xrightarrow{H_2CrO_4} CH_3COOH \xrightarrow[Br_2]{P} BrCH_2COOH \xrightarrow[H^+]{EtOH} BrCH_2COOEt$$

$$CH_3COOH \xrightarrow[H^+]{EtOH} CH_3COOEt \xrightarrow{EtONa} \overset{O}{C}\text{—}CH_2\text{—}\overset{O}{C}\text{—OEt} \xrightarrow[EtONa]{BrCH_2COOEt}$$

$$\overset{O}{\underset{CH_2COOEt}{\underset{|}{C}}}\text{—CH}\begin{matrix}COOEt\\COOEt\end{matrix} \xrightarrow{\text{稀}OH^-} \xrightarrow{H_3O^+} \overset{O}{\underset{CH_2COOH}{\underset{|}{C}}}\text{—CH—COOH}$$

44. 由 1,4-二溴丁烷合成 2-羧基环戊酮。

解： 倒推分析如下

由 1,4-二溴丁烷合成目标物 α-环戊酮甲酸。倒推时优先切断酮羰基与羧基之间的碳碳键，得到合成子的等价物：己二酸酯。己二酸由己二腈倒推得来，己二腈由 1,4-二溴丁烷转换官能团得来。

合成路线如下：

$$\begin{matrix}Br\\Br\end{matrix} \xrightarrow{KCN} \begin{matrix}CN\\CN\end{matrix} \xrightarrow{H_3O^+} \begin{matrix}COOH\\COOH\end{matrix} \xrightarrow[H^+]{EtOH} \begin{matrix}COOEt\\COOEt\end{matrix} \xrightarrow{EtONa}$$

$$\overset{O}{\bigcirc}\text{—COOEt} \xrightarrow{H_3O^+} \overset{O}{\bigcirc}\text{—COOH}$$

45. 以甲苯和 2 个碳原子的有机原料合成

$$H_2N-\underset{\underset{O}{\parallel}}{C}-CH_2CH_2CH_3 \text{ (对位)}$$

解： 倒推分析如下

$$H_2N-\text{(对位)}-\underset{\underset{O}{\parallel}}{C}CH_2CH_2CH_3 \Longrightarrow O_2N-\text{(对位)}-\underset{\underset{O}{\parallel}}{C}CH_2CH_2CH_3 \Longrightarrow$$

$$O_2N-\text{(对位)}-\underset{\underset{OH}{|}}{C}HCH_2CH_2CH_3 \Longrightarrow O_2N-\text{(对位)}-CHO + CH_3CH_2CH_2MgBr$$

$$O_2N-\text{(对位)}-CHO \Longrightarrow O_2N-\text{(对位)}-CH_3 \Longrightarrow \text{苯}-CH_3$$

$$CH_3CH_2CH_2MgBr \Longrightarrow CH_3CH_2CH_2Br \Longrightarrow CH_3CH_2CH_2OH \Longrightarrow CH_3CH_2MgBr + HCHO$$

目标物由甲苯和 2 个碳的化合物合成。优先考虑官能团的转换，然后切断支链羟基右侧的碳碳键，得到两个合成子的等价物：对硝基苯甲醛、丙基格氏试剂。前者先硝化再氧化甲苯得到；后者可由乙基格氏试剂增加一个碳得来。

合成路线如下：

$$CH_3CH_2MgBr + HCHO \longrightarrow \xrightarrow{H_3O^+} CH_3CH_2CH_2OH \xrightarrow{HBr}$$

$$CH_3CH_2CH_2Br \xrightarrow[Et_2O]{Mg} CH_3CH_2CH_2MgBr$$

$$\text{苯}-CH_3 \xrightarrow[H_2SO_4]{HNO_3} O_2N-\text{(对位)}-CH_3 \xrightarrow[\text{吡啶}]{CrO_3} O_2N-\text{(对位)}-CHO$$

$$\xrightarrow{CH_3CH_2CH_2MgBr} \xrightarrow{H_3O^+} O_2N-\text{(对位)}-\underset{\underset{OH}{|}}{C}HCH_2CH_2CH_3 \xrightarrow[Fe]{HCl}$$

$$H_2N-\text{(对位)}-\underset{\underset{OH}{|}}{C}HCH_2CH_2CH_3 \xrightarrow[Al[(CH_3)_2CHO]_3]{(CH_3)_2CO} H_2N-\text{(对位)}-\underset{\underset{O}{\parallel}}{C}CH_2CH_2CH_3$$

46. 由甲苯合成 2, 5-二溴甲苯。

解： 倒推分析如下

58

目标物由甲苯合成。优先考虑甲基邻位的溴转换成比甲基定位能力强的导向基——氨基，然后再引入 5-位上的溴；最后再把甲基邻位上的氨基转换成溴原子。

合成路线如下：

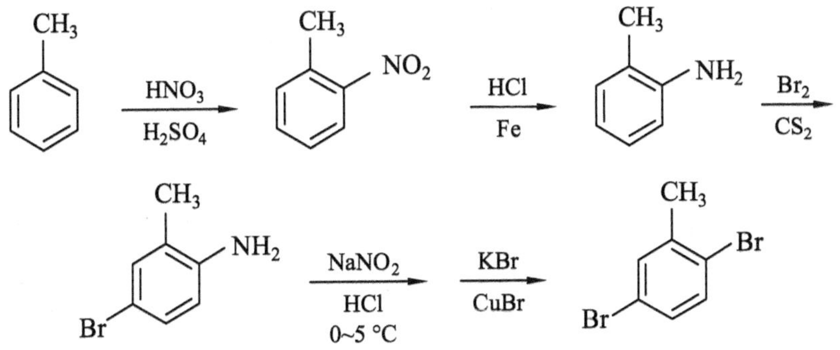

47. 由环己烯及 2 个碳原子的有机原料合成

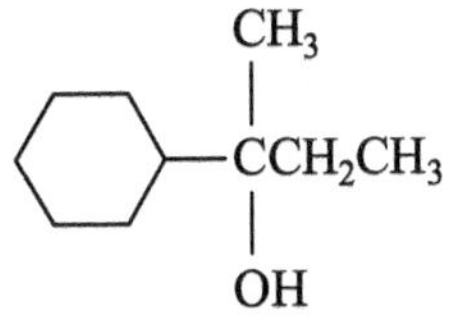

解：倒推分析如下

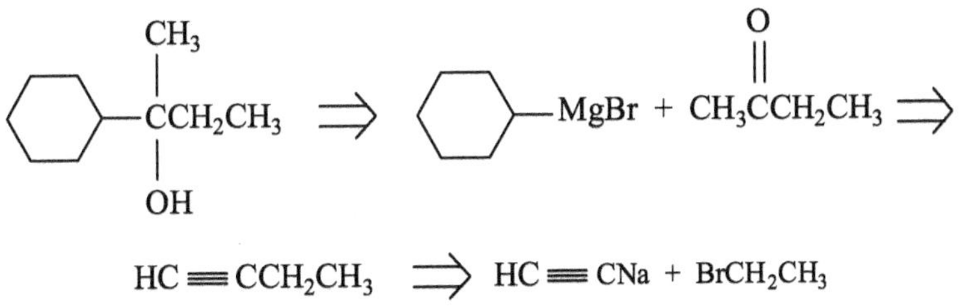

目标物由环己烯和 2 个碳的化合物合成。倒推时优先从官能团处切割，得到合成子的等价物：环己基格氏试剂、丁酮。丁酮由 1-丁炔转化而得，后者可经乙炔钠与卤代乙烷进行亲核取代得来。

合成路线如下：

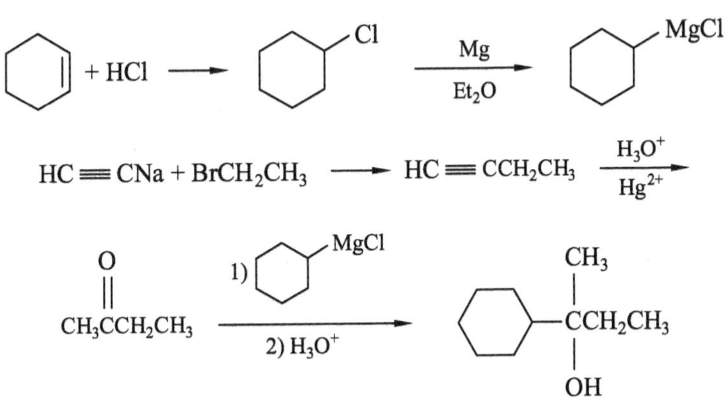

48. 由苯及其他有机试剂合成

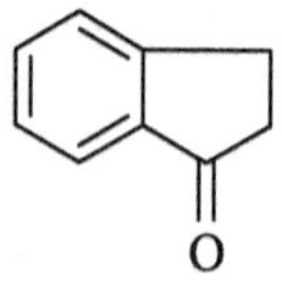

解：倒推分析如下

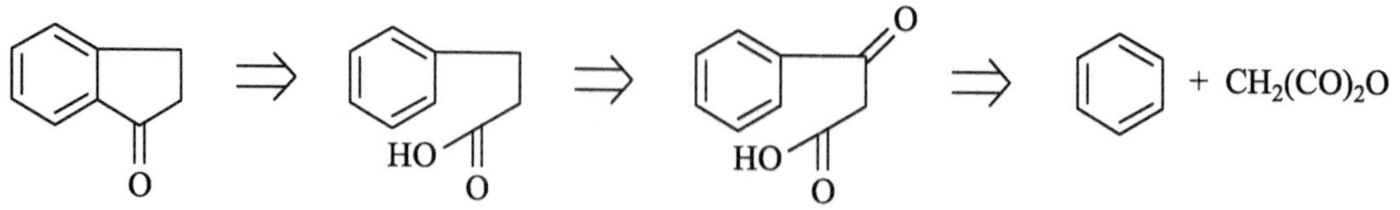

由苯合成目标物。倒推时优先切断羰基旁边的碳碳键，得到一个直链的芳香羧酸，然后在苯环支链 α-位上把亚甲基转换成羰基，再切割就可得到两个合成子的等价物：苯、丙二酸酐。可经过两次酰基化完成。但是，第二次酰基化之前必须先消除吸电子基——羰基。

合成路线如下：

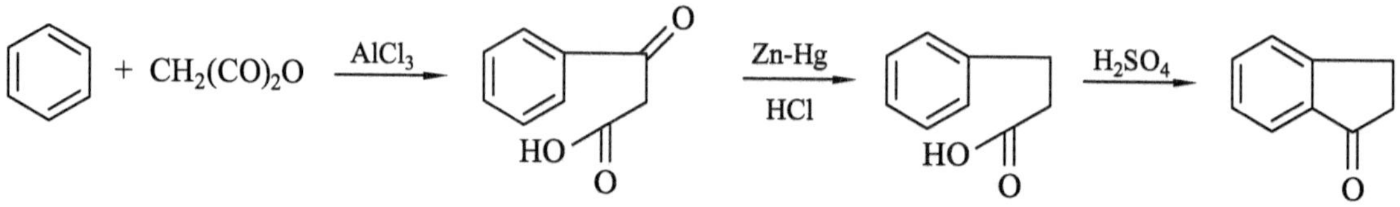

49. 由甲苯和必要的无机试剂合成

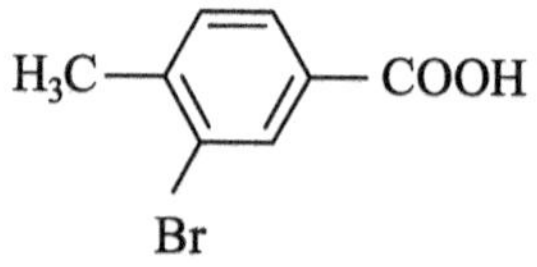

解：倒推分析如下

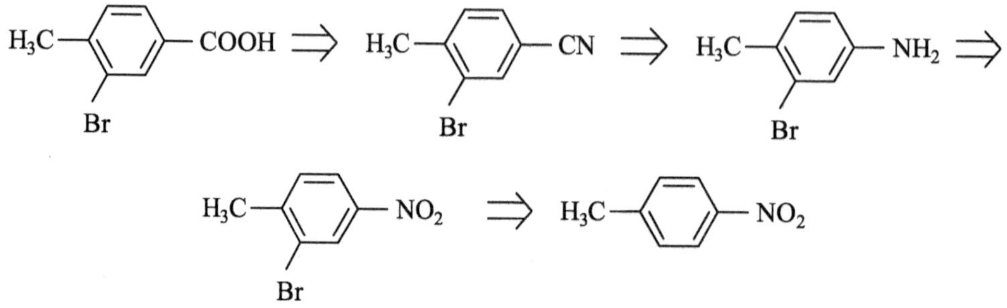

由甲苯合成目标物。目标物的甲基作为导向基，在其对位和邻位分别引入羧基和溴原子，倒推时优先考虑羧基如何通过官能团转化得来，即硝化、还原、重氮化、氰基取代、水解。

合成路线如下：

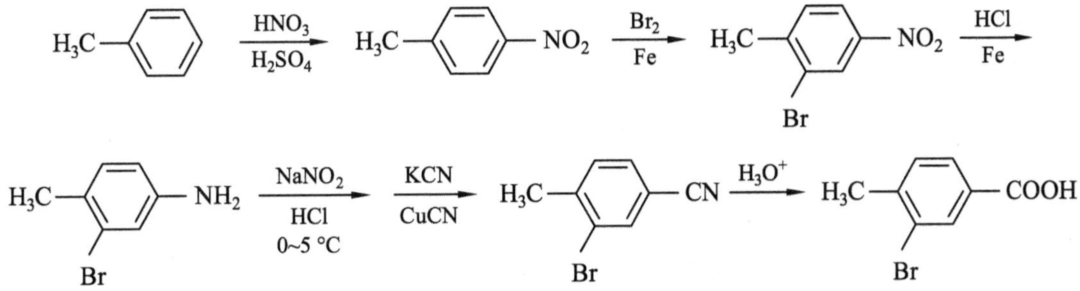

H₃C—⬡ $\xrightarrow[\text{H}_2\text{SO}_4]{\text{HNO}_3}$ H₃C—⬡—NO₂ $\xrightarrow[\text{Fe}]{\text{Br}_2}$ H₃C—⬡(Br)—NO₂ $\xrightarrow[\text{Fe}]{\text{HCl}}$

H₃C—⬡(Br)—NH₂ $\xrightarrow[\substack{\text{HCl}\\0\sim5\,°\text{C}}]{\text{NaNO}_2}$ $\xrightarrow[\text{CuCN}]{\text{KCN}}$ H₃C—⬡(Br)—CN $\xrightarrow{\text{H}_3\text{O}^+}$ H₃C—⬡(Br)—COOH

50. 由乙醇和必要的无机试剂合成

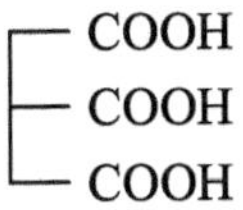

$$\text{─COOH} \quad \text{─COOH} \quad \text{─COOH}$$
（三个COOH）

解：倒推分析如下

┌ COOH　　　　　　┌ COOEt
├ COOH　$\Rightarrow$　EtOOC─├ COOEt　$\Rightarrow$　CH₂(COOEt)₂ + BrCH₂COOEt
└ COOH　　　　　　└ COOEt

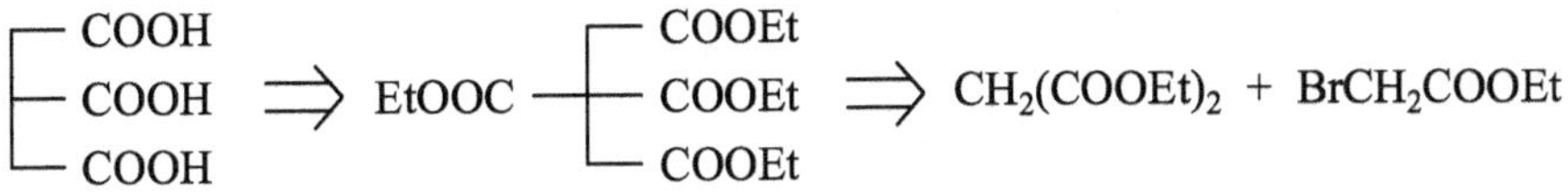

CH₂(COOEt)₂　$\Rightarrow$　CH₂(COOH)₂　$\Rightarrow$　NCCH₂COOH　$\Rightarrow$

BrCH₂COOH　$\Rightarrow$　CH₃COOH　$\Rightarrow$　CH₃CH₂OH

　　以乙醇为原料合成目标物。倒推时优先考虑在第二个羧基α-位添加一个羧基，则此时显现出丙二酸二乙酯进行两次烷基化后整个的碳骨架，切断丙二酸酯其余的碳碳键，得到合成子的等价物：丙二酸酯，以及另外两个相同的等价物：α-卤代羧酸酯。这样切割的目的是达到尽可能少的合成步骤。

　　合成路线如下：

CH₃CH₂OH $\xrightarrow{\text{H}_2\text{CrO}_4}$ CH₃COOH $\xrightarrow[\text{P}]{\text{Br}_2}$ BrCH₂COOH $\xrightarrow{\text{KCN}}$

NCCH₂COOH $\xrightarrow{\text{H}_3\text{O}^+}$ CH₂(COOH)₂ $\xrightarrow[\text{H}^+]{\text{EtOH}}$ CH₂(COOEt)₂ $\xrightarrow[\text{EtONa}]{\text{BrCH}_2\text{COOEt}}$

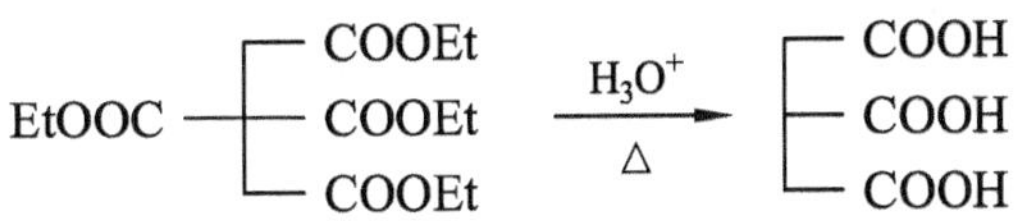

　　　　　┌ COOEt　　　　　　┌ COOH
EtOOC─├ COOEt　$\xrightarrow[\triangle]{\text{H}_3\text{O}^+}$　├ COOH
　　　　　└ COOEt　　　　　　└ COOH

BrCH₂COOH $\xrightarrow[\text{H}^+]{\text{EtOH}}$ BrCH₂COOEt

51. 由苯出发合成

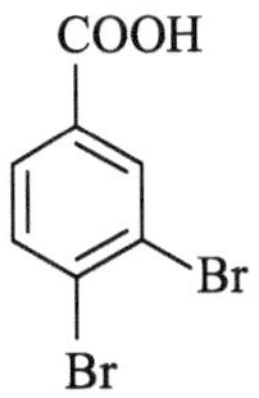

（苯环：COOH 在顶部，3位和4位各有一个 Br）

解： 倒推分析如下

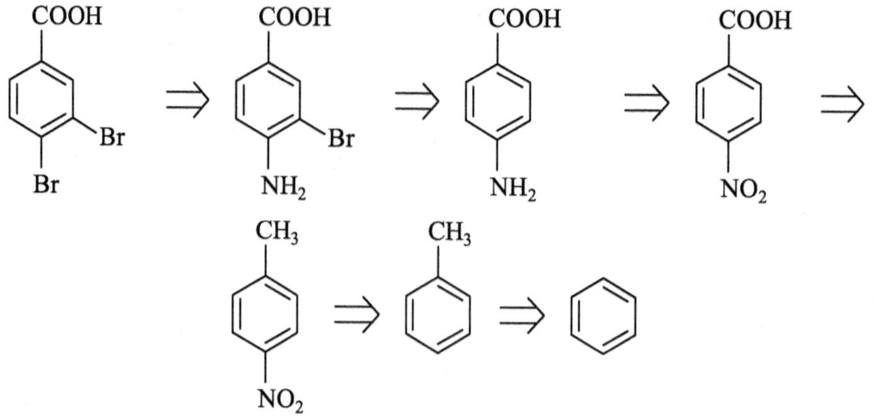

倒推时要注意导向基的定位作用，所以羧基对位的溴考虑从氨基转化而来，这样羧基间位上的溴则可以由邻位的氨基定向引入。

合成路线如下：

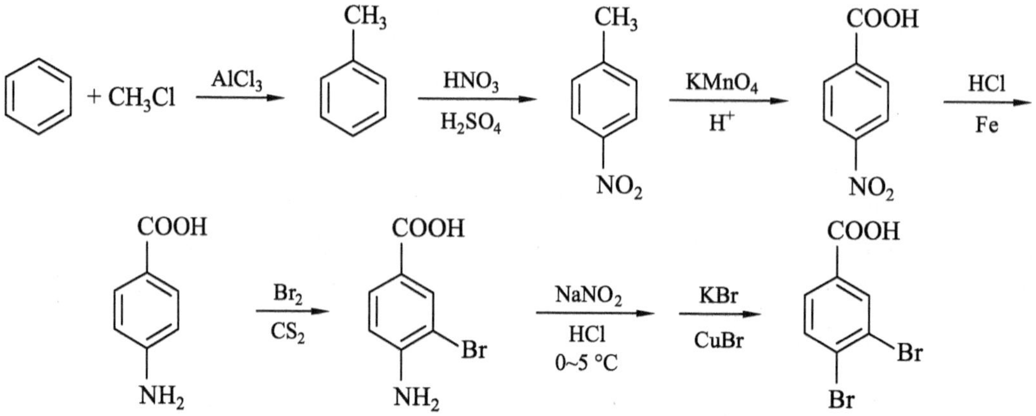

52. 由苯及必要试剂合成

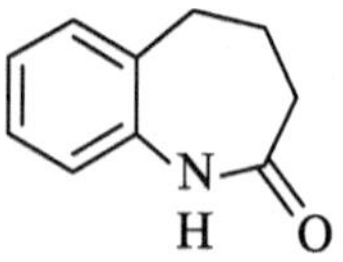

解： 倒推分析如下

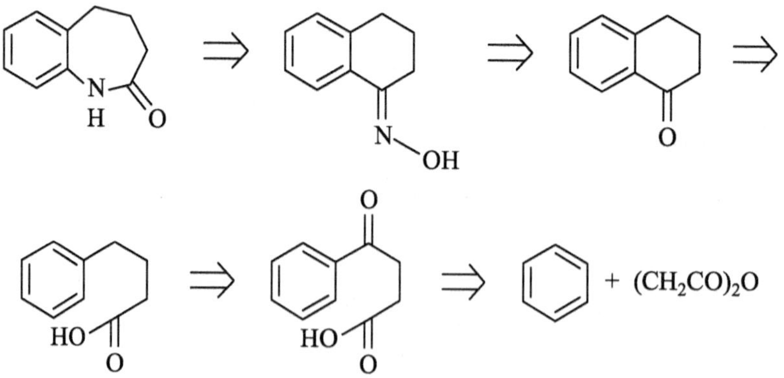

倒推时要注意考虑酰胺可通过多种途径转化，从中选取由贝克曼重排得来，这样路线较短。通过官能团的转化倒推至苯并环己酮，切断苯环连羰基的碳碳键，得到合成子的等价物：只有一个直链的芳香羧酸，然后将苯环连接的亚甲基转换成羰基，此处切断碳碳键则得到合成子的等价物：苯、丁二酸酐。

合成路线如下：

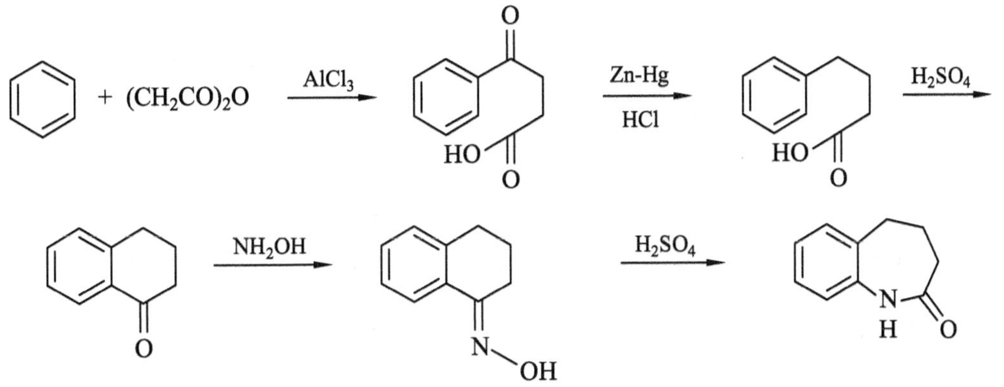

53. 由甲苯为原料合成

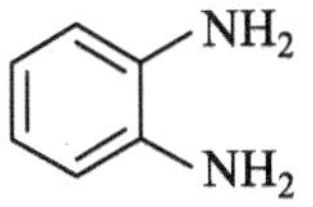

解：倒推分析如下

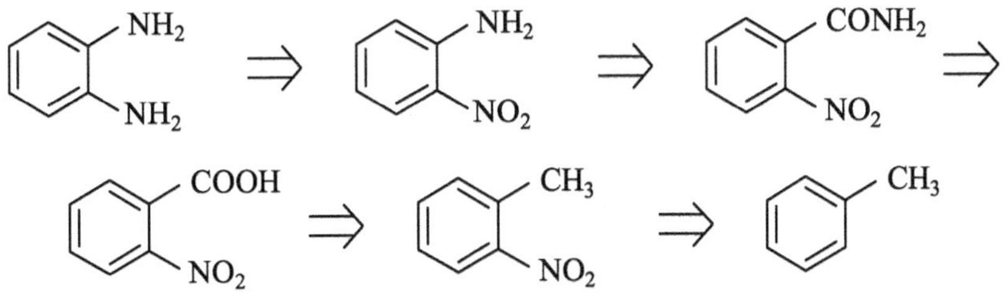

从甲苯到邻苯二胺产物需要在邻位引入一个氨基，还要把甲基转换成氨基。所以先硝化，得邻硝基甲苯，然后把硝基还原成氨基；另外需要把甲基氧化成羧基，再转换成胺甲酰基，然后经过霍夫曼降级反应转换成氨基。同时注意，在官能团的转化过程中，避免反应条件对其他官能团的影响。

合成路线如下：

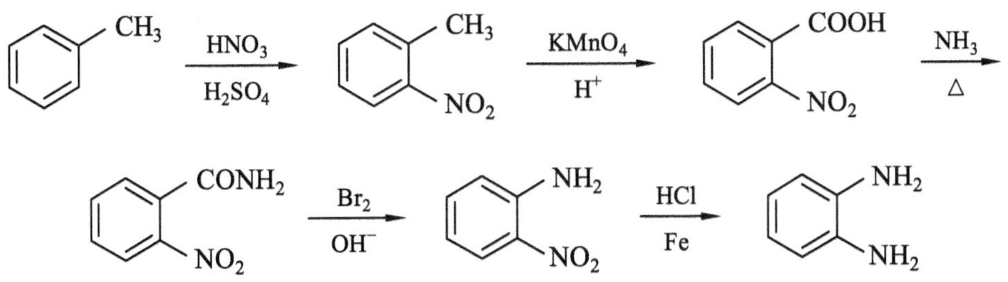

54. 由两个碳的有机原料合成

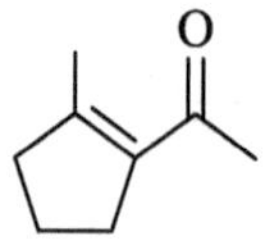

解： 倒推分析如下

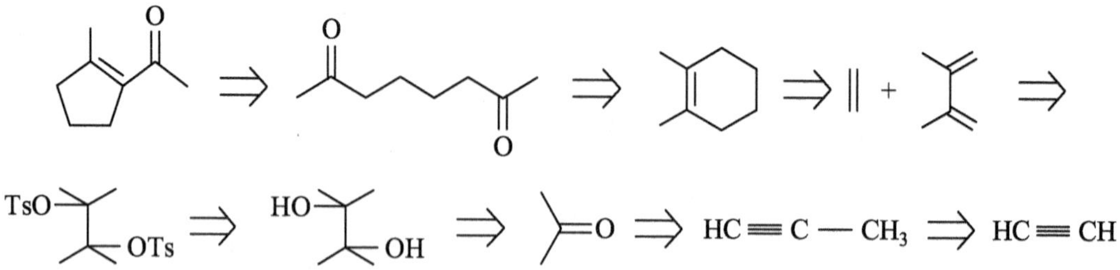

倒推时切断双键后得 1,6-双酮，双酮可由氧化环己烯衍生物得来。环己烯衍生物需要经过 D-A 反应构建。当完成了双烯的制备后即可大功告成。

合成路线如下：

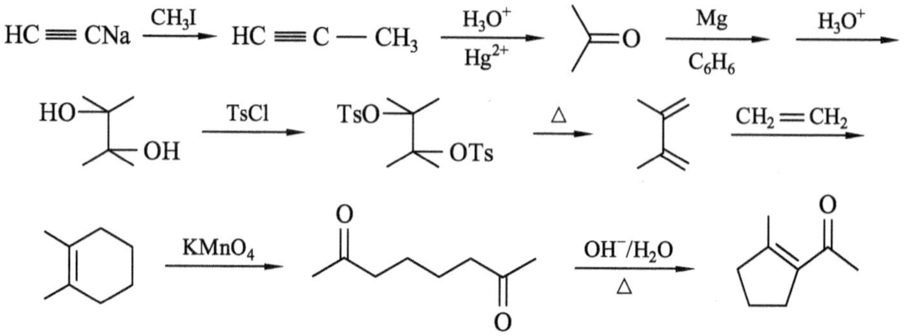

55. 由丙二酸二乙酯和邻苯二甲酸酐合成

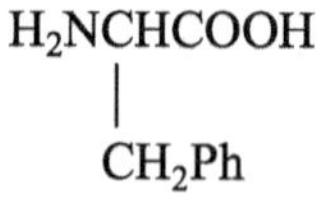

$$H_2NCHCOOH$$
$$|$$
$$CH_2Ph$$

解： 倒推分析如下

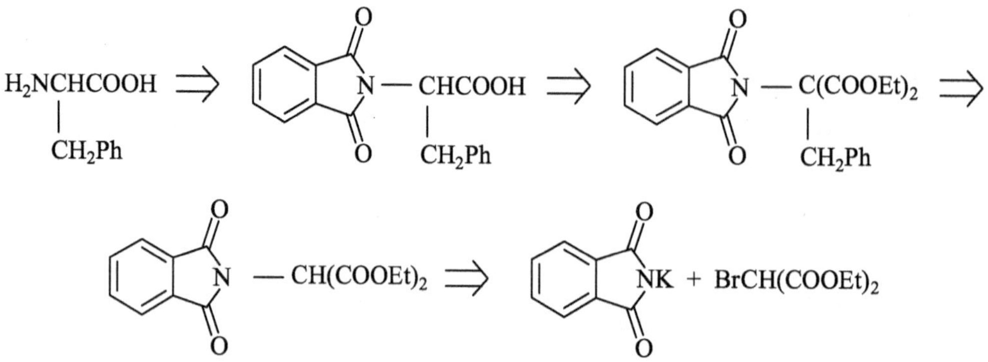

盖布瑞尔（Gabriel）法制备α-氨基酸是适宜的好方法，倒推时可首选。首先倒推出水解前的碳骨架，然后切断丙二酸酯亚甲基上的其余碳碳键，得到合成子的等价物：苄基卤代烃，以及相应的丙二酸二酯及邻苯二甲酰亚胺。

合成路线如下：

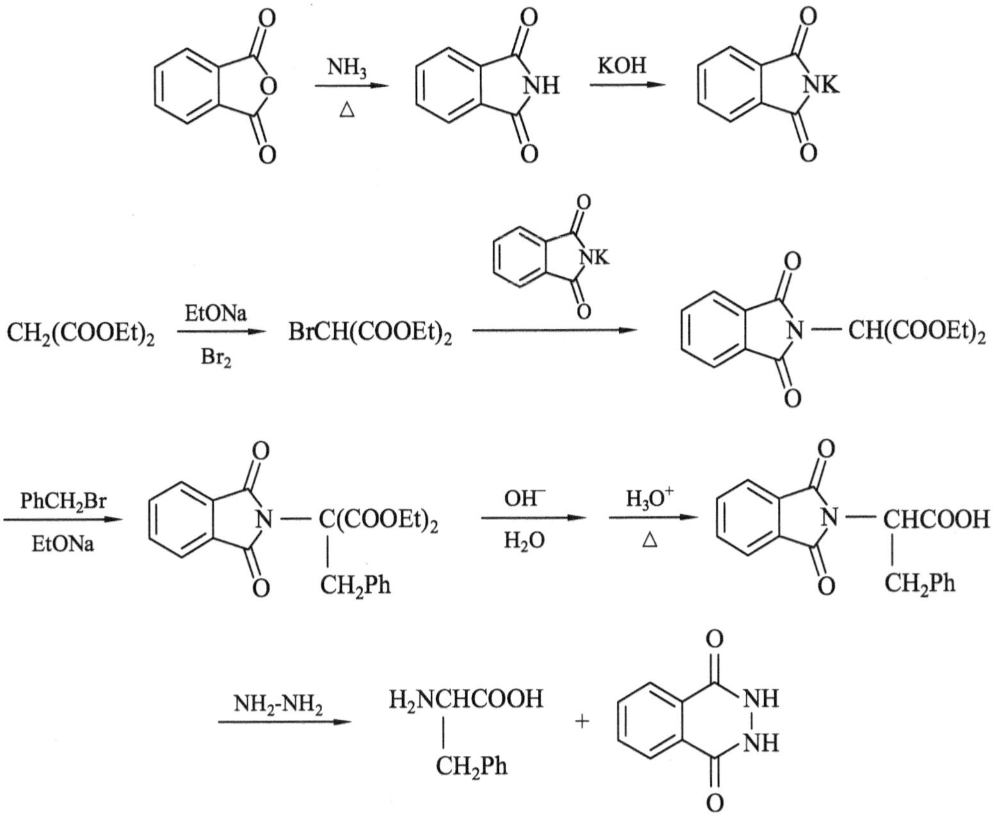

56. 由环己酮为原料合成

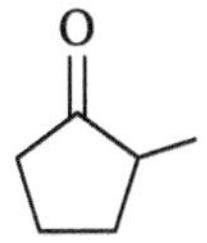

解：倒推分析如下

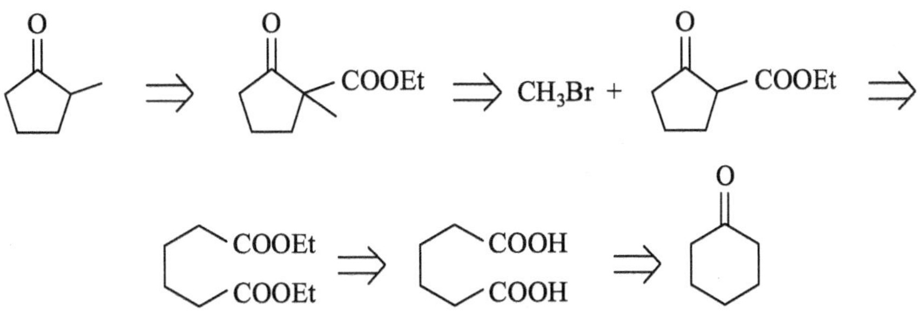

倒推时可知要发生环缩小，即通过狄克曼（Dieckmann）酯缩合反应来构建。所以首先

在羰基的α-位引进一个羧基帮助分析，首先切断羧基上的甲基，然后切断羰基旁边的碳碳键，得到二羧酸酯；后者可通过己二酸酯化得到，而己二酸可由环己酮氧化得到。

合成路线如下：

57. 由乙酰乙酸乙酯、6 个 C 以下的有机化合物和必要的无机试剂合成

解：倒推分析如下

倒推时发现β-羟基酮无法通过羟醛缩合来完成，所以首先考虑由叔醇转换成碳碳双键，切断碳碳双键后得合成子的等价物：甲基酮、维悌斯试剂，后者碳原子数小于 6。前者需要进一步切割。首先在羰基左侧添加辅助基——羧基，即可得到三乙进行烷基化后的整体碳骨架结构，此时切断三乙亚甲基其余的碳碳键，得合成子的等价物：三乙、异戊基卤代烃。

合成路线如下：

58. 用丙二酸二乙酯合成

$$H_2NCHCOOH$$
$$\quad |$$
$$CH(CH_3)_2$$

解：倒推分析如下

H₂NCHCOOH（CH(CH₃)₂） ⟹ 邻苯二甲酰亚胺-N—CHCOOH（CH(CH₃)₂） ⟹ 邻苯二甲酰亚胺-N—C(COOEt)₂（CH(CH₃)₂） ⟹

邻苯二甲酰亚胺-N—CH(COOEt)₂ ⟹ 邻苯二甲酰亚胺-NK + BrCH(COOEt)₂

氨基可由邻苯二甲酰亚胺水解得到，盖布瑞尔法是制备纯净伯胺的好方法。所以，首先倒推出水解前的整体碳骨架结构；再切断丙二酸二酯亚甲基其他的碳碳键和碳氮键，得到合成子的等价物：异丙基卤代烃、丙二酸二酯、邻苯二甲酰亚胺。

合成路线如下：

$$CH_2(COOEt)_2 \xrightarrow[Br_2]{EtONa} BrCH(COOEt)_2 \xrightarrow{\text{邻苯二甲酰亚胺-NK}} \text{邻苯二甲酰亚胺-N—CH(COOEt)}_2$$

$$\xrightarrow[EtONa]{(CH_3)_2CHBr} \text{邻苯二甲酰亚胺-N—C(COOEt)}_2[CH(CH_3)_2] \xrightarrow[H_2O]{OH^-} \xrightarrow[\triangle]{H_3O^+} \text{邻苯二甲酰亚胺-N—CHCOOH}[CH(CH_3)_2]$$

$$\xrightarrow{NH_2-NH_2} H_2NCHCOOH[CH(CH_3)_2] + \text{邻苯二甲酰肼}$$

59. 完成下列转化：

$$CH_3\text{-benzene} \longrightarrow CH_2CHCHO,\ CH_3,\ C(CH_3)_3 \text{ substituted benzene}$$

解： 倒推分析如下

$$\text{(逆推分析示意图，含苯环衍生物结构)}$$

$$CH_3 \text{ 取代苯} \Rightarrow (CH_3)_3CCl + CH_3 \text{ 取代苯}$$

　　倒推时首先在醛基的 β-位引进一个羟基，其碳骨架可以通过交叉羟醛缩合反应构建，切断羟基右侧的碳碳键，得到两个合成子的等价物：丙醛、对叔丁基苯甲醛；后者将醛基转换成甲基，通过 F-C（Friedel-Crafts）烷基化在苯环甲基的对位引入叔丁基。

　　合成路线如下：

$$CH_3\text{-benzene} + (CH_3)_3CCl \xrightarrow{AlCl_3} \text{(对叔丁基甲苯)} \xrightarrow[C_5H_5N]{CrO_3} \text{(对叔丁基苯甲醛)} \xrightarrow[OH^-]{CH_3CH_2CHO}$$

$$CH=C-CHO,\ CH_3,\ C(CH_3)_3 \text{ substituted benzene} \xrightarrow[5\%\ Pd\text{-}C]{H_2} CH_2CHCHO,\ CH_3,\ C(CH_3)_3 \text{ substituted benzene}$$

60. 由卤代烃和 $H_2^{18}O$ 合成

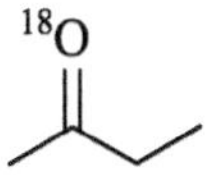

解： 倒推分析如下

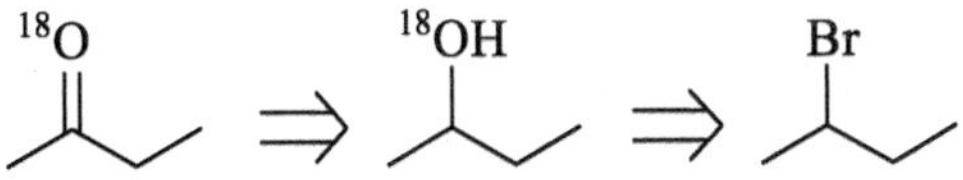

倒推时要注意，卤代烷的亲核试剂是水中的 ^{18}O。
合成路线如下：

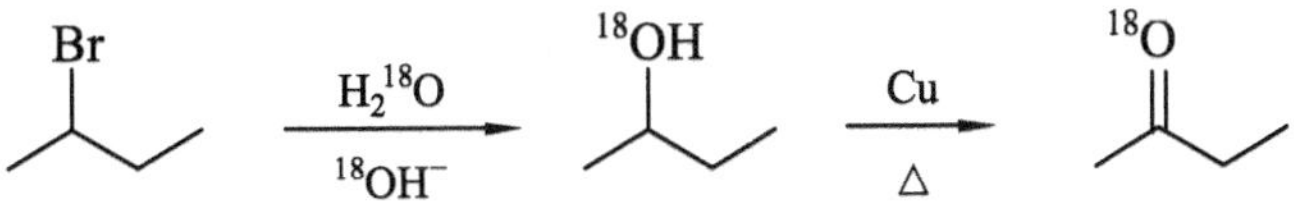

61. 由不超过 5 个碳的有机物合成

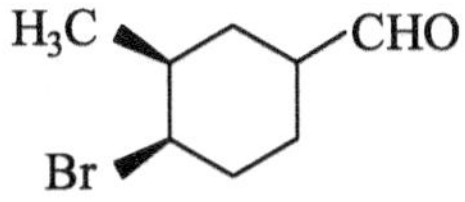

解： 倒推分析如下

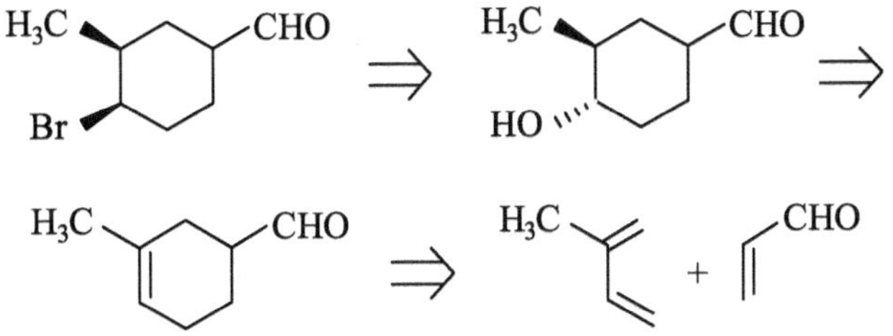

通常由直链化合物形成多元环化合物，首选 D-A 反应来完成。所以，首先转化成一定结构的环己烯；然后切割得到双烯体和亲双烯体。由于与甲基相连的烯烃加溴化氢无法得到顺式结构，所以先转化甲基溴代物为反式的甲基醇，然后消去转换成取代环己烯；最后切割，找出合成子的等价物：1-甲基-1,3-丁二烯、丙烯醛。
合成路线如下：

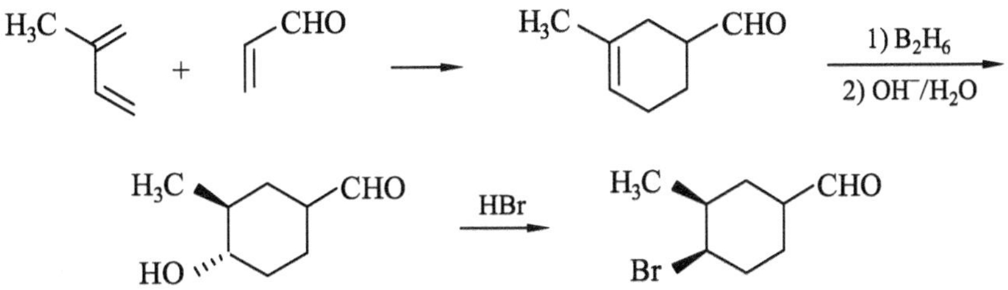

62. 由（2R,3R）-环氧丁烷合成

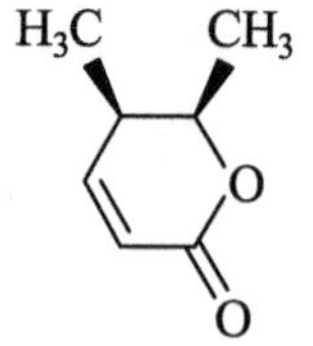

解： 倒推分析如下

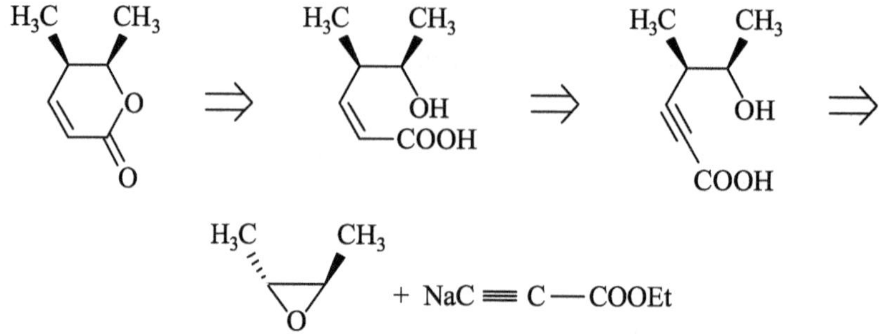

倒推时，首先切断 C_5 的碳氧键，得到 δ-羟基不饱和羧酸，然后把 C_2 和 C_3 之间的双键转化为碳碳三键，得（2R,3R）-2-己炔-5-醇酸，切断 C_3 和 C_4 之间的碳碳键，得合成子的等价物：丙炔酸酯钠、（2R,3R）-环氧丁烷。

合成路线如下：

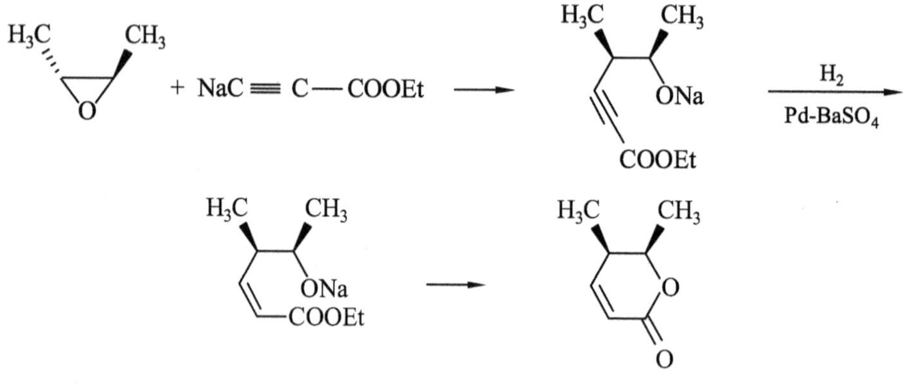

$$\xrightarrow[\text{Pd-BaSO}_4]{\text{H}_2}$$

63. 由邻溴甲苯合成邻氨基甲苯。

解： 逆合成分析如下

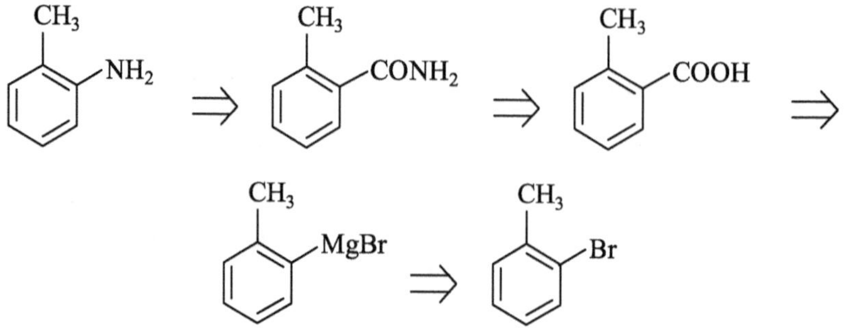

倒推时发现，整个过程只有官能团的转化，即要把溴转化成氨基。通过取代是难以完成的，所以考虑通过氨甲酰基进行霍夫曼降级反应而获得。关键是把溴转换成氨甲酰基，因此转换过程要经过：转换成格氏试剂、跟二氧化碳反应、水解、与氨加热反应，最后将溴转换成氨甲酰基。

合成路线如下：

64. 由乙炔合成丁醛。

解： 合成路线如下

首先使乙炔水化生成乙醛，接着主要通过碳链增长的方法，即通过乙醛的羟醛缩合反应，所生成的 2-丁烯醛通过还原碳碳双键来完成。

65. 完成下列合成：

解： 逆合成分析如下

首先切断碳碳双键，得合成子的两个等价物：丙酮、环戊基维悌斯试剂；后者需要溴代环戊烷，而它可以通过环戊醇转化而来。

合成路线如下：

66. 以乙烯为原料合成丙酸。

解： 合成路线如下

$$H_2C=CH_2 \xrightarrow{HBr} CH_3CH_2Br \xrightarrow{KCN} CH_3CH_2CN \xrightarrow[\triangle]{H_3O^+} CH_3CH_2COOH$$

67. 以苯酚为原料合成

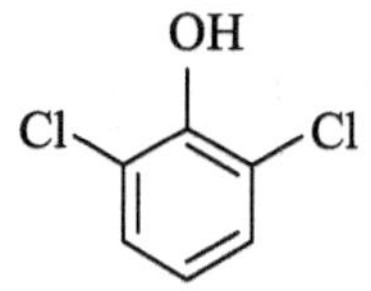

解：逆合成分析如下

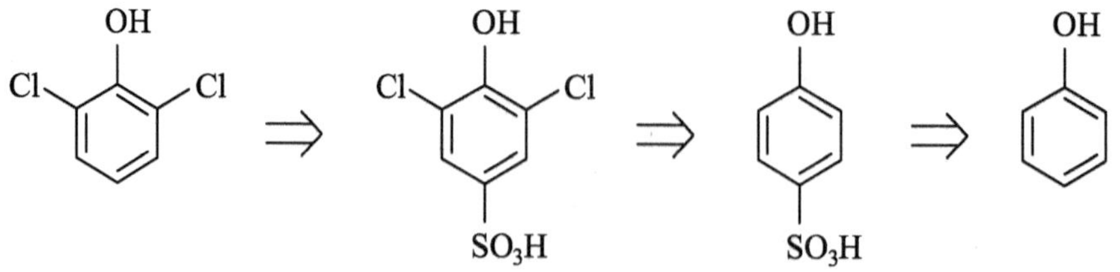

由于酚羟基是强的邻对位导向基，所以首先使用堵塞基占住羟基的对位，然后再进行氯代反应，最后把堵塞基水解除去。

合成路线如下：

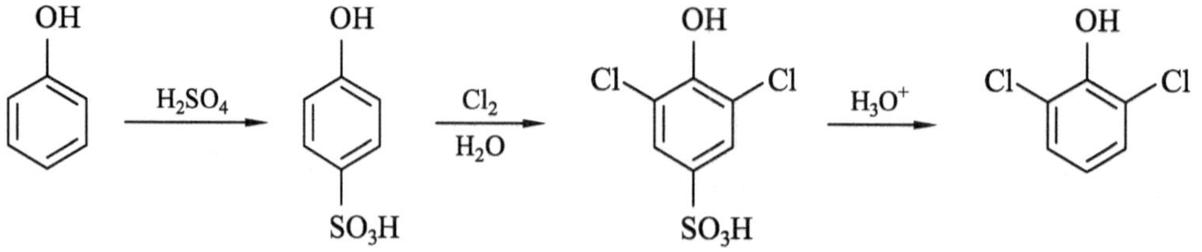

68. 以间甲苯酚为原料合成葵子麝香

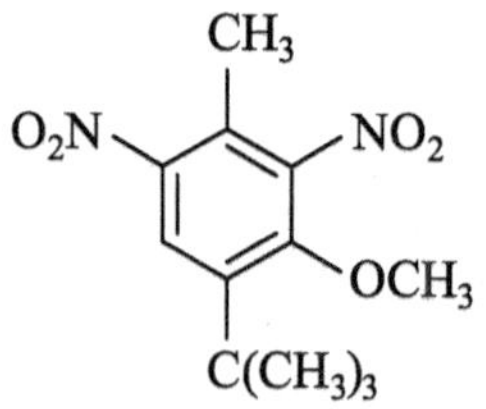

解：逆合成分析如下

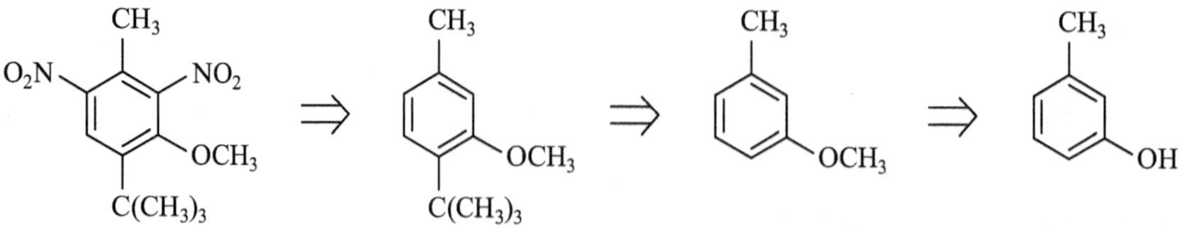

目标物主要是通过苯环官能团化来完成。首先酚羟基进行甲基化，降低它的邻对位导向基的能力，接着进行 F-C 烷基化，然后进行硝化得到产物。

合成路线如下：

72

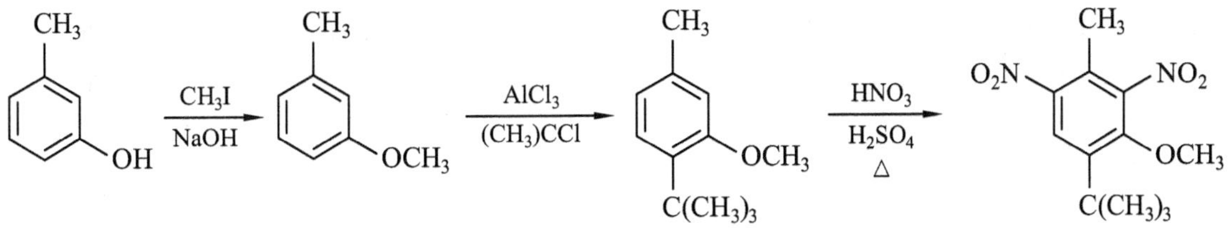

69. 由苯胺和吡啶为原料合成磺胺

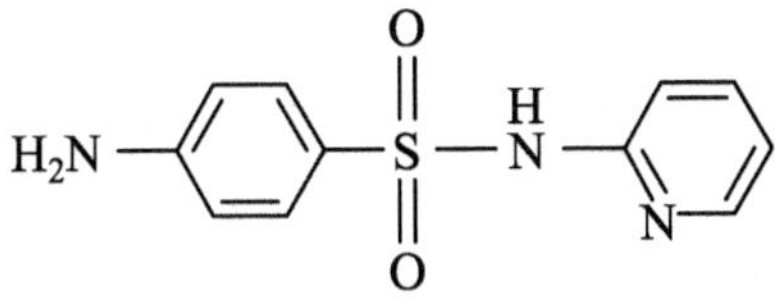

解： 逆合成分析如下

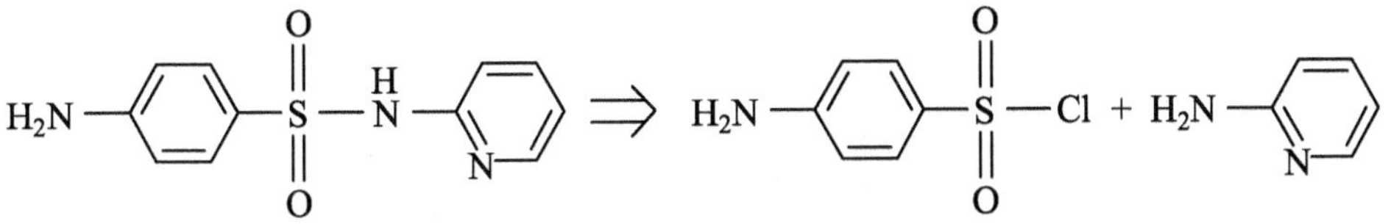

首先切断硫氮键，得到合成子的等价物：对氨基磺酰氯和 2-氨基吡啶。前者可以通过苯胺和氯磺酸反应得到；后者通过强碱氨基钠与吡啶进行亲核取代反应得到。

合成路线如下：

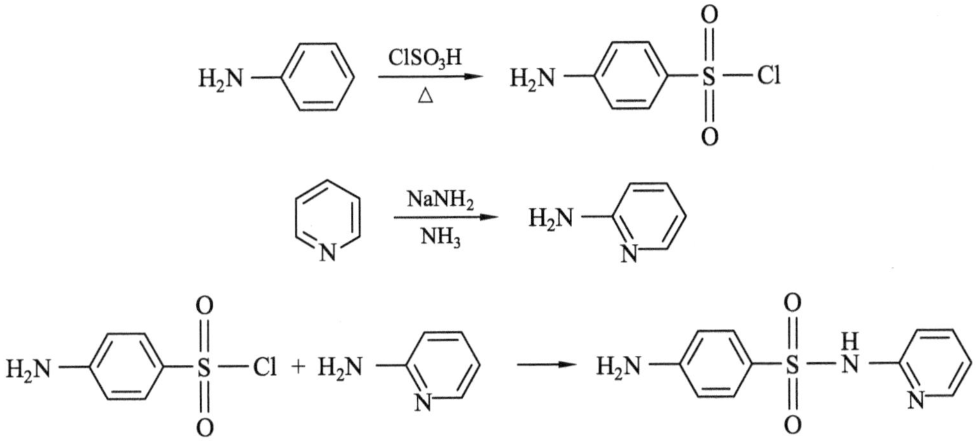

70. 以丙二酸二乙酯为原料合成

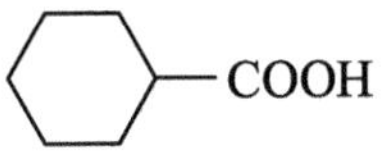

解： 逆合成分析如下

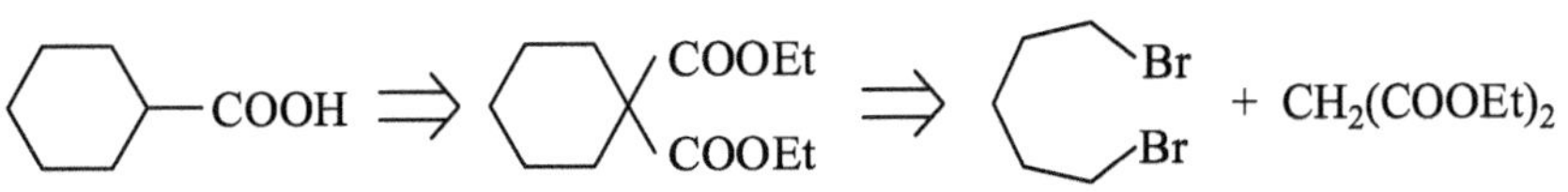

首先在羧基的 α-位引进羧基作为辅助基，此时显示出丙二酸酯进行两次烷基化后的整个碳骨架结构，然后切断丙二酸亚甲基上的其他碳碳键，得到合成子的等价物：丙二酸酯、1, 5-二卤戊烷。

合成路线如下：

71. 由苯、甲苯和不超过 3 个碳原子的有机化合物合成

解：逆合成分析如下

首先在右边的羰基 α-位引进辅助基——羧基，马上显现出苯甲酰乙酸乙酯进行烷基化后的整体碳骨架结构，首先切断苯甲酰乙酸乙酯的亚甲基上其他的碳碳键，得到合成子的等价物：苯甲酰乙酸乙酯、1-溴代频哪酮；后者可以通过对应的频哪醇重排得到，而该频哪醇可由苯乙酮反应得到，苯乙酮能通过苯的 F-C 酰基化制备。苯甲酰乙酸乙酯可以先氧化甲苯获得苯甲酸，苯甲酸与亚硫酰氯反应得到苯甲酰氯，最后对丙二酸酯进行酰基化，通过水解脱羧得到苯甲酰乙酸乙酯。

合成路线如下：

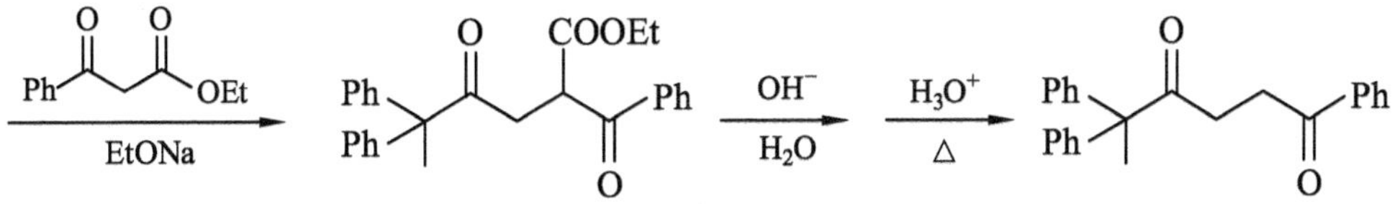

72. 以苯为原料合成

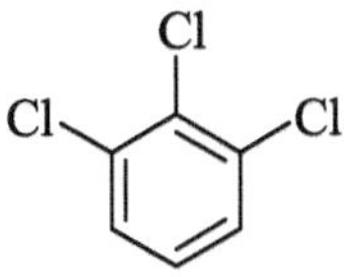

解：逆合成分析如下

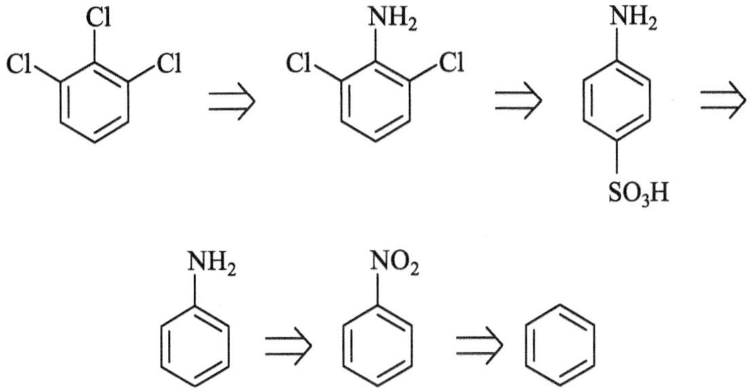

　　首先转换第二个氯为邻对位导向基——氨基；要在氨基两侧顺利引入氯，需要先在氨基的对位上引进堵塞基占住对位，然后再进行氯代引入两个氯；最后再把氨基转换成氯原子。

　　合成路线如下：

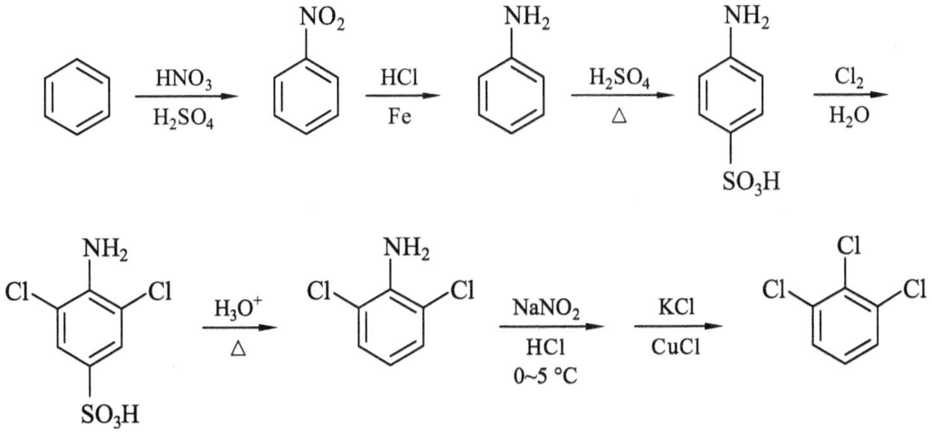

73. 由丙二酸酯和邻苯二甲酸酐为原料合成

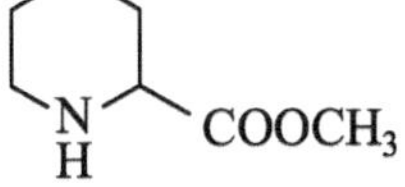

解：逆合成分析如下

$$\text{（结构式）} \Rightarrow \text{（结构式）} \Rightarrow \text{（结构式）} \Rightarrow$$

$$\text{（结构式）} \Rightarrow BrCH_2CH=CH_2(BrCH_2CH_2CH=CH_2) + \text{（邻苯二甲酰亚胺化钾）} + BrCH(COOCH_3)_2$$

首先切断环左侧的碳氮键，得到一个 α-氨基酸酯；然后在羧基的 α-位引进辅助基——羧基，即可看出合成子的等价物是 α-氨基三元羧酸酯，然后倒推至盖布瑞尔氨基酸合成法水解前的整个碳骨架结构，接着切断丙二酸酯亚甲基上其他碳碳键和碳氮键，得到合成子的等价物：4-溴-1-丁烯、邻苯二甲酰亚胺化钾、丙二酸二甲酯。

合成路线如下：

$$\xrightarrow[\triangle]{NH_3} \quad \xrightarrow{KOH} \quad \xrightarrow{BrCH(COOCH_3)_2}$$

$$\xrightarrow[Br(CH_2)_2CH=CH_2]{EtONa}$$

$$\xrightarrow[H_2O]{OH^-} \quad \xrightarrow[H_2O_2]{Br_2} \quad \xrightarrow[\triangle]{H_3O^+}$$

74. 由不超过 3 个碳原子的有机化合物合成

（化合物结构式：环己烷环，HO—、HO—、—CH$_2$OH、—CH$_2$OH 取代）

解：逆合成分析如下

$$\text{（结构式）} \Rightarrow \text{（环氧结构式）} \Rightarrow$$

$$\text{（结构式）} \Rightarrow \text{（丁二烯）} + \text{（顺式双CH}_2\text{OH烯烃）}$$

76

根据目标物以及立体化学要求倒推出其前体为环氧乙烷，后者可通过环己烯衍生物氧化得到；因为 D-A 反应是构建环己烯衍生物的好方法，依据其结构特征切断，得到合成子的等价物：1,3-丁二烯、1,4-顺丁烯二醇。1,3-丁二烯可从 1,4-丁二醇转化；可以由乙炔钠与甲醛反应来制取 1,4-丁炔二醇、1,4-丁烯二醇和 1,4-丁二醇。

合成路线如下：

75. 由苯为原料合成 $C_6H_5CH(COOC_2H_5)_2$。

解： 逆合成分析如下

目标物倒推出氰基苯乙酸，后者由溴代苯乙酸转化得到；苯乙酸催化溴代可得到溴代苯乙酸，后者由 2-苯基乙醇氧化得到；2-苯乙醇则由苯基格氏试剂对环氧乙烷亲核开环，再水解得到。

合成路线如下：

76. 以 1-溴丁烷为原料合成

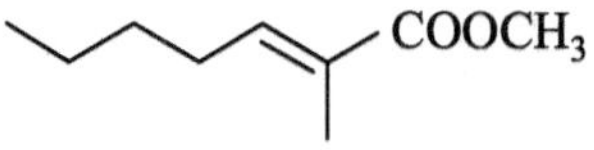

解：逆合成分析如下

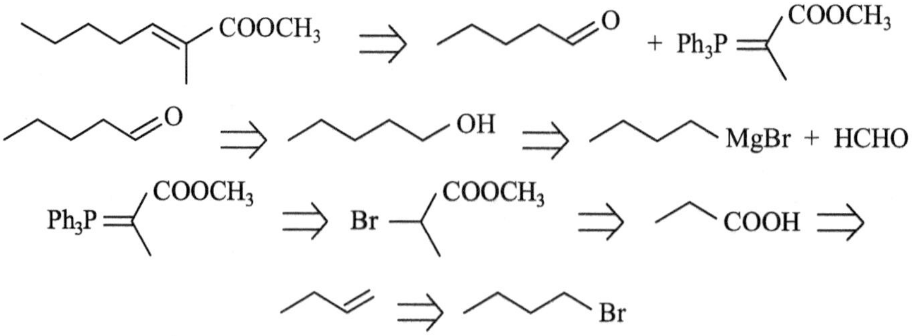

首先切断碳碳双键，得合成子的等价物：戊醛、维悌斯试剂。戊醛可通过 1-溴丁烷增长碳链和官能团转化得到。1-溴丁烷通过消去得到烯烃，再氧化得到丙酸，再催化溴代得到 2-溴代丙酸，然后逐步制备出相应的维悌斯试剂。

合成路线如下：

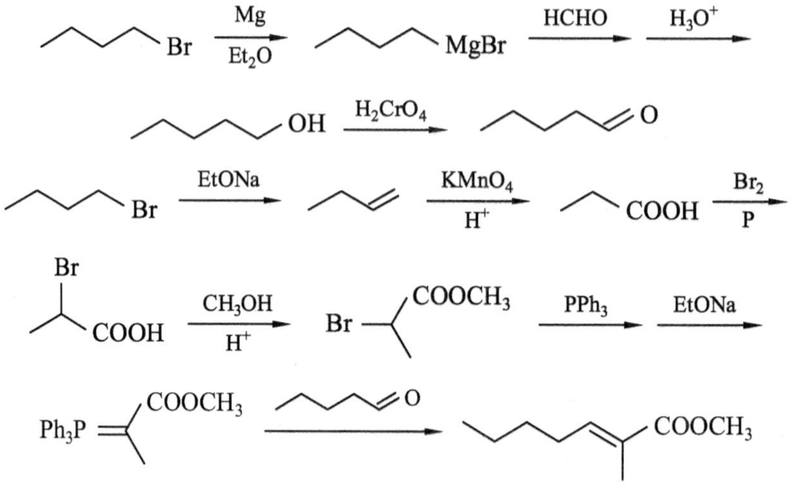

77. 以乙炔和不超过 2 个碳的有机化合物合成叶醇

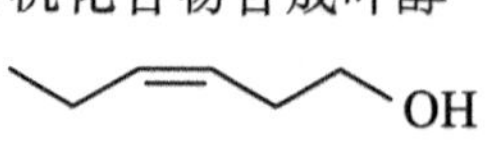

解：逆合成分析如下

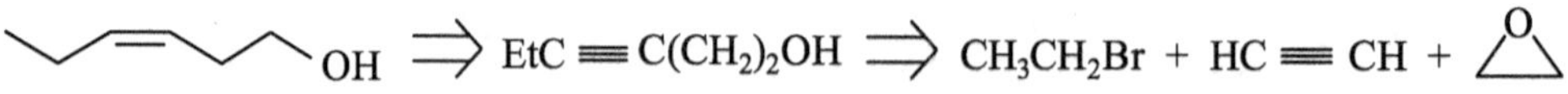

通过乙炔金属化合物向两端分别增长碳链。首先把碳碳双键转化为碳碳三键，然后切断三键左右两侧的碳碳键，得到合成子的等价物：溴乙烷、乙炔、环氧乙烷。由于产物是顺式烯烃，需要在炔烃转化为烯烃时选择林德勒催化剂加氢。

合成路线如下：

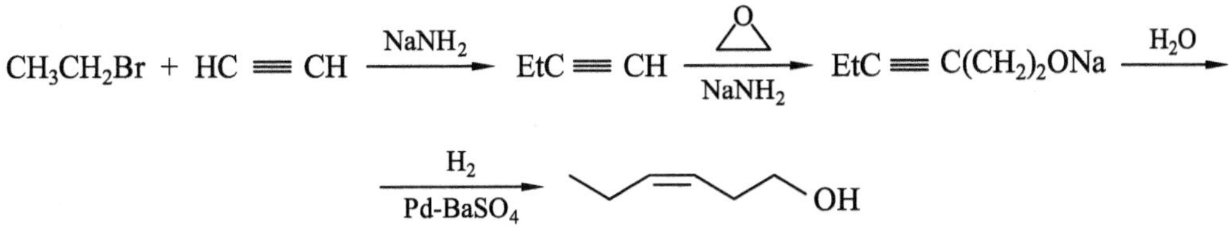

$$CH_3CH_2Br + HC \equiv CH \xrightarrow{NaNH_2} EtC \equiv CH \xrightarrow[NaNH_2]{\triangle O} EtC \equiv C(CH_2)_2ONa \xrightarrow{H_2O}$$

$$\xrightarrow[Pd\text{-}BaSO_4]{H_2} \quad \text{(cis-alkenol structure)} \quad OH$$

78. 以环戊酮为原料合成

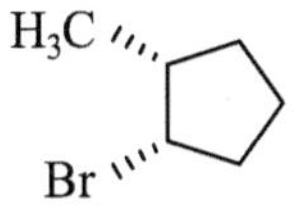

解：逆合成分析如下

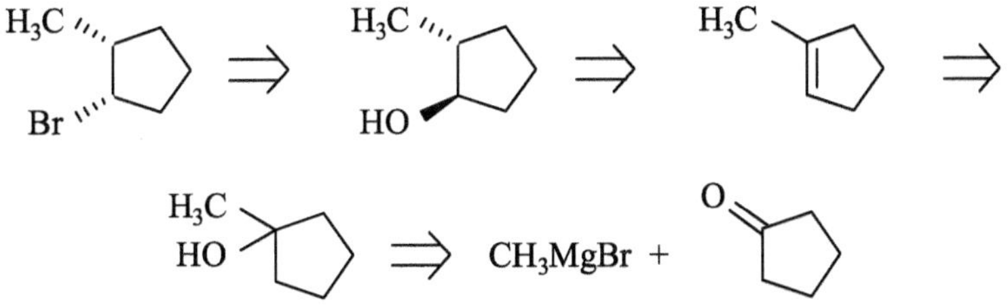

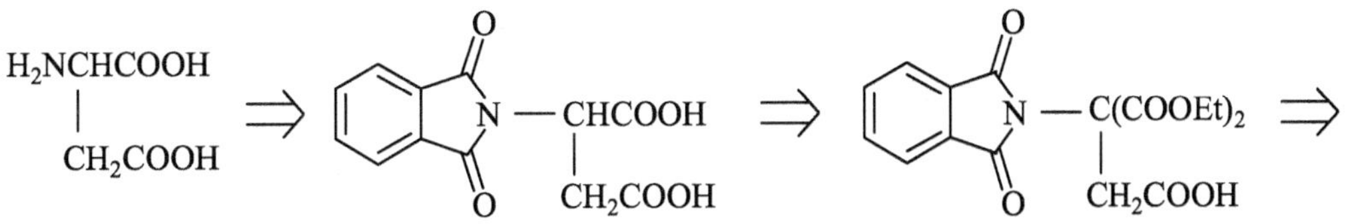

首先根据立体化学相关的反应，需要转化目标物为 1-甲基环戊烯，再转换成 1-甲基-1-环戊醇，切断甲基，得到合成子的等价物：甲基格氏试剂、环戊酮。

合成路线如下：

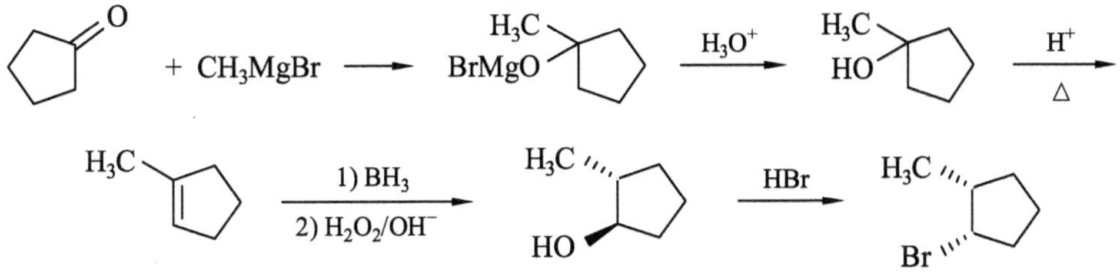

79. 以丙二酸酯合成

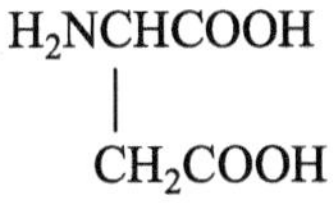

$$\begin{array}{c} H_2NCHCOOH \\ | \\ CH_2COOH \end{array}$$

解：逆合成分析如下

$$\text{BrCH}_2\text{COOEt} + \text{(phthalimide)}N\text{—CH(COOEt)}_2 \implies \text{(phthalimide)}NK + \text{BrCH(COOEt)}_2$$

目标物是 α-氨基酸，其合成离不开盖布瑞尔合成法的支撑。首先倒推回水解前的整体碳骨架，然后切断丙二酸二酯亚甲基上的其他碳碳键、碳氮键，得到合成子的等价物：邻苯二甲酰亚胺钾盐、丙二酸二酯、卤代乙酸酯。

合成路线如下：

$$\text{CH}_2(\text{COOEt})_2 \xrightarrow[\text{Br}_2]{\text{EtONa}} \text{BrCH(COOEt)}_2 \longrightarrow \text{(phthalimide)}N\text{—CH(COOEt)}_2$$

$$\xrightarrow[\text{EtONa}]{\text{BrCH}_2\text{COOEt}} \text{(phthalimide)}N\text{—C(COOEt)}_2\text{—CH}_2\text{COOEt} \xrightarrow[\text{H}_2\text{O}]{\text{OH}^-} \xrightarrow[\triangle]{\text{H}_3\text{O}^+}$$

$$\text{(phthalimide)}N\text{—CHCOOH(CH}_2\text{COOH)} \xrightarrow{\text{NH}_2\text{-NH}_2} \text{H}_2\text{NCHCOOH(CH}_2\text{COOH)} + \text{(phthalhydrazide)}$$

80. 以甘氨酸和丙氨酸为原料合成丙-甘二肽。

解： 合成路线如下

$$\text{H}_2\text{NCHCOOH(CH}_3) + \text{PhCH}_2\text{O—C(=O)—Cl} \longrightarrow \text{PhCH}_2\text{O—C(=O)—HNCHCOOH(CH}_3) \xrightarrow{\text{SOCl}_2}$$

$$\text{PhCH}_2\text{O—C(=O)—HNCHCOCl(CH}_3) \xrightarrow{\text{H}_2\text{NCH}_2\text{COOH}} \text{PhCH}_2\text{O—C(=O)—HNCHCONHCH}_2\text{COOH(CH}_3)$$

$$\xrightarrow[\text{Pd}]{\text{H}_2} \text{H}_2\text{NCHCONHCH}_2\text{COOH(CH}_3)$$

81. 以丙酮和 3 个 C 以下的有机化合物及无机试剂为原料合成

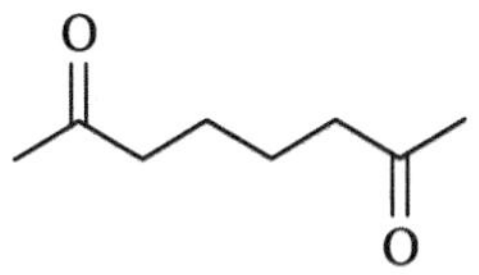

解：逆合成分析如下

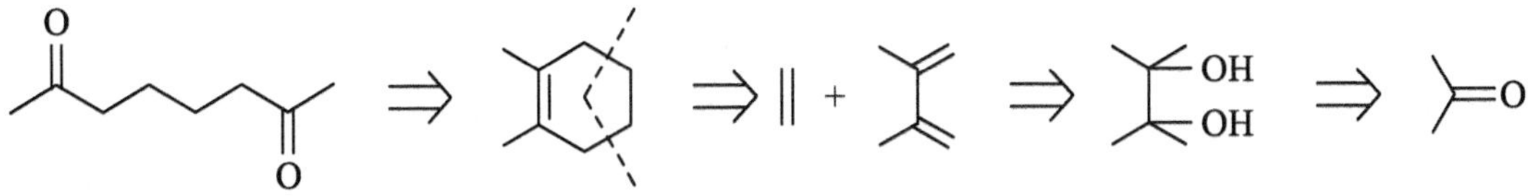

1, 6-二羰基化合物的合成与 D-A 反应密不可分。首先倒推至对应的环己烯衍生物，按照 D-A 反应规律切断其中的碳碳键，得双烯体、亲双烯体。由于双烯体是 2, 3-二甲基丁二烯，所以要转换成 2, 3-二甲基丁二醇，后者可以用丙酮经过游离基偶联反应来转化。

合成路线如下：

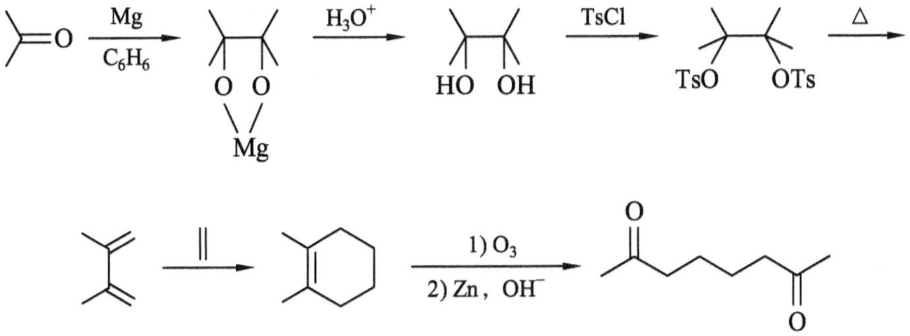

82. 以不超过 4 个 C 的有机原料和无机原料合成

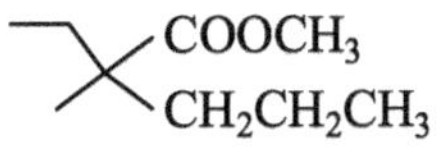

解：逆合成分析如下

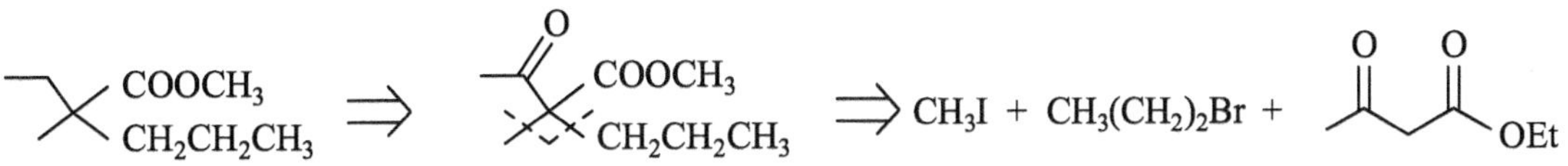

首先将羰基 β 位的亚甲基转换为羰基，这样立即可观察到三乙进行两次烷基化后的整体碳骨架结构，接着切断三乙亚甲基上其他的碳碳键，得到合成子的等价物：卤甲烷、1-卤丙烷、三乙。

合成路线如下：

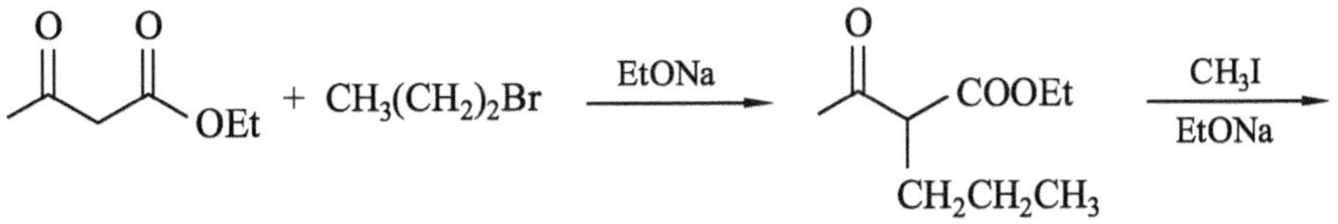

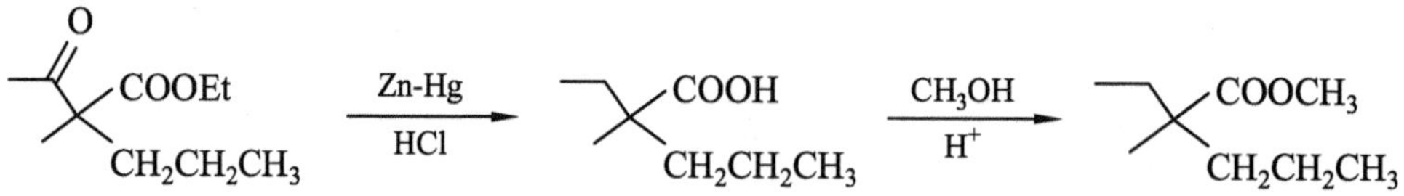

83. 由苯合成

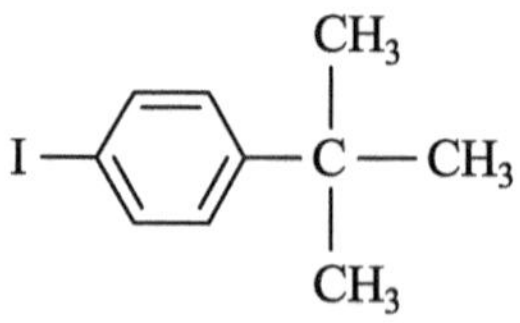

解：逆合成分析如下

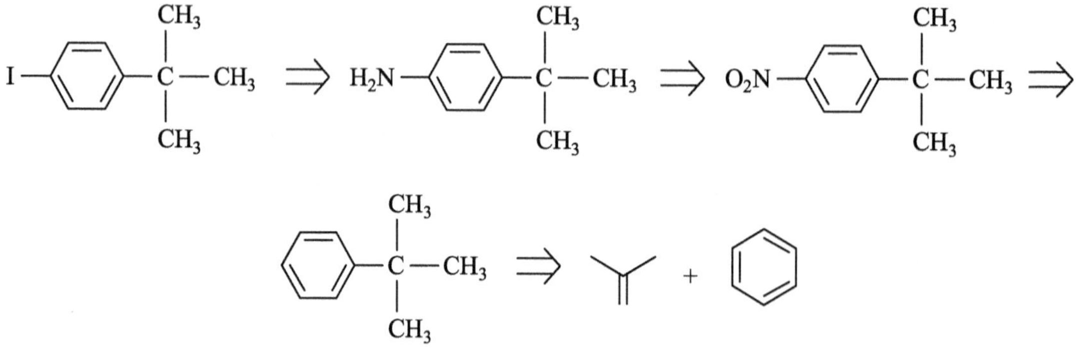

由分析过程可见，目标物主要经过苯的官能团化以及官能团的转化得到，由于碘原子的引入需要通过间接的方法，所以首先考虑引入叔丁基，然后经过硝化、还原、转化等过程完成。

合成路线如下：

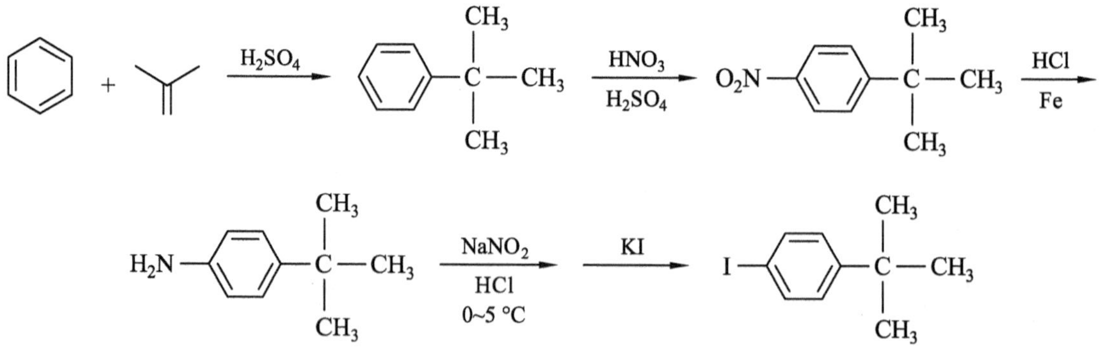

84. 完成下列转化：

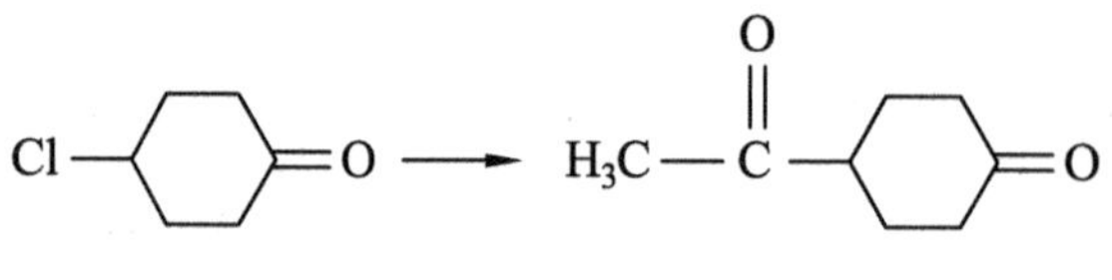

解： 逆合成分析如下

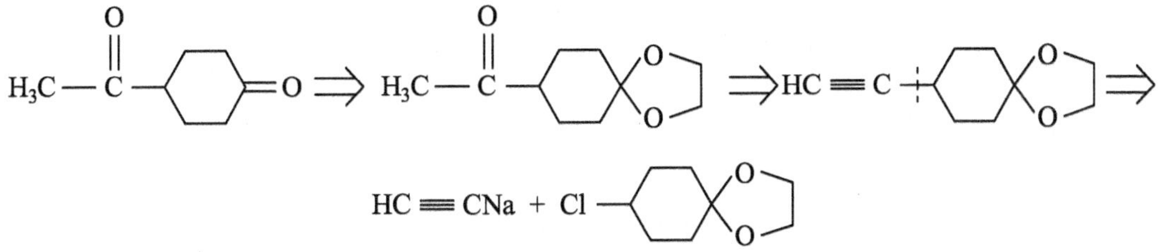

由分析过程可见，目标物上的羰基反应前需要保护，然后把乙酰基转换成乙炔基，切断乙炔基，得到合成子的等价物：乙炔钠、4-氯乙二醇缩环己酮。

合成路线如下：

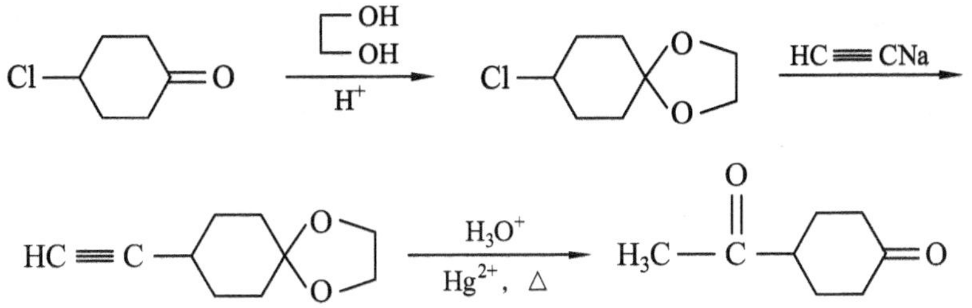

85. 完成下列转化：

$$CH_2(COOC_2H_5)_2 \longrightarrow$$

解： 逆合成分析如下

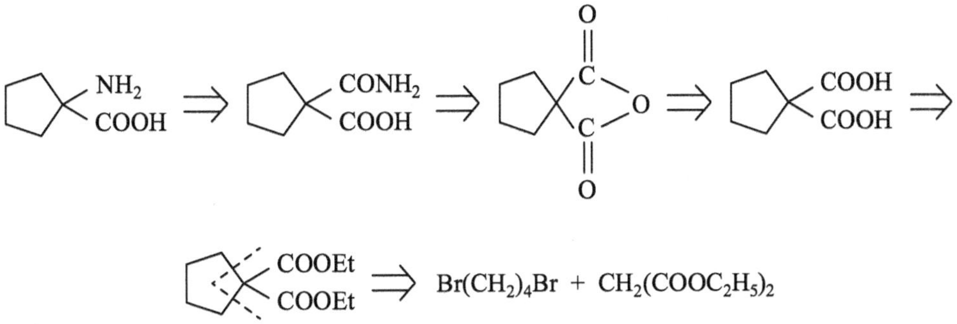

首先转换氨基为氨甲酰基，再倒推至丙二酸酯衍生物，此时可观察到丙二酸酯进行两次烷基化后的整体碳骨架结构，接着切断丙二酸酯亚甲基的其他碳碳键，得到合成子的等价物：丙二酸二酯、1,4-二卤代丁烷。由分析过程可见，环的形成和霍夫曼降级反应成为合成成败的关键。

合成路线如下：

$$\xrightarrow{NH_3} \qquad \xrightarrow[OH^-]{Br_2}$$

86. 由苯甲醛和必要的有机、无机原料和试剂合成

$$=CH-Ph$$

解： 逆合成分析如下

$$=CH-Ph \Longrightarrow PhCHO + \quad =PPh_3 \Longrightarrow \quad -Br \Longrightarrow$$

$$-Br \Longrightarrow \quad -Br \Longrightarrow \quad CHO \quad + (CH_3CO)_2O$$

　　首先切断碳碳双键，得到合成子的等价物：苯甲醛、相应的维悌斯试剂；后者可用苯甲醛经过一系列反应转化成相应的卤代烃，最后制备成维悌斯试剂。由分析过程可见，苯环的官能团化和官能团的转化、维悌斯试剂的制备与反应成为合成成败的关键。

　　合成路线如下：

$$CHO + (CH_3CO)_2O \xrightarrow[\triangle]{CH_3COOK} \quad \xrightarrow[Pd]{H_2} \quad \xrightarrow[P]{Br_2}$$

$$-Br \xrightarrow{H_2SO_4} \quad -Br \xrightarrow[2) PhLi]{1) PPh_3}$$

$$=PPh_3 \xrightarrow{PhCHO} \xrightarrow{H_3O^+} \quad =CH-Ph$$

87. 由苯和不超过 4 个 C 的原料和必要试剂合成

$$C_2H_5OOC-H_2C-\overset{O}{\overset{\|}{C}}-\langle\ \rangle-\langle\ \rangle-\overset{O}{\overset{\|}{C}}-CH_2-COOC_2H_5$$

解： 逆合成分析如下

$$EtOOC-H_2C-\overset{\overset{O}{\|}}{C}-\text{[苯环]}-\text{[苯环]}-\overset{\overset{O}{\|}}{C}-CH_2-COOEt \Longrightarrow$$

$$EtOOC-H_2C-\overset{\overset{O}{\|}}{C}-\text{[苯环]}-I \Longrightarrow EtOOC-H_2C-\overset{\overset{O}{\|}}{C}-\text{[苯环]}-NH_2 \Longrightarrow$$

$$HOOC-H_2C-\overset{\overset{O}{\|}}{C}-\text{[苯环]}-NHCOCH_3 \Longrightarrow CH_2(CO)_2O + \text{[苯环]}-NHCOCH_3 \Longrightarrow$$

$$\text{[苯环]}-NH_2 \Longrightarrow \text{[苯环]}-NO_2 \Longrightarrow \text{[苯环]}$$

　　首先从联苯中间切断，得到合成子的等价物：1-对碘苯基丙酮酸乙酯。后者碘原子的引入要由氨基经重氮化再取代；碘原子对位的基团引入可在上述反应转变为苯胺后，马上通过 F-C 酰基化反应引入，然后通过官能团的转化变成规定的基团。由分析过程可见，对称性高的切断是缩短合成步骤的有效手段。

　　合成路线如下：

$$\text{[苯环]} \xrightarrow[H_2SO_4]{HNO_3} \text{[苯环]}-NO_2 \xrightarrow[Fe]{HCl} \text{[苯环]}-NH_2 \xrightarrow{(CH_3CO)_2O}$$

$$\text{[苯环]}-NHCOCH_3 \xrightarrow[AlCl_3]{CH_2(CO)_2O} HOOC-H_2C-\overset{\overset{O}{\|}}{C}-\text{[苯环]}-NHCOCH_3 \xrightarrow{H_3O^+}$$

$$HOOC-H_2C-\overset{\overset{O}{\|}}{C}-\text{[苯环]}-NH_2 \xrightarrow[\substack{HCl \\ 0\sim5\,^\circ C}]{NaNO_2} \xrightarrow{KI} HOOC-H_2C-\overset{\overset{O}{\|}}{C}-\text{[苯环]}-I$$

$$\xrightarrow[\triangle]{Cu} HOOC-H_2C-\overset{\overset{O}{\|}}{C}-\text{[苯环]}-\text{[苯环]}-\overset{\overset{O}{\|}}{C}-CH_2-COOH \xrightarrow[H^+]{CH_3CH_2OH}$$

$$EtOOC-H_2C-\overset{\overset{O}{\|}}{C}-\text{[苯环]}-\text{[苯环]}-\overset{\overset{O}{\|}}{C}-CH_2-COOEt$$

88. 由环戊酮和 1-溴丙烷为原料及其他任意试剂合成

解：逆合成分析如下

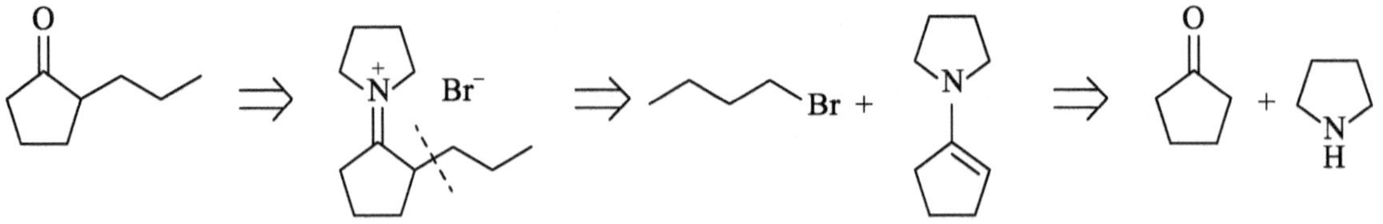

首先倒推至烯胺的骨架结构，然后切断支链上的碳碳键，得到合成子的等价物：烯胺、1-溴丙烷。由分析过程可见，烯胺的烷基化是缩短合成步骤和提高产率的有效手段。

合成路线如下：

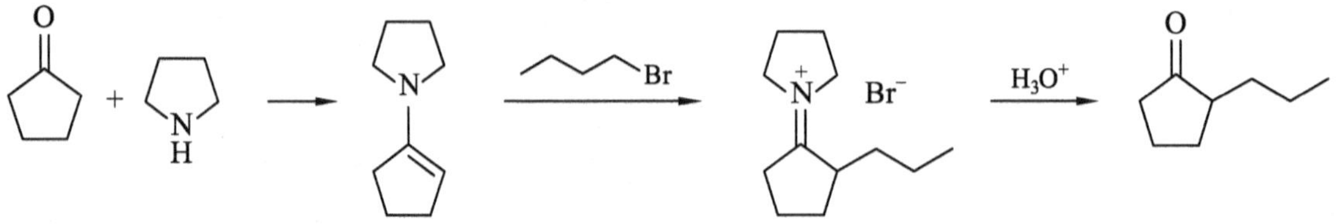

89. 由 1,3-丁二烯和丙烯醛及任意试剂合成

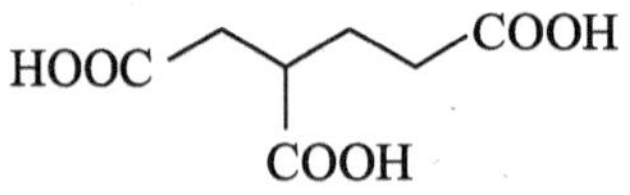

解：逆合成分析如下

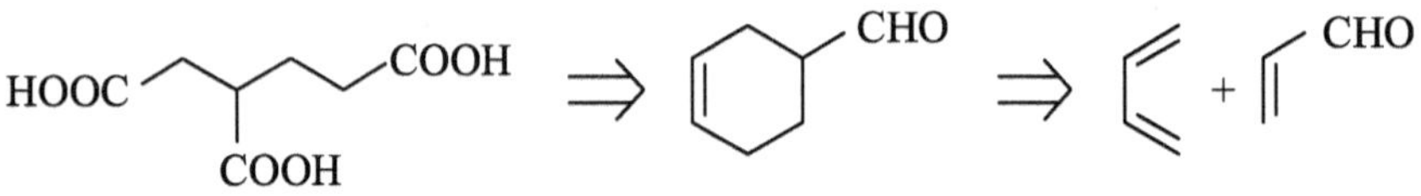

观察可见，目标物分子是 1,6-己二酸的衍生物，倒推其由环己烯衍生物得来；然后根据环己烯的框架结构进行切断，得到合成子的等价物 1,3-丁二烯、丙烯醛。由分析过程可见，1,6-二羧基化合物的合成与 D-A 反应关系密切。

合成路线如下：

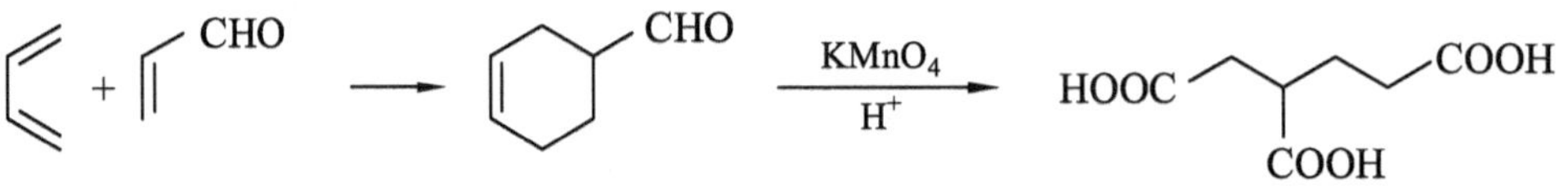

90. 从乙酰乙酸乙酯和 3 个 C 以下（包括 3 个）的有机物及无机试剂出发合成目标物

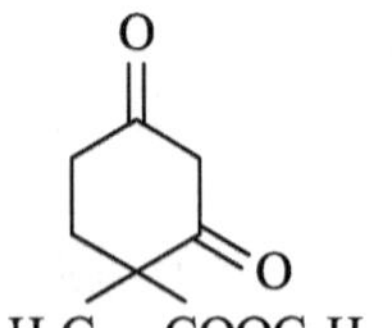

解：逆合成分析如下

首先切断环上羰基间的一条碳碳键，得到合成子的等价物：三乙进行两次烷基化后的整个碳骨架结构；然后再切断三乙亚甲基的其他碳碳键，得到合成子的等价物：三乙、卤甲烷、丙烯酸酯。分析可知，第一次切断的位置很重要，能立即显示出三乙进行两次烷基化后的碳骨架。

合成路线如下：

91. 从甲苯、丙烯醛、2 个及 2 个 C 以下的有机原料及无机试剂合成

解：逆合成分析如下

首先切断甲基右侧的碳碳键，得到合成子的等价物：丙烯醛、对应的有机铜锂试剂。有机铜锂试剂可由α-（对甲苯基）溴乙烷制备，后者可由相应的醇转化而得，起始化合物可由甲苯进行甲酰化而获得。由分析过程可见，有机铜锂试剂是合成过程的关键所在。

合成路线如下：

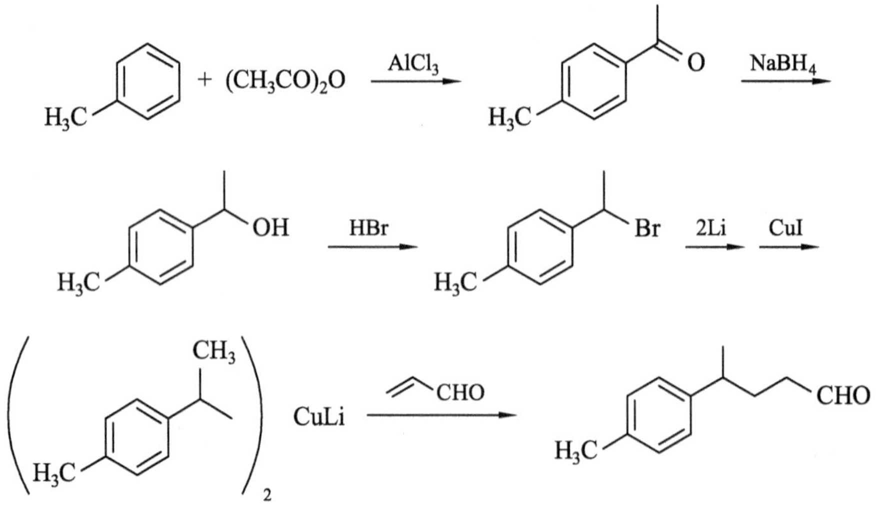

92. 由苯及不超过两个碳的有机原料合成

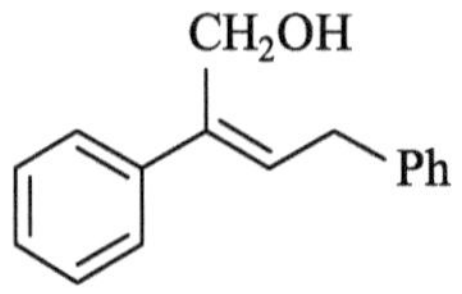

解： 逆合成分析如下

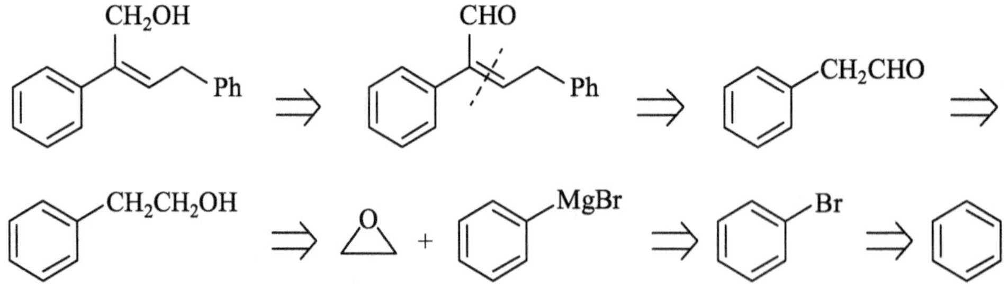

首先把醇转换成醛，然后切断碳碳双键，得到合成子的等价物：苯乙醛。苯乙醛可以由苯制成格氏试剂，再与环氧乙烷反应后，逐步转化而来。逆合成分析过程可见，苯环的官能团化以及官能团的转化成为解题的关键。

合成路线如下：

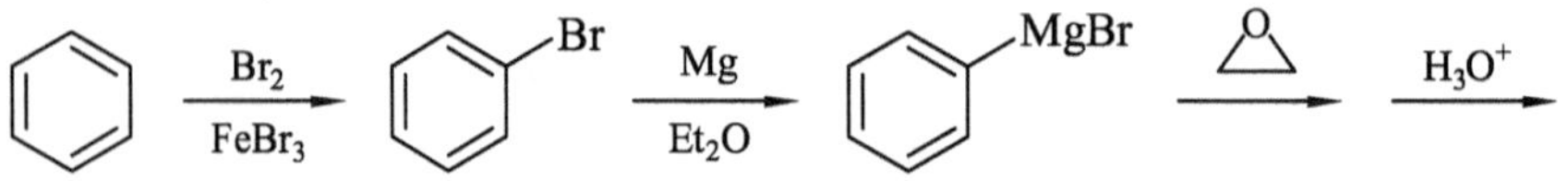

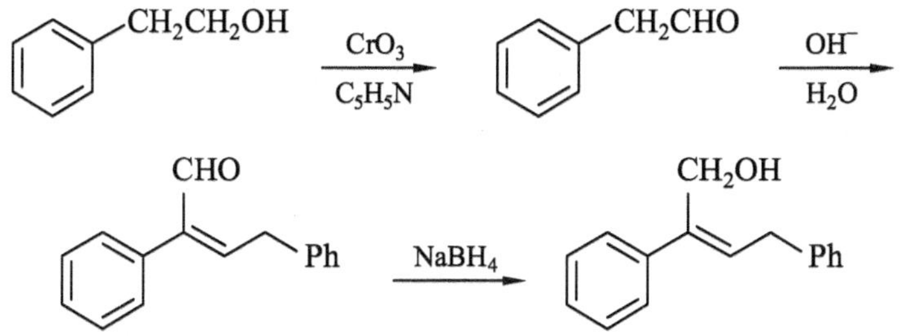

93. 由苯和不超过两个碳的有机原料合成

$$Ph_2CHCH_2OH$$

解： 逆合成分析如下

$$Ph_2CHCH_2OH \Longrightarrow Ph_2CHCHO \Longrightarrow Ph-\underset{OH}{CH}-\underset{OH}{CH}-Ph \Longrightarrow PhCHO \Longrightarrow PhH + HCl + CO$$

首先把醇转换成醛，仔细观察转换所得的醛，该醛可以通过频哪醇重排而得；接着追溯到频哪醇，从中间碳碳键切断，得到合成子的等价物：苯甲醛；后者可由苯进行甲酰化得到。分析可知，苯环的官能团化和频哪醇重排成为缩短合成路线的关键反应。

合成路线如下：

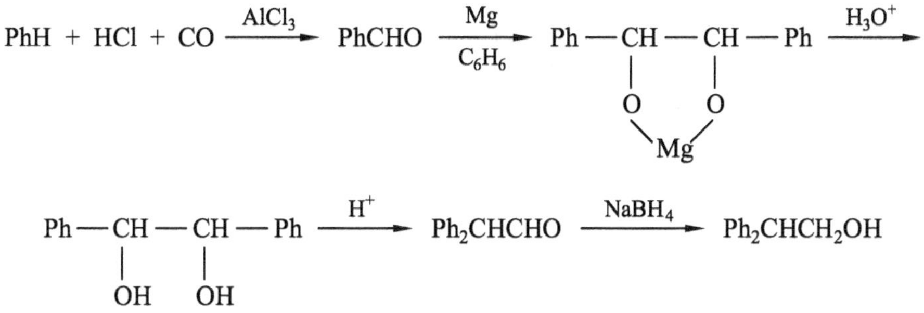

94. 由邻硝基甲苯和任意试剂合成

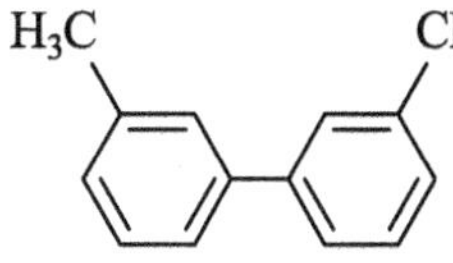

解： 逆合成分析如下

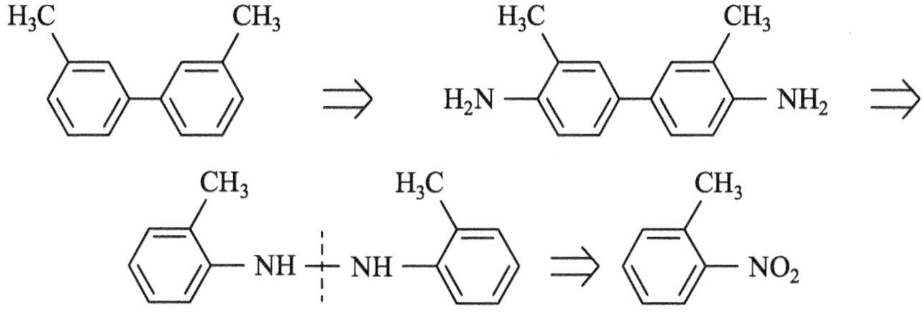

首先倒推在联苯的 4,4'-位添加氨基，后者可通过联苯胺重排得到；再倒推得到氢化偶氮苯，然后切断氮氮键，得到合成子的等价物：邻硝基甲苯。分析显示，联苯胺的重排反应成为缩短合成路线的关键反应。

合成路线如下：

95. 由环己酮和不超过 4 个 C 的有机原料合成

解： 逆合成分析如下

首先切断碳碳双键，得合成子的等价物：1,4-二酮碳骨架；然后在环己酮上转换成烯胺，再切断环己酮支链上的碳碳键，得到合成子的等价物：溴代丙酮、环丁胺与环己酮形成的烯胺。分析可见，烯胺的烷基化成为提高合成产率的最重要一步。

合成路线如下：

$$\text{(环己酮带乙酰基)} \xrightarrow{OH^-} \text{(二环酮)}$$

96. 限两步完成下列转化：

$$\text{环戊基—C(=O)—CH}_3 \longrightarrow \text{环戊基(H)(OH)}$$

解：逆合成分析如下

$$\text{环戊基(H)(OH)} \Rightarrow \text{环戊基(H)(OOCCH}_3) \Rightarrow \text{环戊基—C(=O)—CH}_3$$

由于限定两步反应完成,所以只有唯一的一条反应路线:贝耶尔-维林格(Baeyer-Villiger)重排。

合成路线如下:

$$\text{环戊基—C(=O)—CH}_3 \xrightarrow{CF_3COOOH} \text{环戊基(H)(OOCCH}_3) \xrightarrow{H_3O^+} \text{环戊基(H)(OH)}$$

97. 试用环戊酮、CH_3COOD、CH_3COOT、$(BH_3)_2$、$(BD_3)_2$ 及其他适当试剂合成

（结构式：环戊烷 CH_3、H、D、H 两个同系物）

解：逆合成分析如下

（逆合成分析结构式序列，第一行）

（逆合成分析结构式序列，第二行）

$$\text{1-甲基环戊烯} \Rightarrow \text{1-甲基环戊醇} \Rightarrow \text{环戊酮} + CH_3MgBr$$

（逆合成分析结构式序列，第三行）

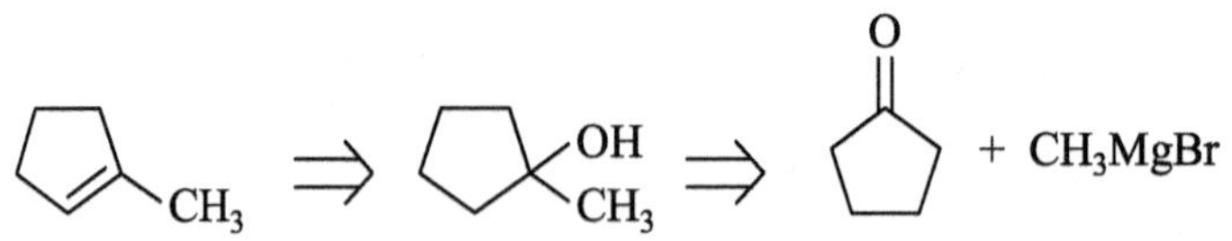

分析显示，立体专一的反应非常重要，设计者必须熟悉；否则，无法达到设计的目标。

合成路线如下：

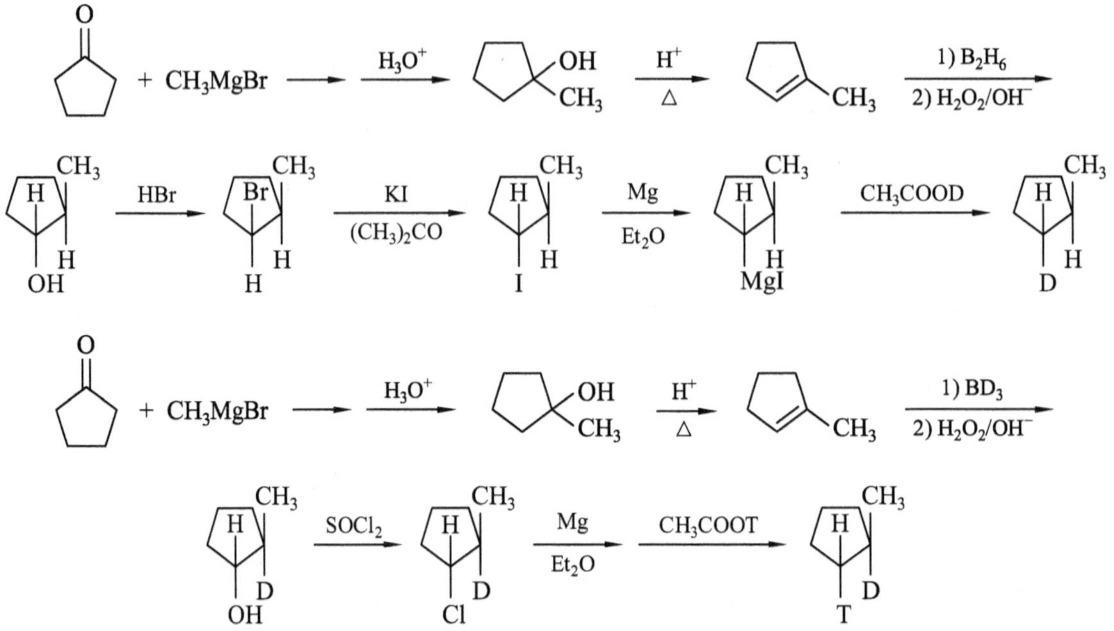

98. 完成下列转化：

$$Ph-CH=O \longrightarrow Ph-CH-CH_2-CO-CH_3$$
$$\quad\quad\quad\quad\quad\quad | $$
$$\quad\quad\quad\quad\quad CH(COOC_2H_5)_2$$

解：逆合成分析如下

$$Ph-CH-CH_2-CO-CH_3 \Rightarrow CH_2(COOC_2H_5)_2 + Ph-CH=CH-CO-CH_3 \Rightarrow$$
$$| $$
$$CH(COOC_2H_5)_2$$

$$Ph-CH=O + CH_3-CO-CH_3$$

首先切断中间连接的碳碳键，得到合成子的等价物：丙二酸酯、4-苯基-3-丁烯-2-酮。后者可以通过苯甲醛和丙酮进行交叉羟醛缩合获得。由分析过程可见，通过体积较大的亲核试剂进行迈克尔加成反应是缩短合成路线的重要反应。

合成路线如下：

$$Ph-CH=O + CH_3-CO-CH_3 \xrightarrow{OH^-} Ph-CH=CH-CO-CH_3 \xrightarrow[\text{EtONa}]{CH_2(COOC_2H_5)_2}$$

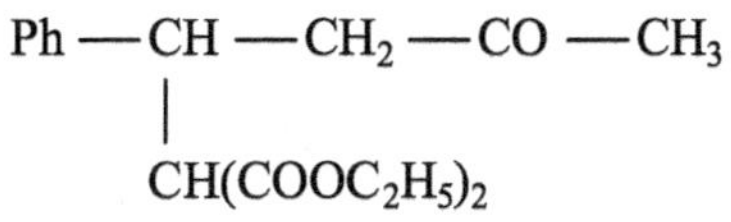

$$\text{Ph}-\text{CH}-\text{CH}_2-\text{CO}-\text{CH}_3$$
$$|$$
$$\text{CH(COOC}_2\text{H}_5)_2$$

99. 完成下列转化：

解： 逆合成分析如下

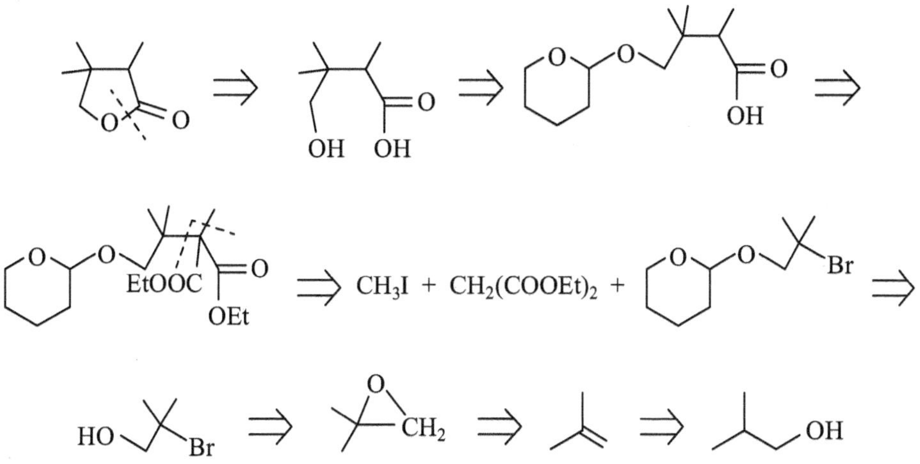

　　首先切断碳氧键，得到γ-羟基酸，然后把活泼的羟基保护起来，接着在羧基的α-位添加辅助基——羧基，此时可见丙二酸二酯进行两次烷基化后的整个碳骨架结构，再切断丙二酸二酯亚甲基上的其他碳碳键，得到合成子的等价物：卤甲烷、丙二酸二酯、卤代异丙烷基醚。

　　合成路线如下：

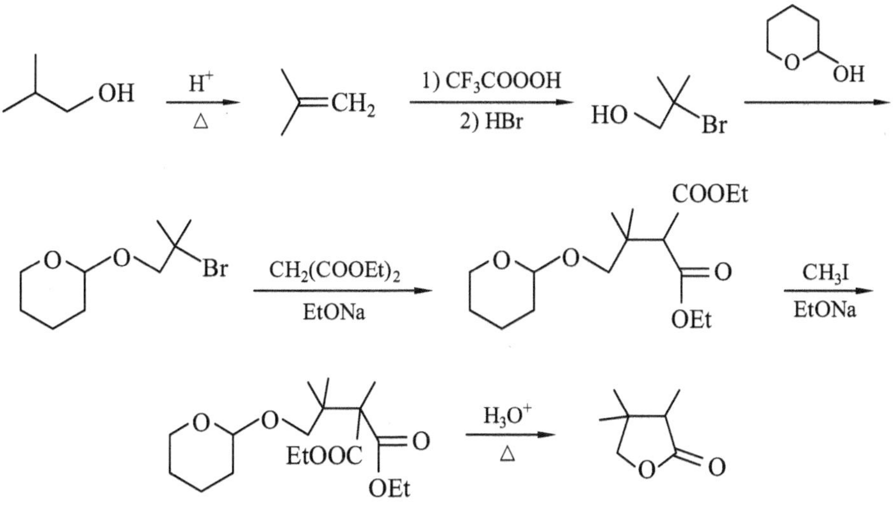

100. 完成下列转化：

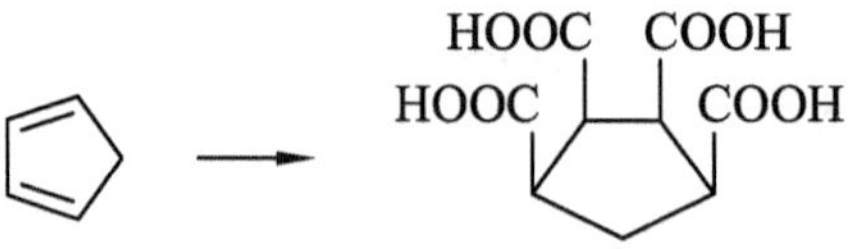

解： 逆合成分析如下

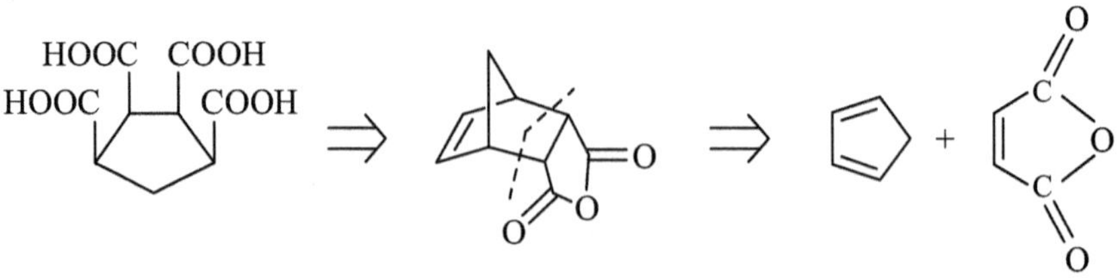

观察可见存在 1,6-二羧酸，其可从环己烯氧化得到，后者则通过 D-A 反应来构建。所以倒推至对应的含环己烯的结构时，按照 D-A 反应的产物切断，得到合成子的等价物：环戊二烯、顺丁烯二酸酐。

合成路线如下：

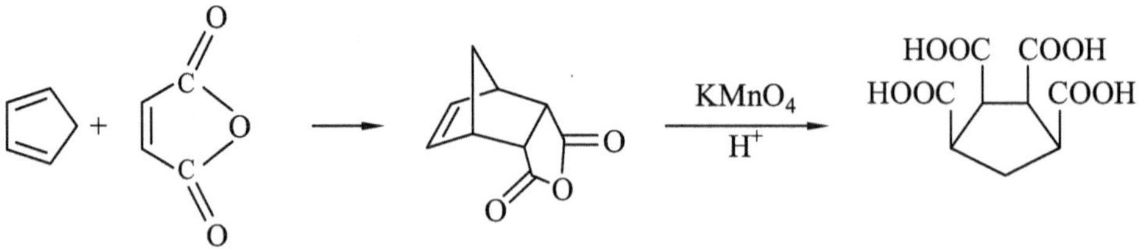

101. 完成下列转化：

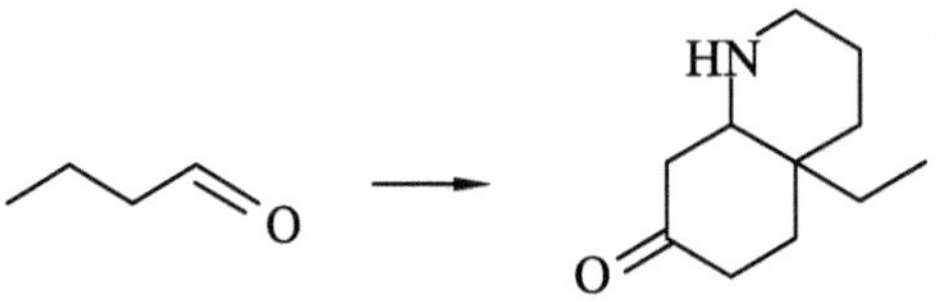

解： 逆合成分析如下

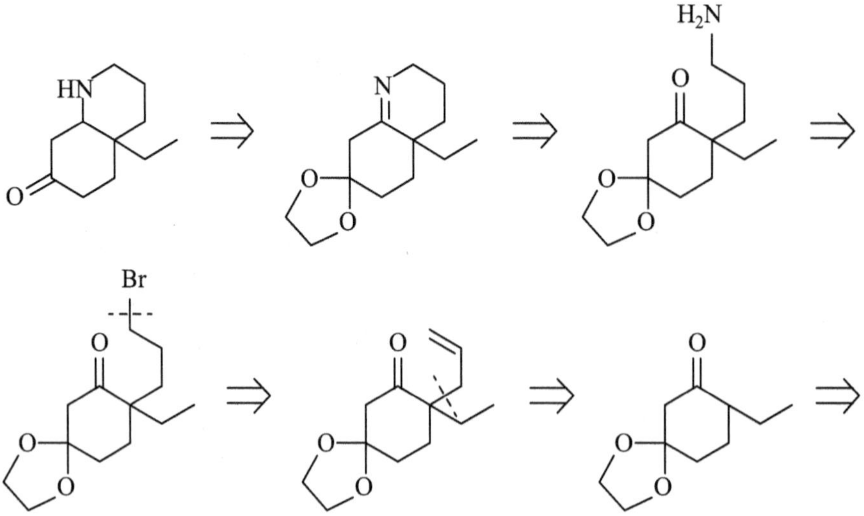

首先转化仲胺为叔胺，同时将左下的羰基保护起来，然后切断碳氮双键，得到一个合成子的等价物：酮胺；羰基右侧支链上的氨基再转换成卤烷基、烯丙基；切掉烯丙基；接着把羰基转换成环双键，切断双键后得到 1, 5-二酮，它可以通过烯胺进行迈克尔加成来构建。由分析过程可见，在杂原子间切断，和官能团的转换反应对合成含杂原子的环状化合物非常重要。然而，使用烯胺进行烷基化，包括迈克尔加成反应，交叉羟醛缩合是构建成环等的重要反应。

合成路线如下：

102. 完成下列转化：

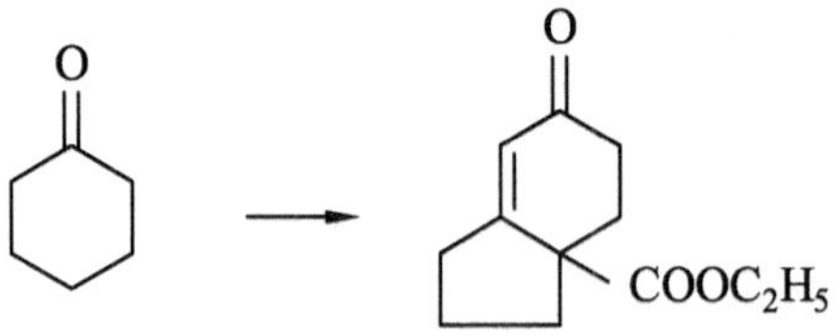

解： 倒推分析如下

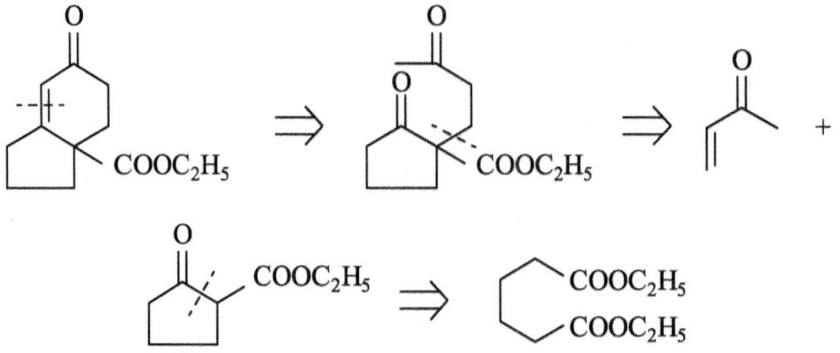

切断环上的碳碳双键，得到一个 1,5-二酮碳骨架结构，再切断环羰基旁边的支链碳碳键，得到合成子的等价物：3-丁烯-2-酮、2-乙氧甲酰基环戊酮。后者可以通过己二酸二酯进行狄克曼缩合反应得到。分析显示，1,5-二羰基化合物与迈克尔加成反应关系密切；成环与缩合反应关系密切。

合成路线如下：

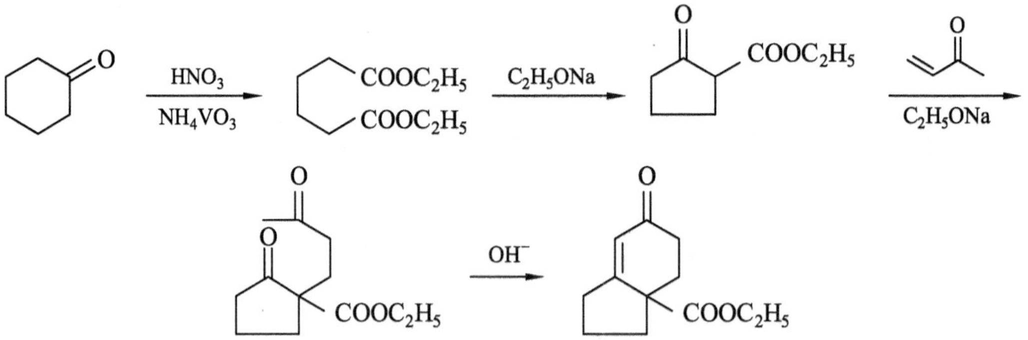

103. 完成下列转化：

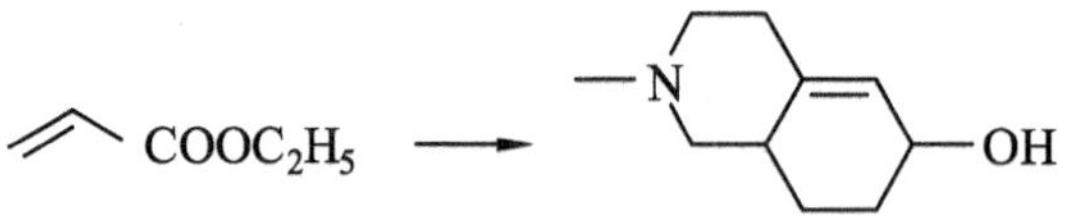

解： 倒推分析如下

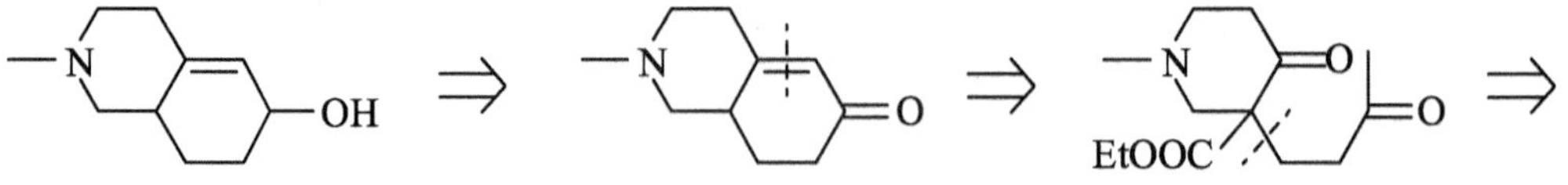

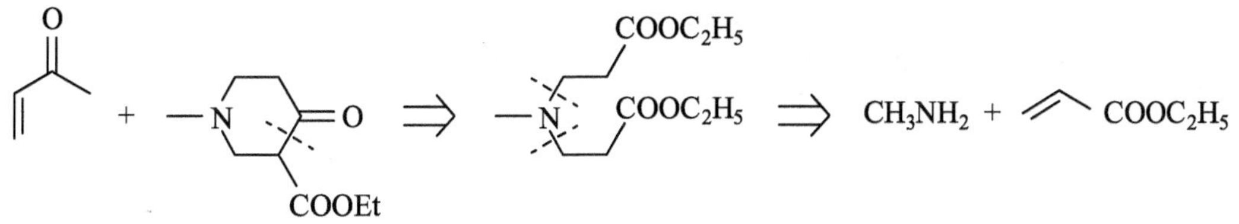

切断目标物碳碳双键，得到 1, 5-二酮结构；再切断羰基旁边支链上的碳碳键，得到合成子的等价物：3-丁烯-2-酮、氨基酮酸酯；切断酮酯间的碳碳键，得到氨基二酸二酯；最后切断胺酯间的碳氮键，得到合成子的等价物：甲胺、丙烯酸乙酯。由分析过程可见，1, 5-二羰基化合物与迈克尔加成反应关系密切；有机胺进行迈克尔加成反应成为可行的构建杂环化合物的重要反应。

合成路线如下：

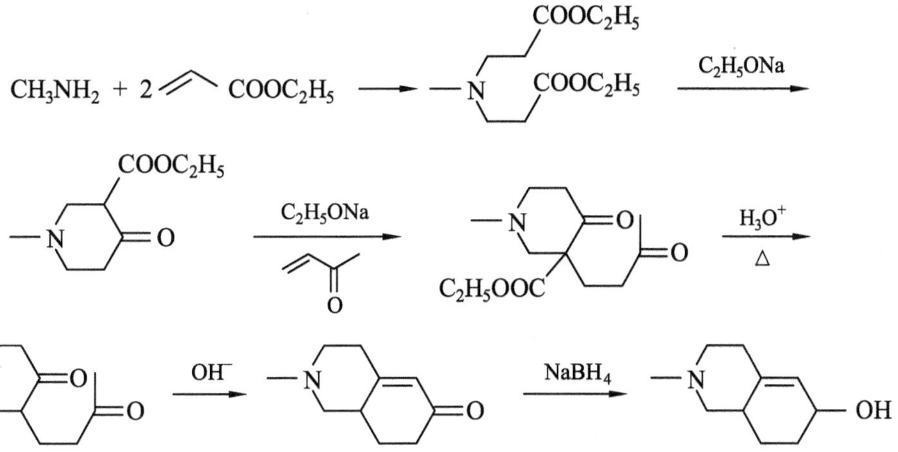

104. 用苯甲醛和 3 个碳及以下的有机物为原料合成

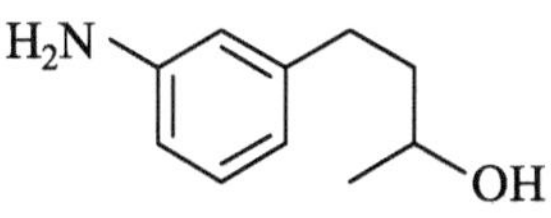

解：倒推分析如下

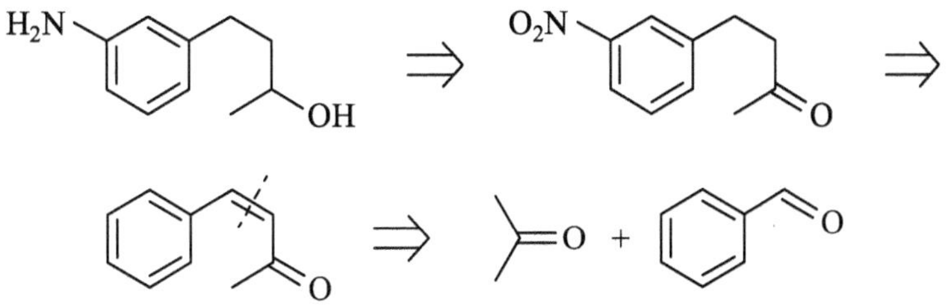

首先把目标物的氨基转换成硝基，转换切断的硝基和羰基旁边的碳碳单键为双键，再切断苯环支链上的碳碳双键，得到合成子的等价物：丙酮、苯甲醛。分析显示，官能团的转化与芳环的官能团化是有机合成中的重要过程。

合成路线如下：

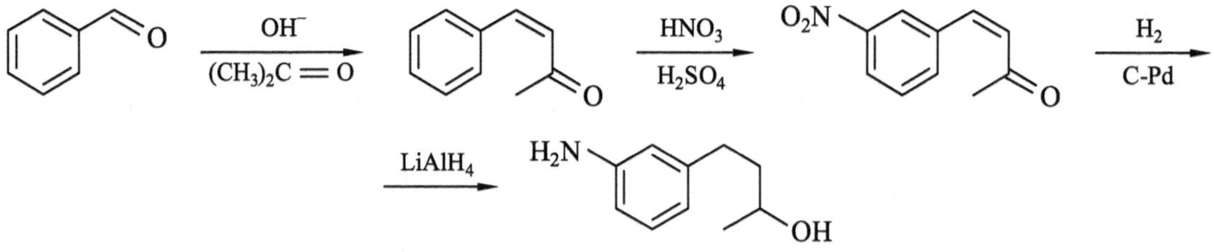

105. 用 3 个碳及以下的有机物为原料合成

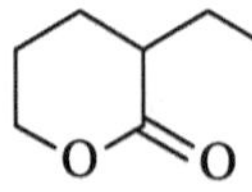

解：倒推分析如下

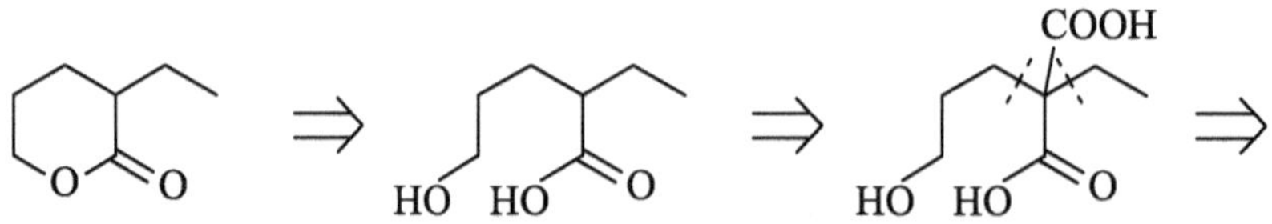

$$C_2H_5X + CH_2{=}CHCH_2X + CH_2(COOC_2H_5)_2$$

首先切断环上酰氧基上的碳氧键，得到δ-羟基羧酸；然后在羧基的α-位添加辅助基——羧基，此时能观察到丙二酸二酯进行两次烷基化后的整个碳骨架结构；接着切断丙二酸酯的亚甲基上其他碳碳键，得到合成子的等价物：丙二酸二酯、卤乙烷、烯丙式卤代烃。由分析过程可见，在羧基的α-位添加羧基辅助基更有助于分析。

合成路线如下：

$$C_2H_5Cl + CH_2(COOC_2H_5)_2 \xrightarrow{C_2H_5ONa} C_2H_5CH(COOC_2H_5)_2 \xrightarrow[CH_2{=}CHCH_2Br]{C_2H_5ONa}$$

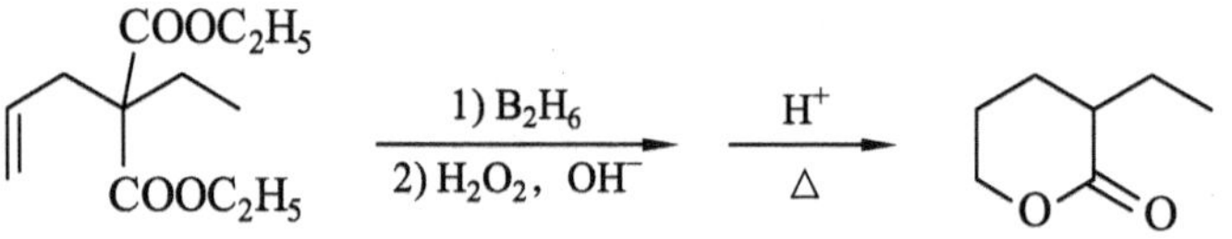

106. 用 4 个碳及以下的有机物为原料合成

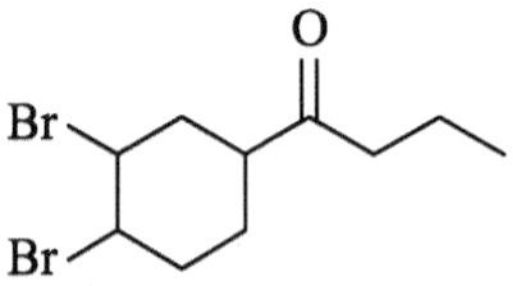

解：倒推分析如下

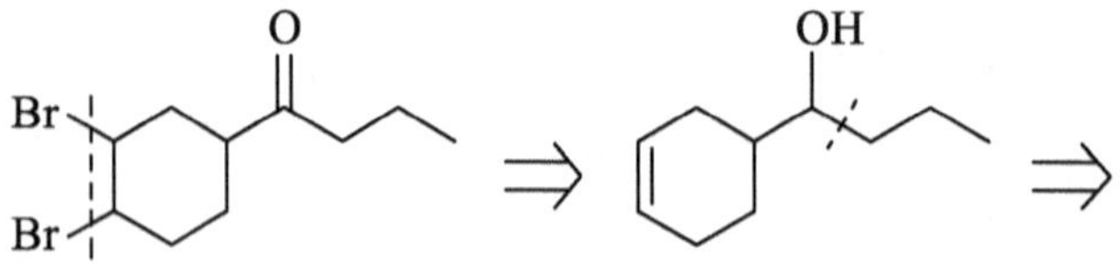 $CH_3CH_2CH_2MgX$ +

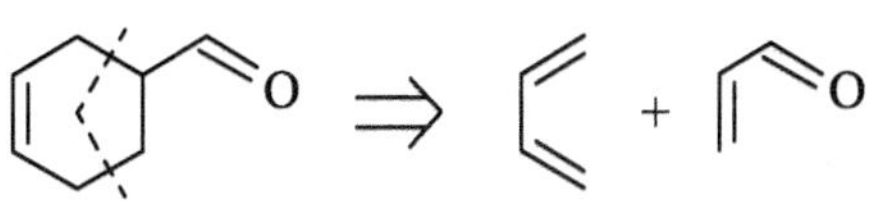

首先切断两个碳-溴键，转化羰基为羟基，得到环己烯醇衍生物，然后切断羟基右侧的碳碳键，得到合成子的等价物：丙基格氏试剂、1-环己烯甲醛；接着按照 D-A 反应的规律切断环上相应的碳碳键，得到合成子的等价物：1,3-丁二烯、丙烯醛。倒推分析展示，六元成环与 D-A 反应关系密切，是构建环己烯骨架的重要反应。

合成路线如下：

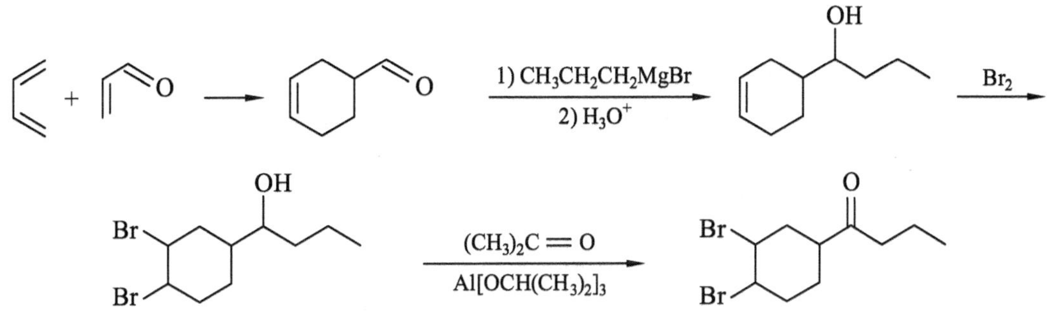

107. 用苯和 4 个碳及以下的有机物为原料合成

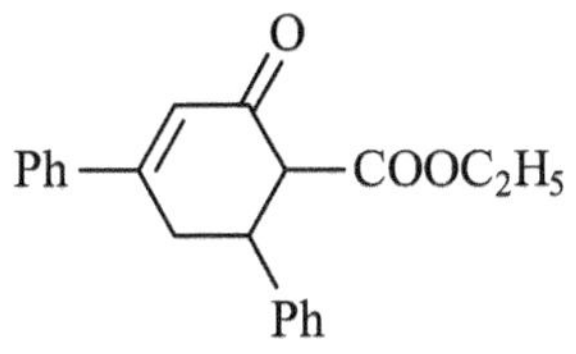

解：倒推分析如下

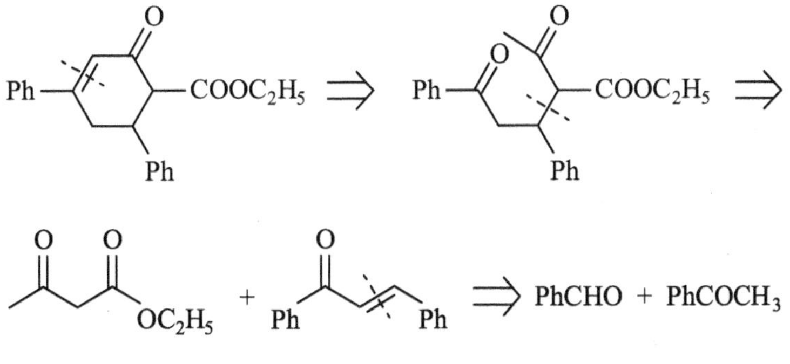

首先切断环上的碳碳双键，得到一个二酮羧酸酯，观察可见三乙进行烷基化后的整体碳骨架结构；再切断三乙的亚甲基上其他碳碳键，得到合成子的等价物：三乙、1,3-二苯基丙烯酮。后者可经过苯甲醛与苯乙酮进行交叉羟醛缩合获得。分析表明，1,5-二羰基化合物常通过羟醛缩合构建碳骨架；同时也显示一个 1,5-二羰基化合物的切割常与迈克尔加成反应密不可分。

合成路线如下：

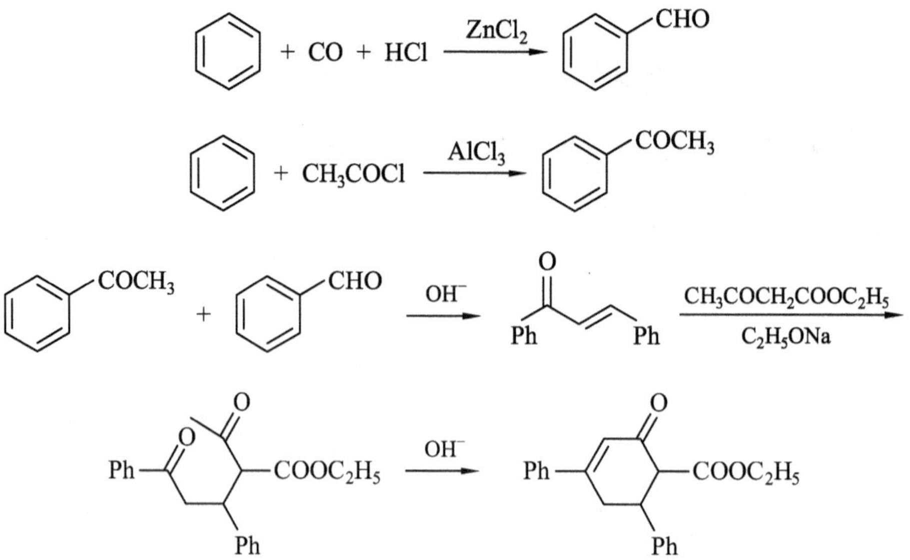

苯 + CO + HCl $\xrightarrow{ZnCl_2}$ 苯甲醛(CHO)

苯 + CH_3COCl $\xrightarrow{AlCl_3}$ 苯乙酮($COCH_3$)

苯乙酮($COCH_3$) + 苯甲醛(CHO) $\xrightarrow{OH^-}$ PhCOCH=CHPh $\xrightarrow[C_2H_5ONa]{CH_3COCH_2COOC_2H_5}$

（环己烯酮中间体）$\xrightarrow{OH^-}$ （环己烯酮产物，含 Ph、COOC_2H_5、Ph 取代基）

108. 由甲苯和不超过 3 个碳的有机物合成

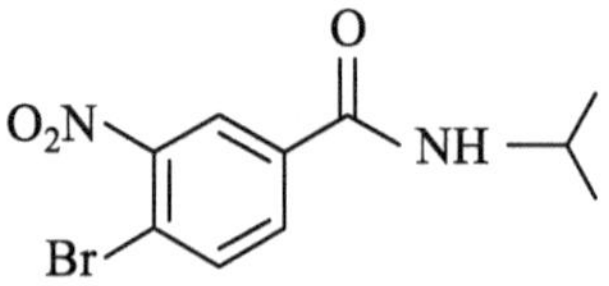

（目标化合物：O_2N、Br 取代苯甲酰异丙基酰胺）

解： 逆合成分析如下

（逆合成分析图）$\Rightarrow$ 异丙胺（NH_2）+ 3-硝基-4-溴苯甲酰氯（含 O_2N、Br、Cl）$\Rightarrow$

3-硝基-4-溴苯甲酸（O_2N、Br、COOH）$\Rightarrow$ 4-溴苯甲酸（Br、COOH）$\Rightarrow$ 对溴甲苯（Br、CH_3）$\Rightarrow$ 甲苯（CH_3）

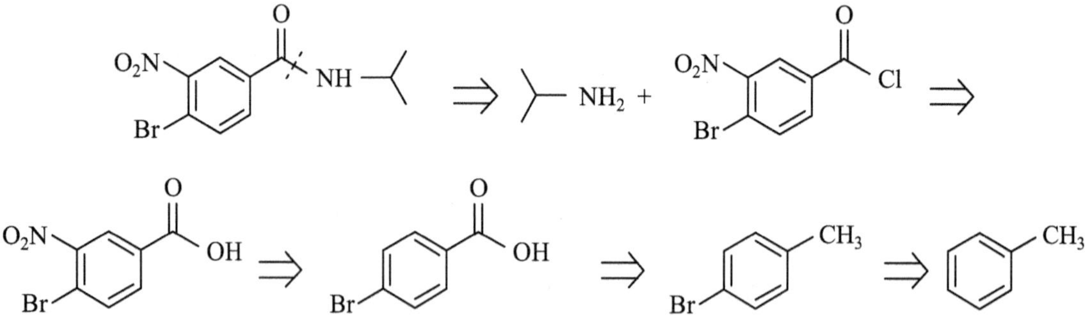

首先切断酰胺基上的碳氮键，得到合成子的等价物：异丙胺、3-硝基-4-溴苯甲酰氯；然后把氯甲酰基转换成羧基，切掉硝基，再把羧基转化为甲基，再切掉溴得甲苯。该合成仅是苯环的官能团化和一些官能团的转化反应。

合成路线如下：

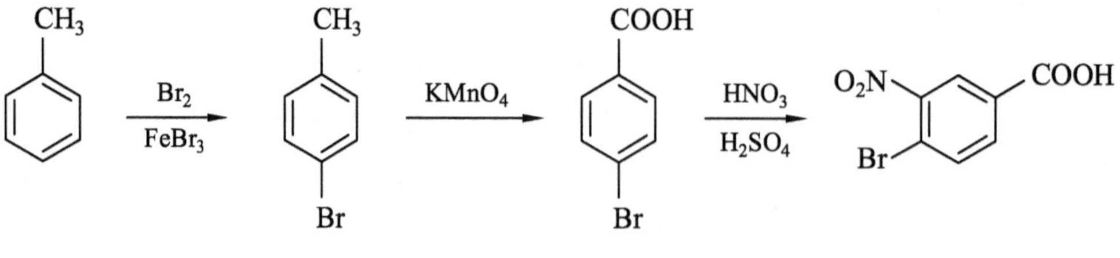

甲苯(CH_3) $\xrightarrow[FeBr_3]{Br_2}$ 对溴甲苯(CH_3、Br) $\xrightarrow{KMnO_4}$ 4-溴苯甲酸(COOH、Br) $\xrightarrow[H_2SO_4]{HNO_3}$ 3-硝基-4-溴苯甲酸(O_2N、Br、COOH)

$$\xrightarrow{\text{SOCl}_2} \quad \text{O}_2\text{N} \text{—} \text{COCl (Br)} \quad \xrightarrow{(\text{CH}_3)_2\text{CHNH}_2} \quad \text{O}_2\text{N} \text{—} \text{CONH-isopropyl (Br)}$$

109. 由苯甲醛、丙二酸酯和不超过 4 个碳的化合物合成

解： 倒推分析如下

$$\text{CH}_2(\text{COOC}_2\text{H}_5)_2 + \text{CH}_2=\text{CHCOOC}_2\text{H}_5 + \text{PhCHO}$$

首先切断环酐上的碳氧键，再把羧基转换为酯，然后在右侧的羧基 α-位添加辅基——羧基，观察可见其是一个丙二酸酯进行两次烷基化后的整体碳骨架结构；切断丙二酸酯的亚甲基上其余碳碳键，得到合成子的等价物：丙二酸二酯、丙烯酸酯、苯甲醛。分析显示，在羧基的 α-位添加辅助的羧基后可得整个丙二酸二酯烷基化的整体骨架，为后面的切割铺平了路径；此外，再次展示了 1，5-二羰基（羧基）化合物与迈克尔加成反应的紧密关系。

合成路线如下：

$$\text{CH}_2(\text{COOC}_2\text{H}_5)_2 + \text{PhCHO} \xrightarrow{\,^-\text{OEt}} \text{PhCH}=\text{C}(\text{COOC}_2\text{H}_5)_2 \xrightarrow[\text{Pt}]{\text{H}_2} \text{PhCH}_2\text{CH}(\text{COOC}_2\text{H}_5)_2$$

$$\xrightarrow[\text{C}_2\text{H}_5\text{ONa}]{\text{CH}_2=\text{CHCOOC}_2\text{H}_5} \quad \underset{\underset{\text{CH}_2\text{CH}_2\text{COOC}_2\text{H}_5}{|}}{\text{PhCH}_2\text{C}(\text{COOC}_2\text{H}_5)_2} \quad \xrightarrow[\triangle]{\text{OH}^-} \quad \text{环酐产物}$$

（第 3 步为迈克尔 1，4-加成，最后一步是戊二酸受热脱水形成环状酸酐）

110. 以不超过 4 个碳的化合物为原料合成

解： 倒推分析如下

101

首先切断羟基右侧的碳碳键，得到对应的醛和无机氰化物；把环己基甲醛转化为 3-环己烯甲醛；按照 D-A 反应规律切断环上的碳碳键，得到合成子的等价物：1,3-丁二烯、丙烯醛。分析表明，六元环的构建首选 D-A 反应是明智的。

合成路线如下：

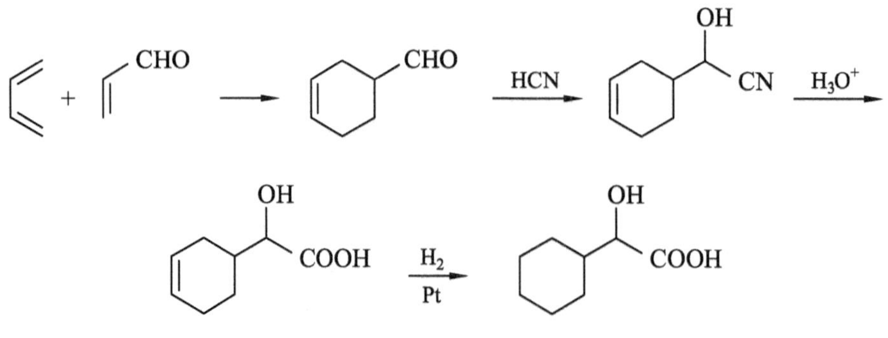

111. 由三乙和不超过 2 个碳的化合物合成

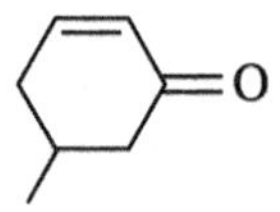

解： 倒推分析如下

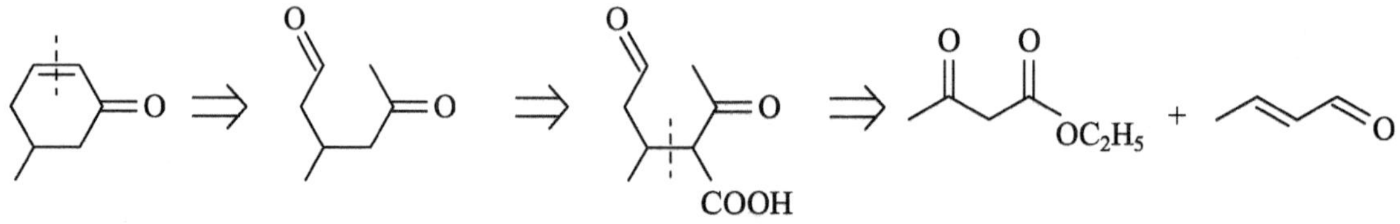

首先切断环上的双键，得到 1,5-酮醛，此处可以通过交叉羟醛缩合构建，然后在右侧羰基 α-位添加辅助基——羧基，此时即可看到三乙进行烷基化后的整体碳骨架结构，切断三乙的亚甲基上其他的碳碳键，得到合成子的等价物：三乙、2-丁烯醛。后者可通过羟醛缩合反应得到。

合成路线如下：

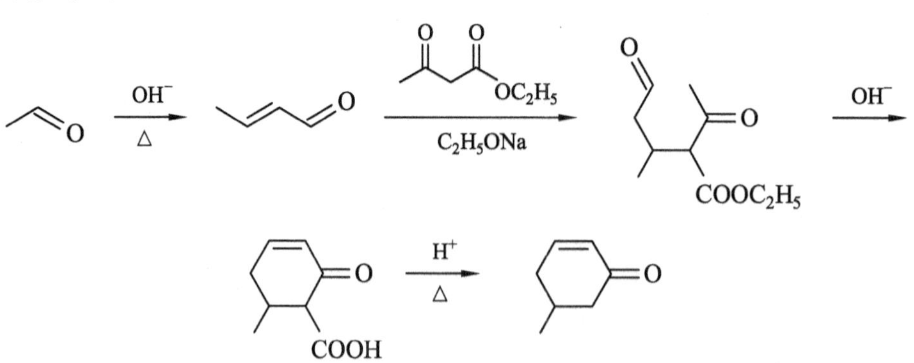

112. 由基本有机化工原料合成

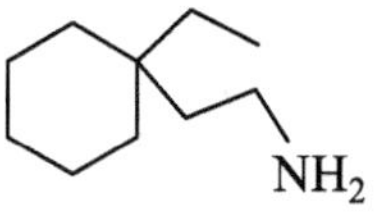

解： 倒推分析如下

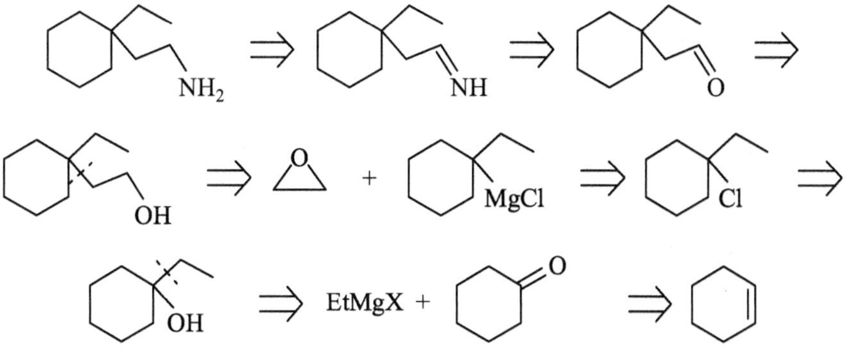

首先经过几步把氨基转换成羟基，然后在羟基的 β-位上切断碳碳键，得到合成子的等价物：环氧乙烷、1-乙基环己基格氏试剂。后者转化成相应的叔醇，切断支链，得到合成子的等价物：乙基格氏试剂、环己酮。环己酮可通过 D-A 反应构建，然后进行一系列官能团的转化而得到。

合成路线如下：

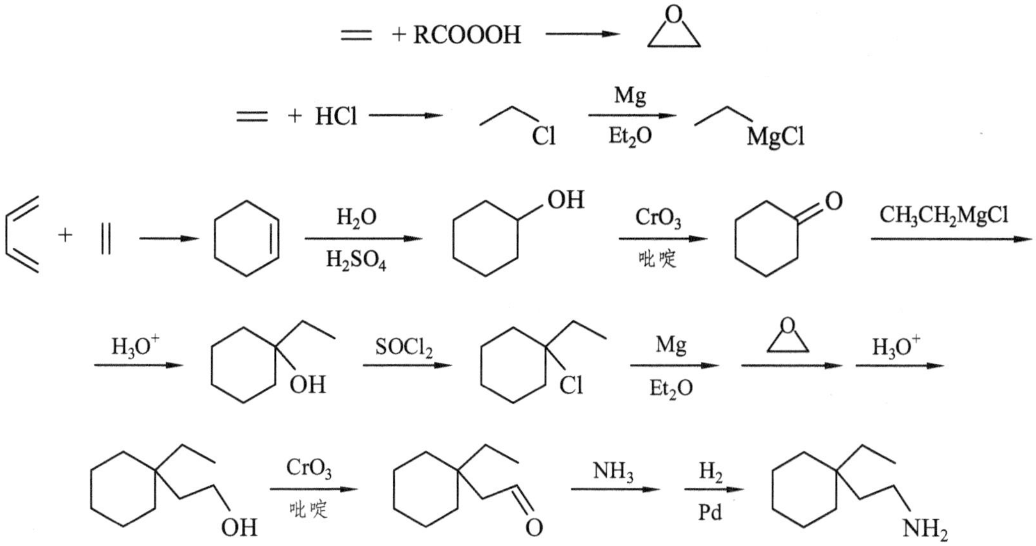

113. 由环己酮和苯甲醛合成

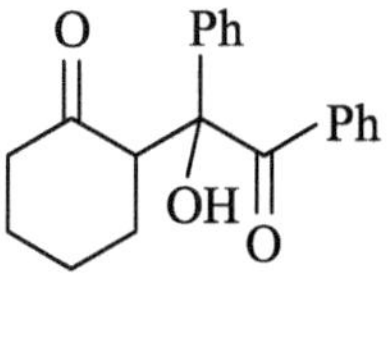

解：倒推分析如下

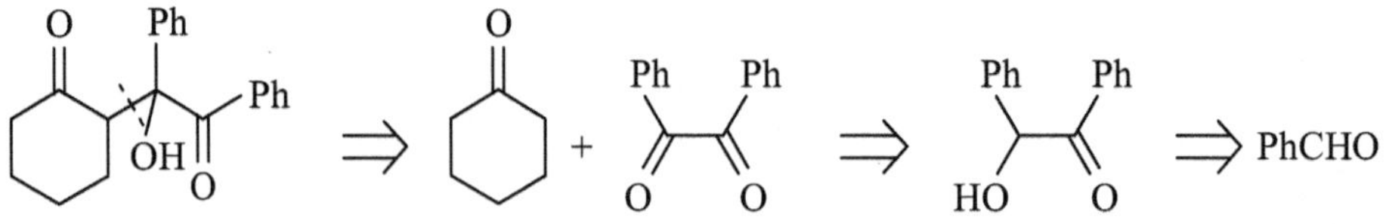

首先切断环上支链的碳碳键，得到合成子的等价物：环己酮、双苯甲酰；后者转换成安息香，安息香即可经苯甲醛催化缩合得到。

合成路线如下：

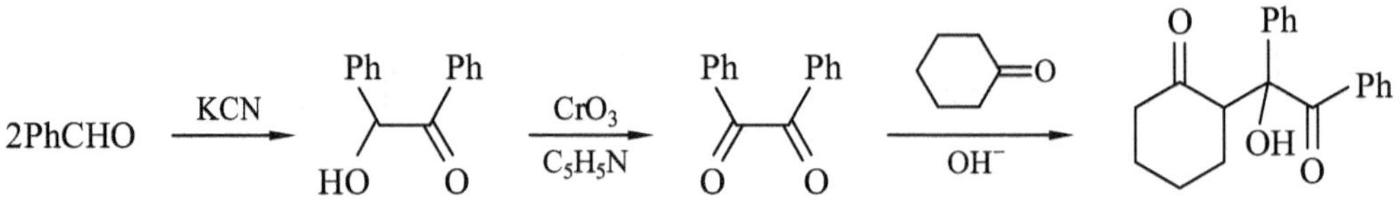

114. 由甲苯合成间氨基苯酚。

解：倒推分析如下

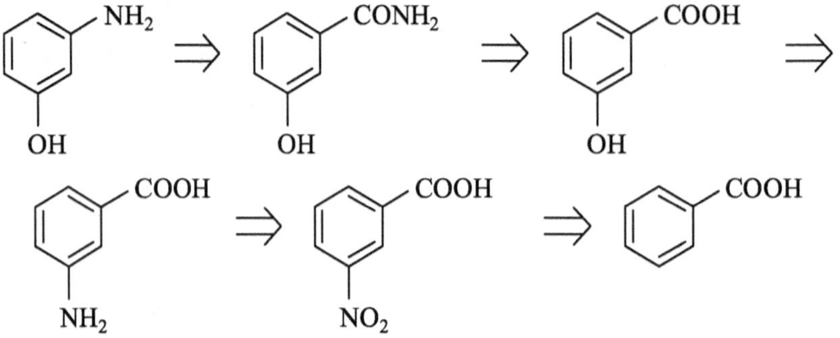

首先经过一系列转换把氨基转换成甲基；然后把羟基转换成氨基、硝基。

注意：在生成苯甲酸的时候引进硝基，此时的羧基为硝化反应的导向基，硝基被引入羧基的间位。

合成路线如下：

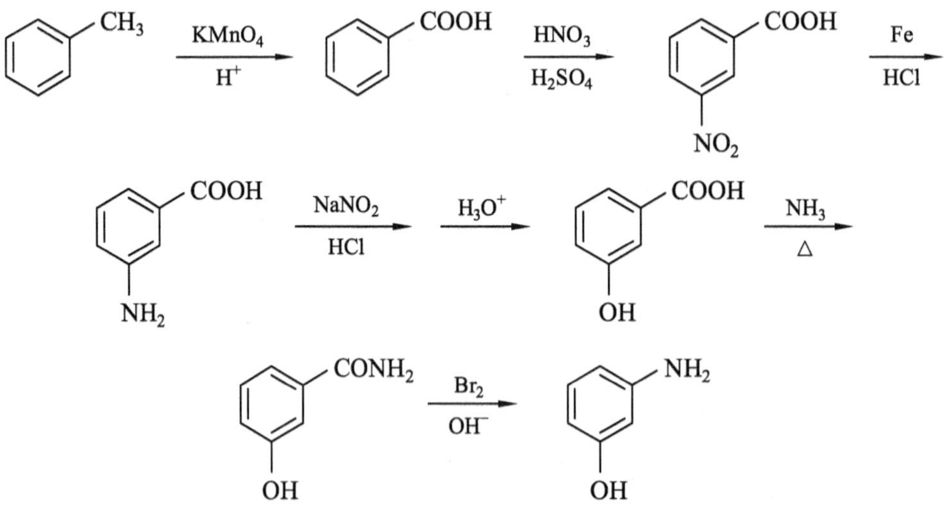

115. 由甲苯和对甲苯酚合成

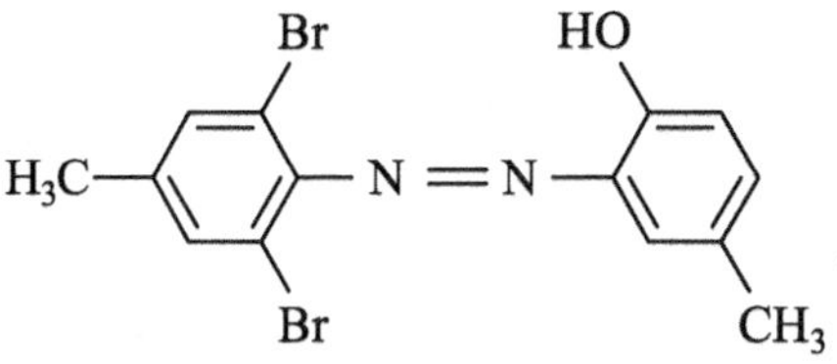

解： 倒推分析如下

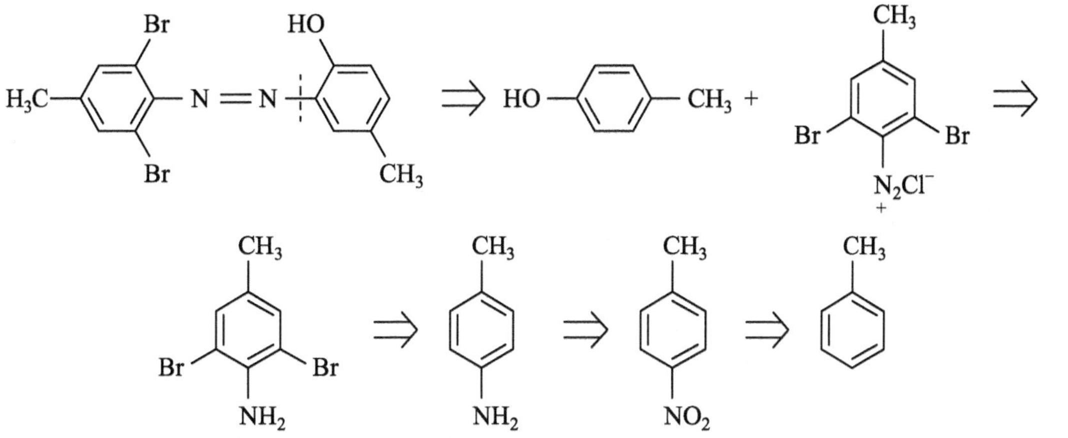

首先切断偶氮基右侧的碳氮键，得到合成子的等价物：对甲苯酚、4-甲基-2,6-二溴苯胺；后者可从甲苯开始经过硝化、还原、溴代、制取重氮盐等来完成。

注意： 目标物的切断位置是唯一的，因为偶联反应只在重氮盐与活泼的酚类或芳香胺类之间发生。

合成路线如下：

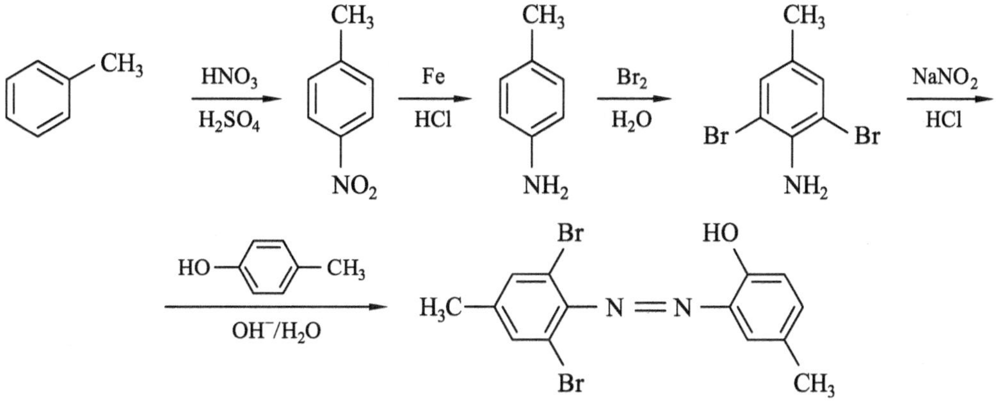

116. 完成下列转换：

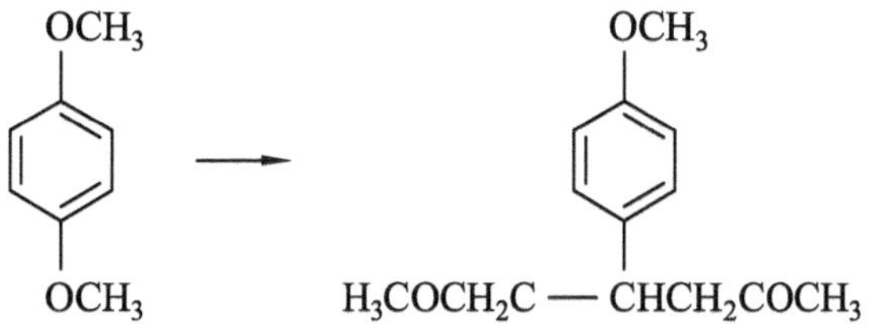

解： 倒推分析如下

H_3CO —⟨苯环⟩— $\overset{\displaystyle CHCH_2COCH_3}{\underset{\displaystyle CH_2COCH_3}{|}}$ $\Longrightarrow$ ⟨吡咯烷基⟩N—$C(CH_3)=CH_2$ $+$ H_2CO —⟨苯环⟩— $CH=CHCOCH_3$ $\Longrightarrow$

H_3CO —⟨苯环⟩— $CHBrCH_2COCH_3$ $\Longrightarrow$ H_3CO —⟨苯环⟩— $CH_2CH_2COCH_3$ $\Longrightarrow$

$\overset{O}{\overset{\|}{CH_2=CH-C-CH_3}}$ $+$ $\left(H_3CO-⟨苯环⟩- \right)_2 CuLi$ $\Longrightarrow$ H_3CO —⟨苯环⟩— Br $\Longrightarrow$

H_3CO —⟨苯环⟩— NH_2 $\Longrightarrow$ H_3CO —⟨苯环⟩— $CONH_2$ $\Longrightarrow$ H_3CO —⟨苯环⟩— $COOH$ $\Longrightarrow$

H_3CO —⟨苯环, NH_2 邻位, CN⟩ $\Longrightarrow$ H_3CO —⟨苯环, NO_2 邻位, OCH_3⟩

首先切断支链上的碳碳键，得到合成子的等价物：丙酮与环丁胺反应形成的烯胺、烯酮衍生物；然后转换后者的烯酮为苄基式芳卤代烃，去掉溴转化为亚甲基；切断苯环支链上的碳碳键，得到合成子的等价物：3-丁烯-2-酮、对应的有机铜锂试剂；有机铜锂试剂的制备可经过芳环上官能团系列转化而得。

合成路线如下：

117. 由环己酮及不多于 5 个碳原子的有机化合物合成

解： 倒推分析如下

首先同时切断同一碳上的两条碳氧键，得到合成子的等价物：丙酮、1,3-丙二醇衍生物；再切断环支链上的碳碳键，得到合成子的等价物：环己酮、格氏试剂。后者倒推出其反应物为 2-甲基-2-溴-1-丙醇。

注意： 在制取格氏试剂时首先要保护活泼的羟基。

合成路线如下：

118. 由丙二酸二乙酯、丙烯腈经下列转化完成合成。

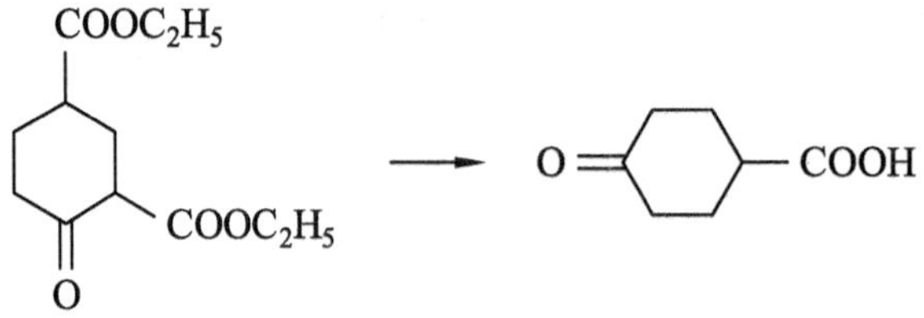

解： 倒推分析如下

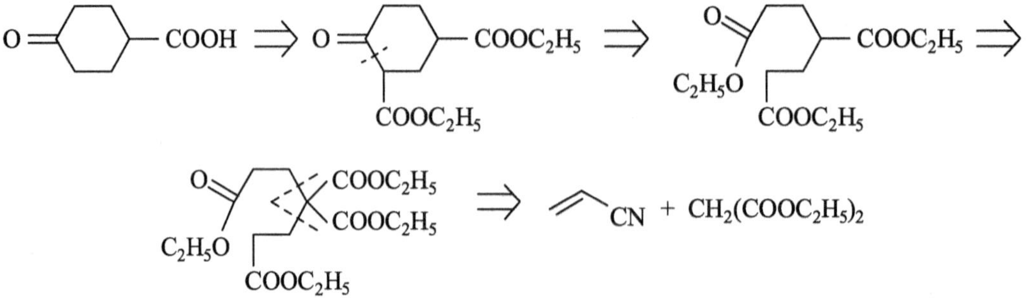

首先切断左下部羰基旁的碳碳键，得到 1, 5-二羧酸的骨架结构；再在右侧羧基旁引入一个羧基，立即可见丙二酸二酯经过两次烷基化后的整体碳骨架结构；然后切断丙二酸二酯亚甲基上连接其他基团的碳碳键，得到合成子的等价物：丙二酸二酯、丙烯酸乙酯。丙烯酸酯可由丙烯腈在酸性条件下醇解而获得。后一步可用迈克尔加成反应来构建，可见 1, 5-二羧酸酯与迈克尔加成的密切关系。

合成路线如下：

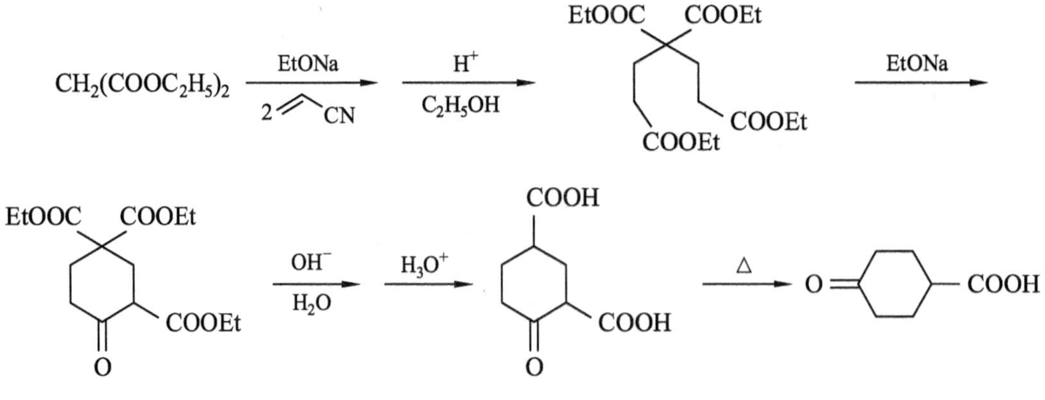

119. 由乙醇和苯甲醛合成

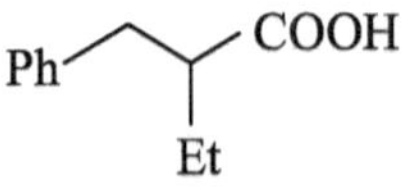

解： 倒推分析如下

$$Ph\!-\!\underset{Et}{\overset{}{CH}}\!-\!COOH \Rightarrow Ph\!-\!CH_2\!-\!\underset{Et}{\overset{COOH}{\underset{\underset{}{}}{C}}}\!-\!COOH \Rightarrow PhCHO + Et\!-\!X + CH_2(COOC_2H_5)_2 \Rightarrow$$

$$\underset{CN}{\overset{CH_2COOH}{\underset{\underset{}{}}{CH}}} \Rightarrow CH_3COOH$$

首先在羧基的α-位添加辅助基——羧基，即可观察到丙二酸二酯进行两次烷基化后的整体碳骨架结构，然后分别切断丙二酸二酯的亚甲基上其他碳碳键，得到合成子的等价物：苄基卤代烃、乙基卤代烃、丙二酸二酯。这些合成子的等价物分别由乙醇、苯甲醛转化得到。

合成路线如下：

$$C_2H_5OH \xrightarrow[H^+]{K_2Cr_2O_7} CH_3COOH \xrightarrow[P]{Br_2} BrCH_2COOH \xrightarrow{KCN} NCCH_2COOH \xrightarrow{H_3O^+}$$

$$CH_2(COOH)_2 \xrightarrow[H^+]{C_2H_5OH} CH_2(COOC_2H_5)_2 \xrightarrow[C_2H_5ONa]{PhCHO} PhCH\!=\!C(COOC_2H_5)_2 \xrightarrow[Pd\text{-}C]{H_2}$$

$$PhCH_2CH(COOC_2H_5)_2 \xrightarrow[C_2H_5ONa]{Et\!-\!X} Ph\!-\!CH_2\!-\!\underset{Et}{\overset{COOC_2H_5}{\underset{\underset{}{}}{C}}}\!-\!COOC_2H_5 \xrightarrow[H_2O]{OH^-} \xrightarrow[\triangle]{H_3O^+} Ph\!-\!\underset{Et}{\overset{}{CH}}\!-\!COOH$$

120. 完成下列转化：

$$\text{（环己基）}\!=\!CH_2 + C_2H_5OH \longrightarrow \text{（环己基）}\!-\!CH_2COOC_2H_5$$

解： 倒推分析如下

$$\text{（环己基）}\!-\!CH_2COOC_2H_5 \Rightarrow \text{（环己基）}\!-\!CH_2COOH \Rightarrow \text{（环己基）}\!-\!CH_2CN \Rightarrow$$

$$\text{（环己基）}\!-\!CH_2Br \Rightarrow \text{（环己基）}\!=\!CH_2$$

对比原料与目标分子，主碳链增长一个碳。从目标分子倒推出其前体为环己基乙酸，后者可由环己基乙腈水解得到，而环己基乙腈可由环己基溴甲烷转化得到，后者可由亚甲基环己烷在过氧化物条件下加溴化氢来制备。

合成路线如下：

$$\text{（环己基）}\!=\!CH_2 \xrightarrow[ROOR]{HBr} \text{（环己基）}\!-\!CH_2Br \xrightarrow{KCN} \text{（环己基）}\!-\!CH_2CN \xrightarrow[H^+]{C_2H_5OH}$$

$$\text{（环己基）}\!-\!CH_2COOC_2H_5$$

121. 完成下列转化：

解： 倒推分析如下

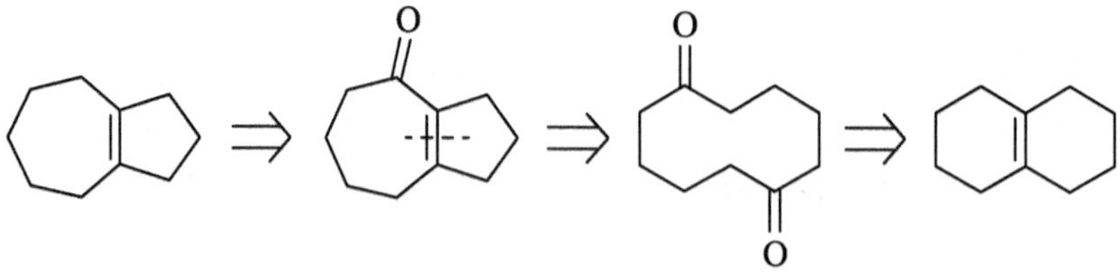

首先把大环的双键旁边的亚甲基转换为羰基，然后切断碳碳双键，得到合成子的等价物：1,6-二羰基化合物，该化合物分子内的羟醛缩合与形成五元环是密不可分的。

合成路线如下：

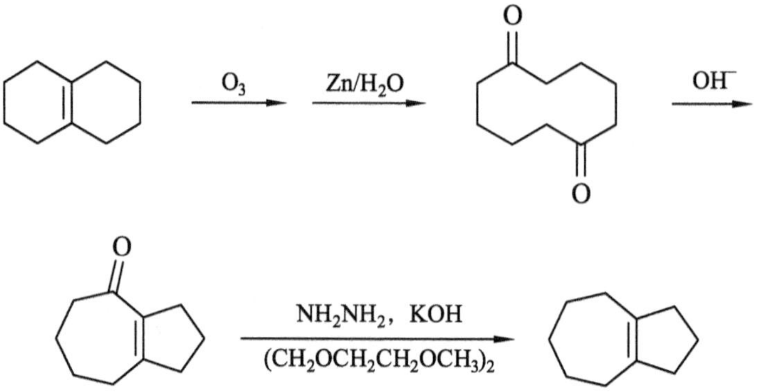

122. 完成下列转化：

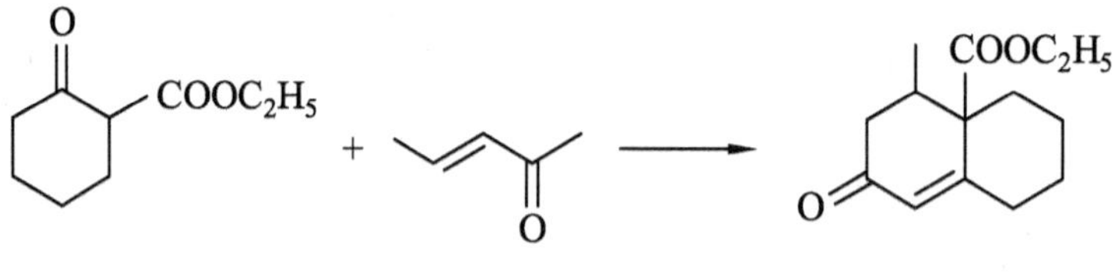

解： 倒推分析如下

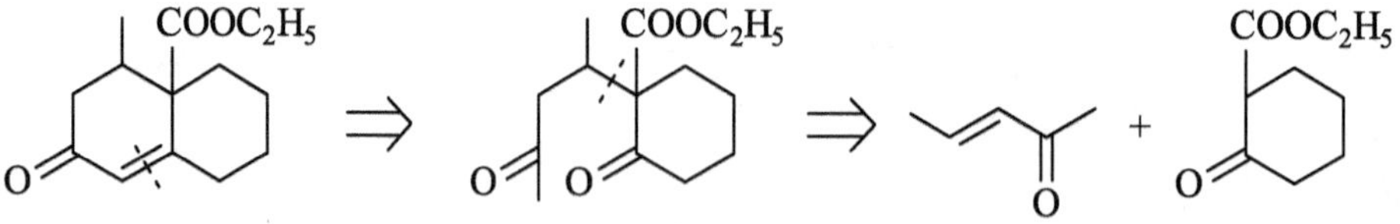

分析显示：切断双键后，就出现了1,5-二羰基化合物的碳骨架；再切断环上的支链，得到合成子的等价物：3-戊烯-2-酮、2-乙氧甲酰基环己酮。分析揭示了环己烯酮与分子内的羟醛缩合关系密不可分；迈克尔加成是增长碳链的好方法。

合成路线如下：

C_2H_5ONa ... OH^- （上部反应式）

123. 用基本有机化工原料合成

解： 倒推分析如下

首先切断碳碳双键，得到一个含有 1,5-二酮的三酮；再切断环上的支链，得到合成子的等价物：3-丁烯-2-酮、1,3-环己二酮。前者可以通过乙炔钠与乙醛反应后消去、还原得到。后者可先切断羰基旁边的碳碳单键，得到 1,5-酮酸，转化成 1-甲基环戊烯，再转化成 1-甲基环戊醇，切掉甲基得环戊酮，倒推得己二酸。后者可通过双烯合成得到环己烯，然后氧化得到。分析显示：切断双键后立即展现出 1,5-二羰基化合物的碳骨架，同时揭示了由 1,3-二羰基化合物向 1,5-二羰基化合物转换的密切关系。

合成路线如下：

$HC \equiv CH + H_2O \xrightarrow[Hg^{2+}]{H^+} CH_3CHO \xrightarrow{HC \equiv CNa} \xrightarrow{H_3O^+}$

$\xrightarrow[Pd-BaSO_4]{H_2} \xrightarrow[Al[OCH(CH_3)_2]_3]{(CH_3)_2C=O}$

$\xrightarrow[H^+]{KMnO_4} \xrightarrow{\triangle} \xrightarrow{CH_3MgI} \xrightarrow{H_3O^+}$

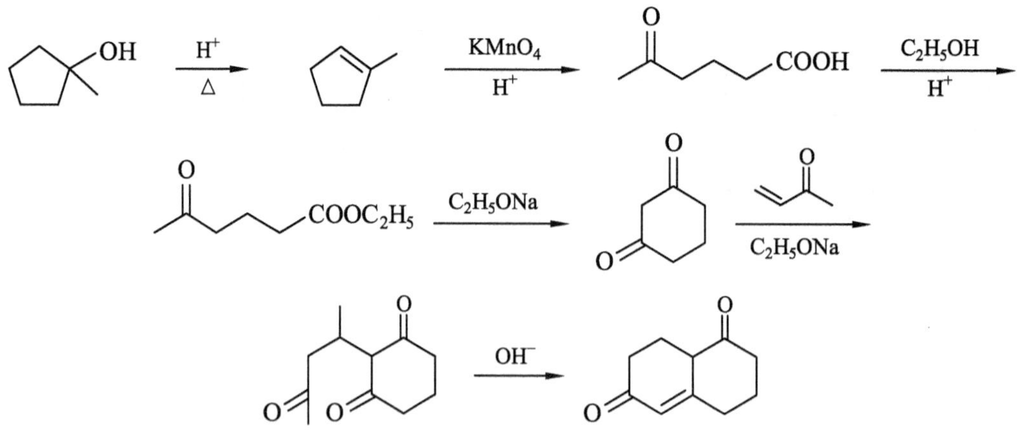

124. 用基本有机化工原料合成

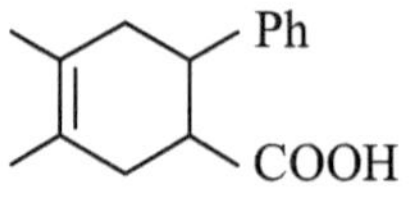

解：倒推分析如下

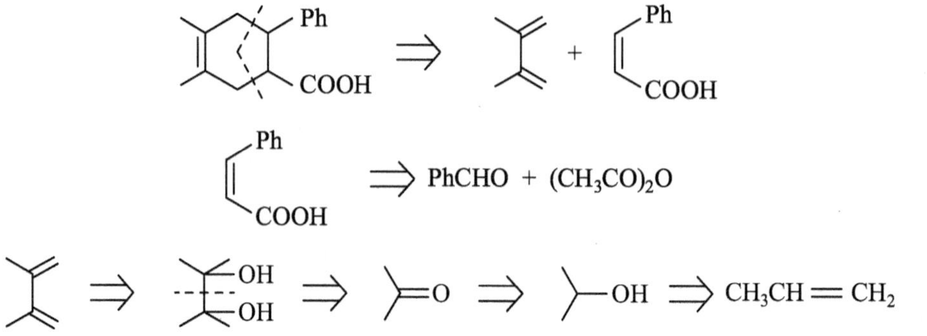

首先切断环己烯上的碳碳单键，得到合成子的等价物：2,3-二甲基-1,3-丁二烯、顺-3-苯基丙烯酸。前者通过丙烯转化为丙酮，然后使丙酮进行游离基偶联制备频哪醇，然后脱水得到。后者可由苯甲醛与乙酸酐交叉缩合得到。分析显示：通过丙酮进行游离基偶联，增长碳链，形成双烯，合成产率高；同时展示了 D-A 反应是构建六元环的常用策略。

合成路线如下：

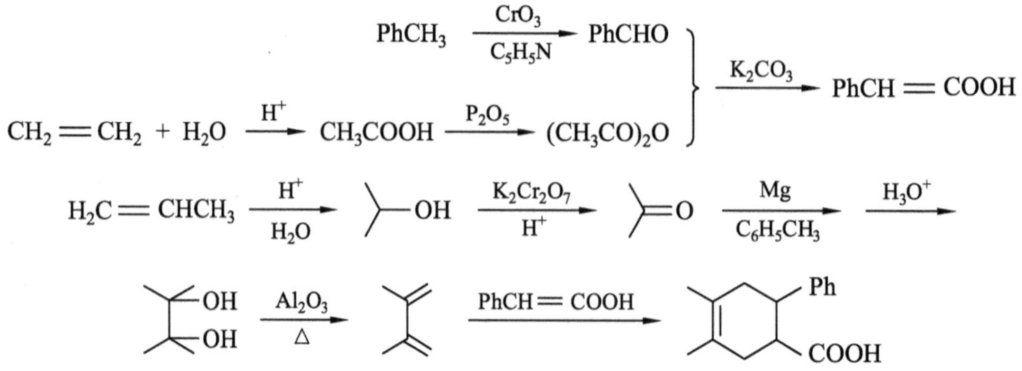

125. 用基本有机化工原料合成

解：倒推分析如下

切断双键显示出苯甲酰乙酸乙酯烷基化后的碳骨架，同时也显示出 1, 5-二羰基化合物与迈克尔加成反应的紧密关系。分切成两个合成子中，难度大些的是乙酰乙基碳正离子衍生物对应的等价物，即 3-戊烯-2-酮的合成。根据链端的炔烃水化可得到甲基酮，可推测乙炔金属化合物与丙醛反应后再进行官能团的转化即可完成。

合成路线如下：

$$CH_2=CH_2 + H_2O \xrightarrow{H^+} C_2H_5OH \xrightarrow[C_5H_5N]{CrO_3} CH_3CHO \xrightarrow[H^+]{K_2Cr_2O_7}$$

$$CH_3COOH \xrightarrow[H^+]{C_2H_5OH} CH_3COOC_2H_5$$

$$PhCH_3 \xrightarrow[H^+]{K_2Cr_2O_7} PhCOOH \xrightarrow[H^+]{C_2H_5OH} PhCOOC_2H_5$$

$$CH_2=CHCH_3 \xrightarrow[2) H_2O_2, OH^-]{1) B_2H_6} \xrightarrow[C_5H_5N]{CrO_3} \xrightarrow[NaNH_2]{HC\equiv CH}$$

$$PhCOOC_2H_5 + CH_3COOC_2H_5 \xrightarrow{C_2H_5ONa}$$

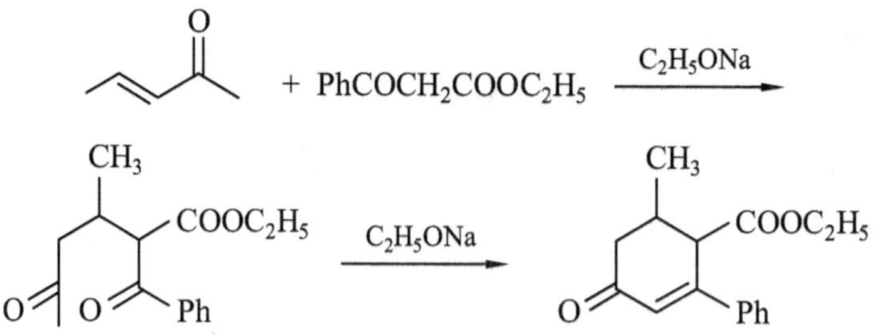

126. 用基本有机化工原料合成

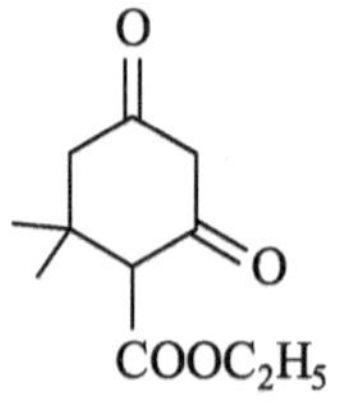

解：倒推分析如下

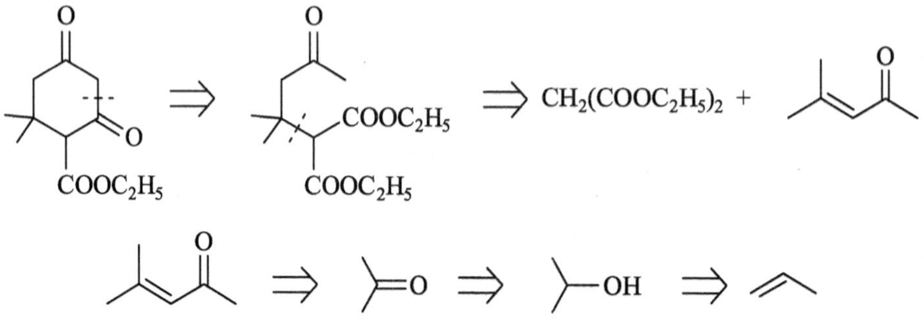

$$CH_2(COOC_2H_5)_2 \Rightarrow NCCH_2COOH \Rightarrow BrCH_2COOH \Rightarrow$$

$$CH_3COOH \Rightarrow CH_3CH_2OH \Rightarrow CH_2{=}CH_2$$

由分析过程可见，1, 5-二羰基环己烷与 1, 5-酮酸的交叉缩合关系密切；在环上二羰基最近位置间切断后，即可显示出丙二酸二乙酯烷基化后的整体碳骨架，这个整体碳骨架与迈克尔加成关系密不可分。通过基本有机化工原料合成丙二酸二乙酯和 4-甲基-3-戊烯-2-酮两个等价物，目标物即可顺利合成。

合成路线如下：

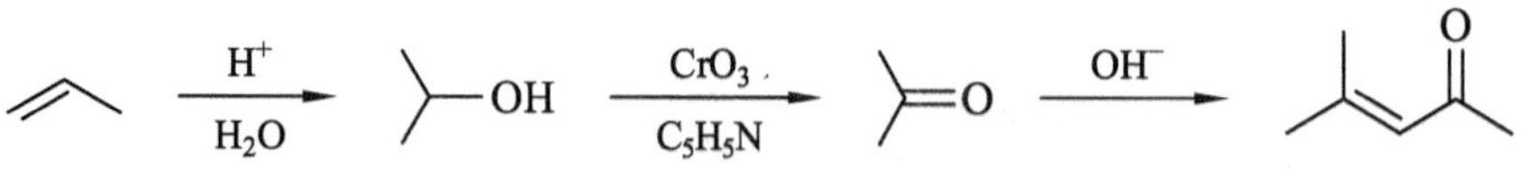

$$CH_2{=}CH_2 \xrightarrow[H_2O]{H^+} CH_3CH_2OH \xrightarrow[H^+]{K_2Cr_2O_7} CH_3COOH \xrightarrow[P]{Br_2} BrCH_2COOH \xrightarrow{KCN}$$

$$NCCH_2COOH \xrightarrow[H^+]{CH_3CH_2OH} CH_2(COOC_2H_5)_2 \xrightarrow[C_2H_5ONa]{}$$

（中间产物结构式：含酮基的二酯）$\xrightarrow{C_2H_5ONa}$（环己二酮-羧酸乙酯结构）

127. 用基本有机化工原料合成

$$Ph\text{—}CH_2CH_2CH_2CH_2\text{—}COOH$$

解： 倒推分析如下

$$Ph \diagup\diagdown COOH \Longrightarrow Ph \diagup\diagdown \overset{COOH}{\underset{COOH}{C}} \Longrightarrow CH_2(COOC_2H_5)_2 +$$

$$Ph\diagup\diagdown Br \Longrightarrow Ph\diagup\diagdown OH \Longrightarrow PhCH_2MgX + \triangle\!\!\!\!O$$

首先在羧基 α-位引进辅助基——羧基，显示出丙二酸二酯烷基化的整体碳骨架；切断丙二酸酯亚甲基上的其他碳碳键，得到合成子的等价物：丙二酸酯、3-苯基-1-溴丙烷。后者由苯进行氯甲基化，再转换成格氏试剂，对环氧乙烷亲核开环后水解得到。

合成路线如下：

$$CH_2\!=\!CH_2 \xrightarrow{PhCOOOH} \triangle\!\!\!\!O$$

$$C_6H_6 + HCHO + HCl \xrightarrow{ZnCl_2} PhCH_2Cl \xrightarrow[Et_2O]{Mg} PhCH_2MgCl \xrightarrow{\triangle\!\!\!\!O} \xrightarrow{H_3O^+}$$

$$Ph\diagup\diagdown OH \xrightarrow{HBr} Ph\diagup\diagdown Br$$

$$CH_2\!=\!CH_2 \xrightarrow[H_2O]{H^+} CH_3CH_2OH \xrightarrow[H^+]{K_2Cr_2O_7} CH_3COOH \xrightarrow[P]{Br_2} BrCH_2COOH \xrightarrow{KCN}$$

$$NCCH_2COOH \xrightarrow[H^+]{CH_3CH_2OH} CH_2(COOC_2H_5)_2 \xrightarrow[C_2H_5ONa]{Ph\diagup\diagdown Br} \xrightarrow{OH^-}$$

$$\xrightarrow[\triangle]{H_3O^+} Ph\text{—}CH_2CH_2CH_2CH_2\text{—}COOH$$

128. 由苯合成

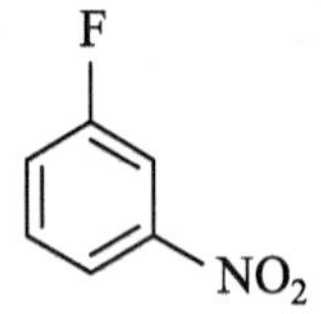

解：倒推分析如下

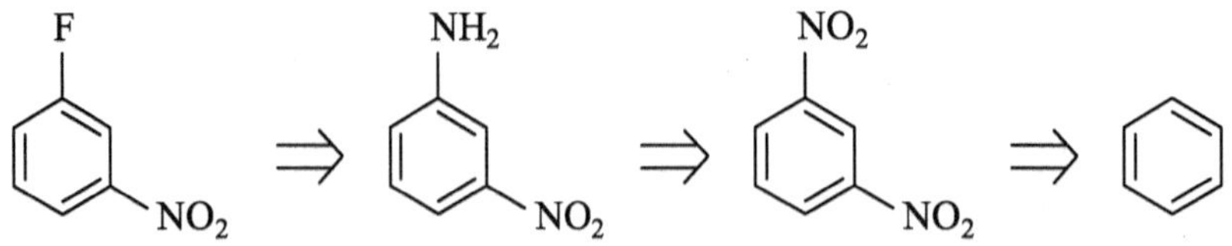

首先转换氟为氨基，再转化成硝基，后者由苯硝化得到。分析显示，合成的主要过程是苯环的官能团化和官能团的转换，其中氨基与氟的转换是最重要的。

合成路线如下：

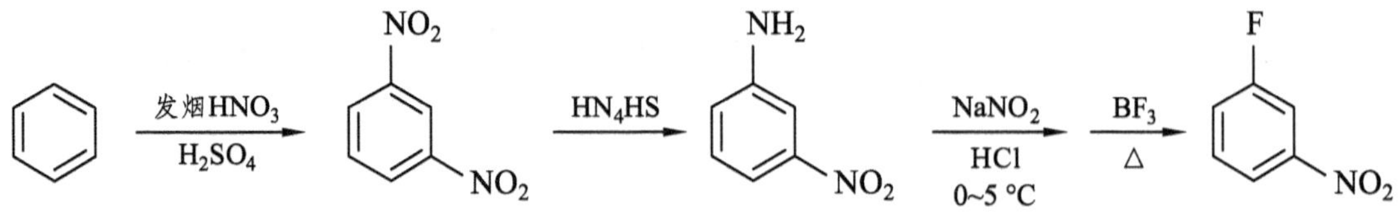

129. 由不超过 4 个碳的有机物合成

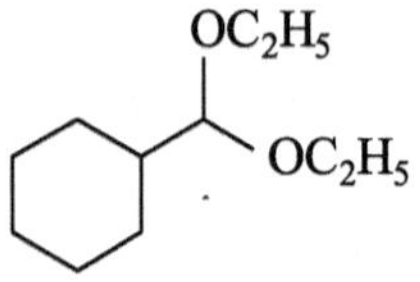

解：倒推分析如下

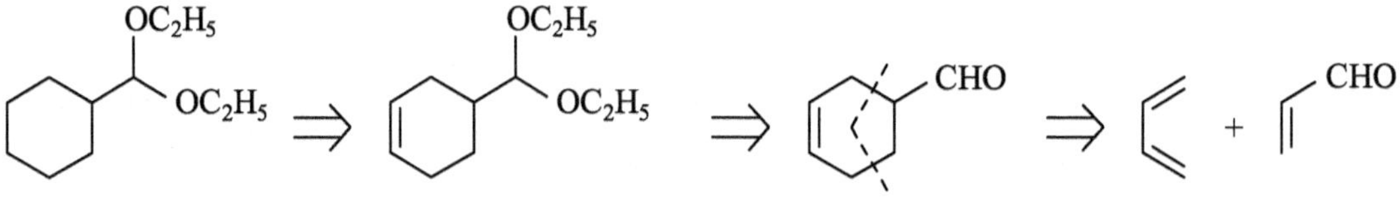

首先把环己环在适当的位置上转换为环己烯，再转换缩醛为醛；切割得到合成子的等价物：1,3-丁二烯、丙烯醛。由分析过程可见，由直链转换成六元环少不了 D-A 反应，剩下的就是简单官能团的转换方法的使用。

合成路线如下：

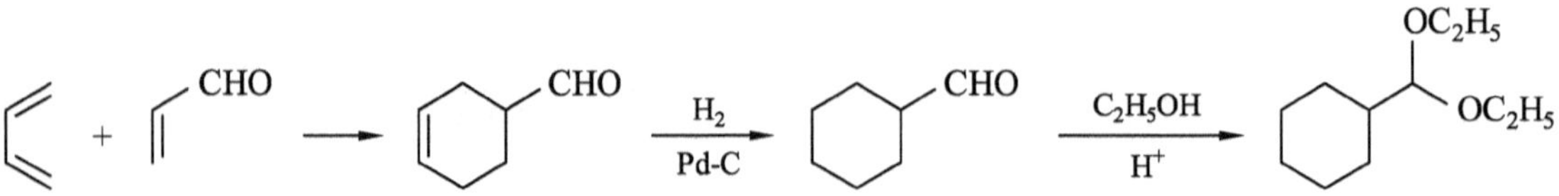

130. 用 5 个碳以下的醇合成 $CH_2\!=\!CHCH_2CH_2CH(CH_3)_2$。

解： 倒推分析如下

$$CH_2\!=\!CHCH_2 \,\vdots\, CH_2CH(CH_3)_2 \implies \text{\Large\diagup\!\diagdown}\!-Br \;+\; [(CH_3)_2CHCH_2]_2CuLi$$

首先切断去烯丙基，得到合成子的等价物：3-溴丙烯、异丁基铜锂。由分析过程可见，确定切割的位置和找出两个合成子的等价物是目标物合成的关键。

合成路线如下：

$$(CH_3)_2CHCH_2OH \xrightarrow{\text{SOCl}_2} (CH_3)_2CHCH_2Cl \xrightarrow{\text{2Li}} \xrightarrow{\text{CuI}}$$

$$[(CH_3)_2CHCH_2]_2CuLi \xrightarrow{CH_2=CHCH_2Cl} CH_2=CHCH_2CH_2CH(CH_3)_2$$

$$CH_2=CHCH_2OH \xrightarrow{\text{SOCl}_2} CH_2=CHCH_2Cl$$

131. 从乙醇合成 $CH_3CH_2OOCCH_2CH_2CH_2CH_2COOC_2H_5$。

解： 倒推分析如下

$$CH_3CH_2OOC(CH_2)_4COOC_2H_5 \implies HOOC(CH_2)_4COOH \implies \text{\Large⬡} \implies \text{\Large◁} + ‖$$

$$\text{\Large◁} \implies \overset{HO}{\underset{HO}{\diagup}}\!\!\text{\Large\diagdown} \implies \text{\Large⫽} \implies \overset{HO}{\diagup\!\!\diagdown} \implies CH_3CH_2MgCl + CH_3CHO$$

首先转换目标物为己二酸，再转换成环己烯，切割后得到乙烯和丁二烯。丁二烯可以由乙醇氧化得到乙醛，然后通过系列转化而得到。由分析过程可见，1,6-己二羧与环己烯的氧化关系密切，后者又与 D-A 反应密不可分。所以目标物的合成首先需要在规定的条件下合成双烯和亲双烯体。

合成路线如下：

$$CH_3CH_2OH \xrightarrow{H^+} CH_2=CH_2$$

$$CH_3CH_2OH \xrightarrow[C_5H_5N]{CrO_3} CH_3CHO$$

$$CH_3CH_2OH \xrightarrow{\text{SOCl}_2} CH_3CH_2Cl \xrightarrow[Et_2O]{Mg} CH_3CH_2MgCl \xrightarrow{CH_3CHO} \xrightarrow{H_3O^+}$$

$$\overset{OH}{\underset{}{\diagup\!\!\diagdown\!\!\diagup}} \xrightarrow[\Delta]{H^+} \diagup\!\!\diagdown \xrightarrow{PhCOOOH} \xrightarrow{H_3O^+} \overset{OH}{\underset{OH}{\diagup\!\!\diagdown\!\!\diagup}} \xrightarrow[\Delta]{Al_2O_3}$$

$$\text{\Large◁} \xrightarrow{CH_2=CH_2} \text{\Large⬡} \xrightarrow{KMnO_4} \overset{COOH}{\underset{COOH}{\text{\Large⬡}}} \xrightarrow[H^+]{CH_3CH_2OH} CH_3CH_2OOC(CH_2)_4COOC_2H_5$$

132. 由甲苯为原料合成

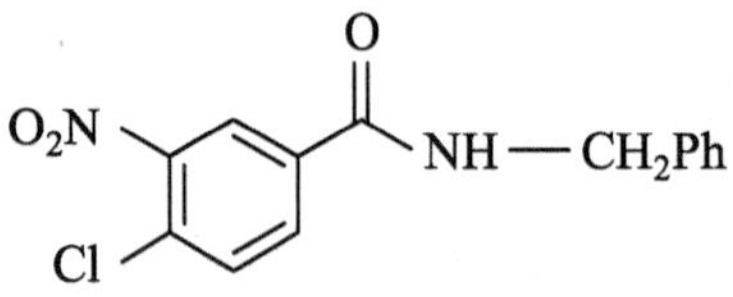

解： 倒推分析如下

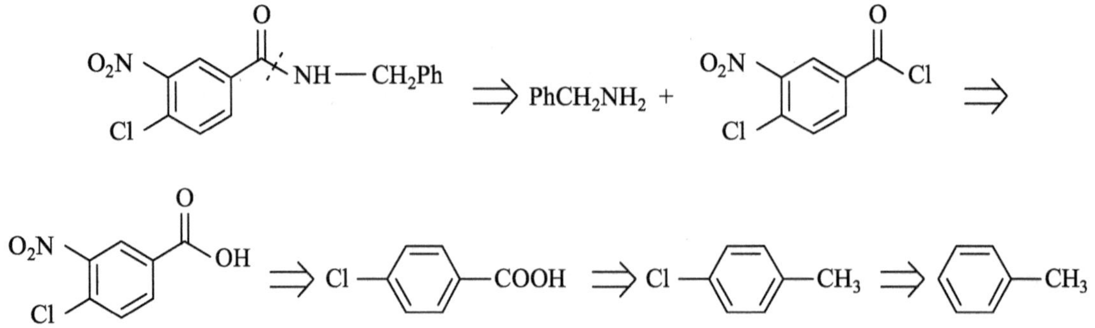

首先切断酰胺键，得到合成子的等价物：苄基胺、间硝基对氯苯甲酰氯。前者首先把甲苯氧化成苯甲醛，然后与氨反应，再还原得到。后者由甲苯进行硝化得对硝基甲苯，还原得到对甲基苯胺，对氨基进行酰基化，然后进行硝化，在水解掉乙酰基，接着逐步转化氨基为氯即可。由分析过程可知，主要是甲苯进行官能团化和官能团的转化。

合成路线如下：

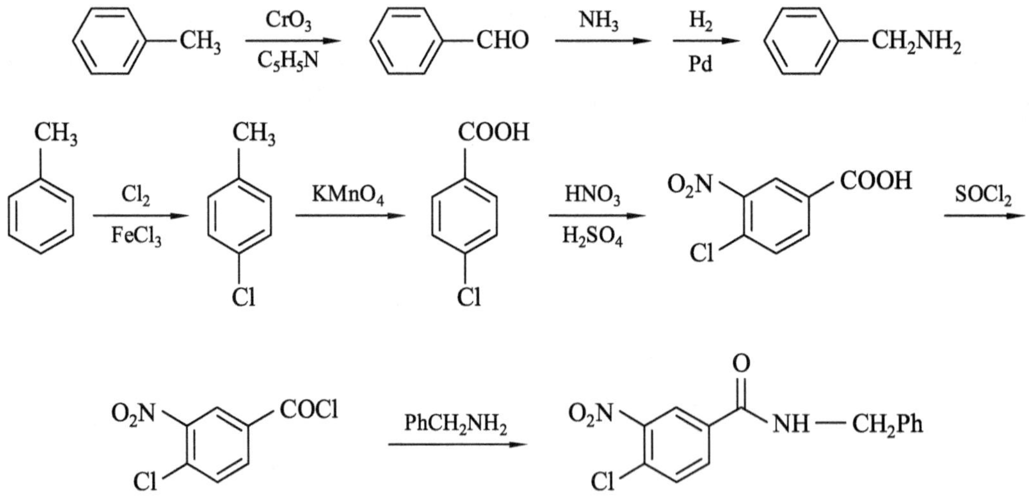

133. 由苯甲醛、丙二酸酯及不超过 4 个碳的有机物合成

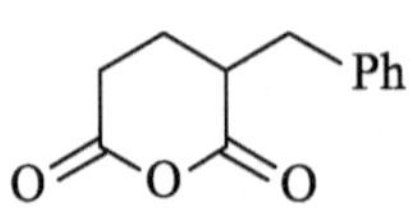

解：倒推分析如下

切断环上的碳氧键以及在羧基α-位加上辅助基——羧基后立即显示出丙二酸二酯烷基化后的整体碳骨架，为后续的切断铺平了道路。同时还可看出 1,5-二酸酯与迈克尔加成密不可分的关系。然后切断丙二酸酯的亚甲基上其他碳碳键，得合成子的等价物：丙二酸二乙酯、苯甲醛、丙烯酸乙酯。

合成路线如下：

$$CH_2(COOC_2H_5)_2 + PhCHO \xrightarrow{OH^-} PhCH=C(COOC_2H_5)_2 \xrightarrow[Pd]{H_2} PhCH_2CH(COOC_2H_5)_2$$

（第 3 步为迈克尔 1,4-加成，最后一步是戊二酸受热脱水形成环状酸酐）

134. 以不超过 4 个碳的有机物合成

解：倒推分析如下

根据 D-A 反应的特征，首先转化环己基为环己烯基，然后转化α-羟基酸为α-羟基腈，再转化成醛。切割后得到合成子的等价物：1,3-丁二烯和丙烯醛。分析显示：直链化合物与六元环间的关系，离不开 D-A 反应，剩余的问题就是官能团的转化。

合成路线如下：

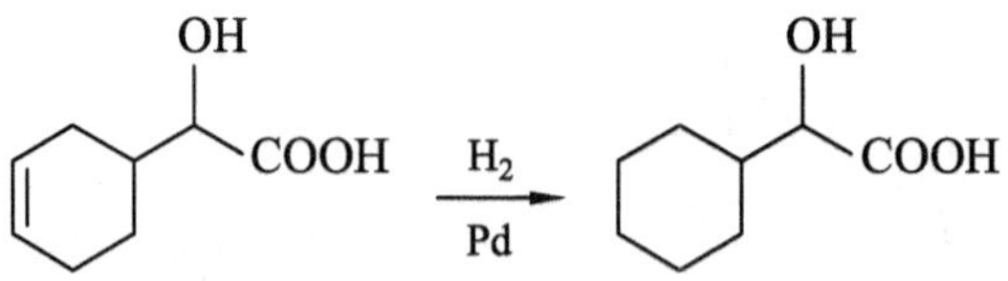

135. 由三乙及不超过 2 个碳的有机物合成

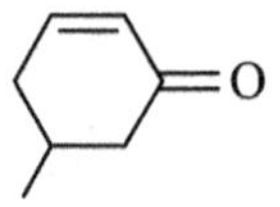

解： 倒推分析如下

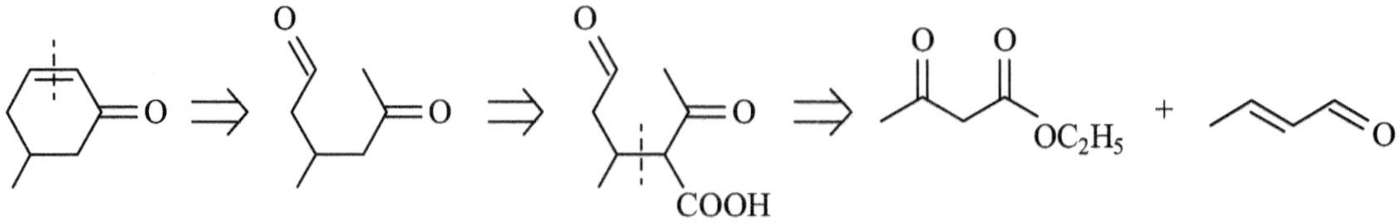

切断环上的双键后，显示出 1,5-二羰基的结构，当在甲基酮羰基的 α-位加上辅助的羧基后，马上可见三乙进行烷基化后的整体碳骨架结构；同时揭示了 1,5-二羰基碳骨架的构建与迈克尔加成反应密不可分。然后切断三乙上亚甲基的其他碳碳键，得到合成子的等价物：三乙、2-丁烯醛。

合成路线如下：

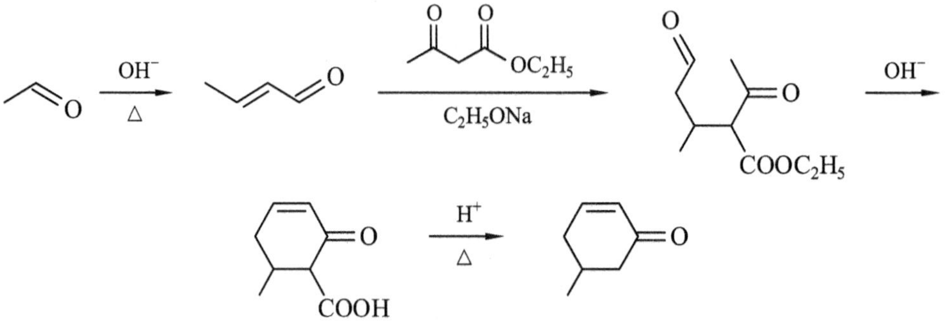

136. 由苯甲醛及不超过 3 个碳原子的原料合成

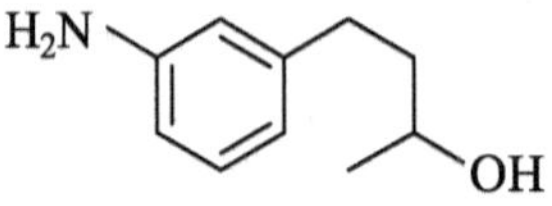

解： 倒推分析如下

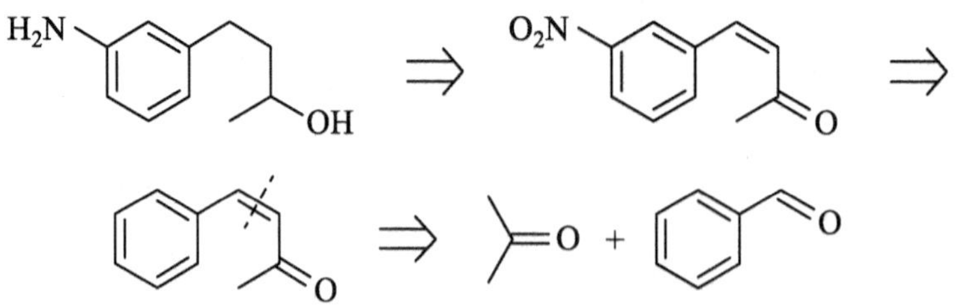

首先转化 γ-芳香醇为不饱和芳香酮，切断硝基，再切断碳碳双键，得合成子的等价物：丙酮、苯甲醛。切割位置显示，交叉羟醛缩合与芳环的官能团化是主要反应。

合成路线如下：

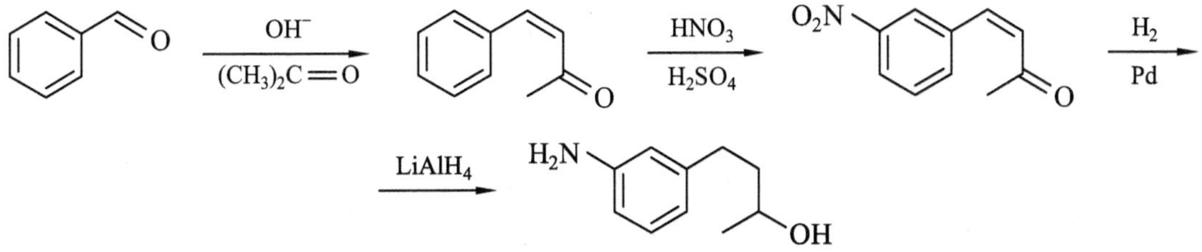

137. 由丙二酸二甲酯及不超过 3 个碳原子的原料合成

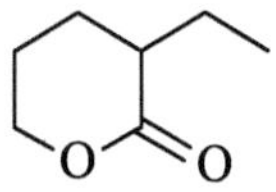

解： 倒推分析如下

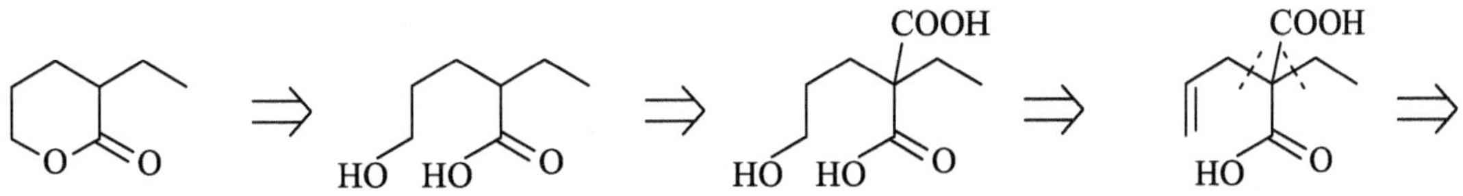

$$C_2H_5X \ + \ CH_2 = CHCH_2X \ + \ CH_2(COOC_2H_5)_2$$

切断环上的碳氧键后得 γ-羟基酸，当在羧基的 α-位加上辅助基——羧基后，立即显示出丙二酸二酯进行烷基化后的整体碳骨架，转换醇为烯烃后切断三乙的亚甲基上其他碳碳键，得合成子的等价物：卤乙烷、三乙、3-卤丙烯。

合成路线如下：

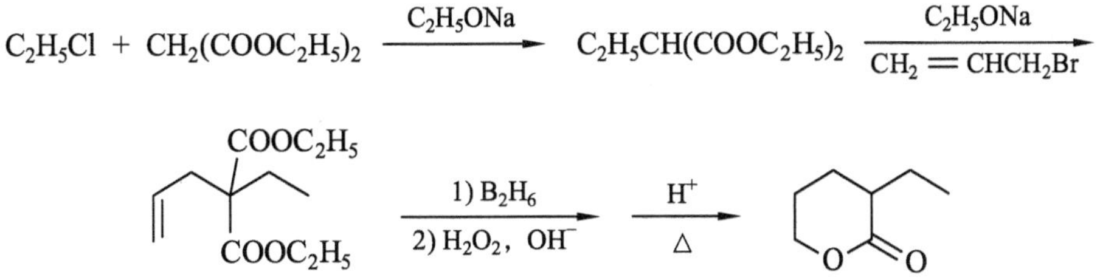

$$C_2H_5Cl \ + \ CH_2(COOC_2H_5)_2 \xrightarrow{C_2H_5ONa} C_2H_5CH(COOC_2H_5)_2 \xrightarrow[CH_2 = CHCH_2Br]{C_2H_5ONa}$$

138. 以不超过 4 个碳原子的原料合成

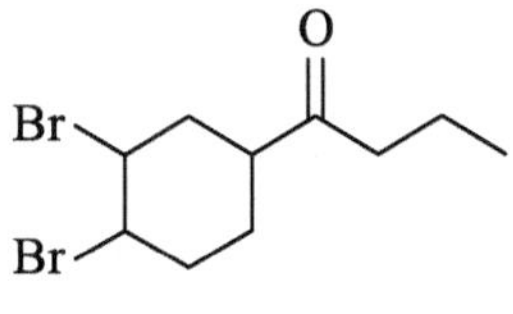

解： 倒推分析如下

首先按照 D-A 反应的规律切掉两个溴，转换成烯烃；同时转换羰基为羟基，切断羟基右侧的碳碳键，得合成子的等价物：丙基格氏试剂、4-甲酰基环己烯。

切割展示了六元环与 D-A 反应的互相依存关系，其次是官能团的转化与目标物的关系。

合成路线如下：

139. 由苯、乙酰乙酸乙酯及不超过 2 个碳原子的原料合成

解：倒推分析如下

切断环上的双键后，马上可看到三乙进行烷基化后的整体碳骨架。重要的还有 1, 5-二羰基化合物与迈克尔加成反应的紧密关系。然后通过羟醛缩合反应来完成环系的构建。

合成路线如下：

$$\text{C}_6\text{H}_6 + \text{CO} + \text{HCl} \xrightarrow{\text{ZnCl}_2} \text{PhCHO}$$

$$\text{C}_6\text{H}_6 + \text{CH}_3\text{COCl} \xrightarrow{\text{AlCl}_3} \text{PhCOCH}_3$$

$$\text{PhCOCH}_3 + \text{PhCHO} \xrightarrow{\text{OH}^-} \text{Ph—CO—CH=CH—Ph} \xrightarrow[\text{C}_2\text{H}_5\text{ONa}]{\text{CH}_3\text{COCH}_2\text{COOC}_2\text{H}_5}$$

$$\xrightarrow{\text{OH}^-}$$

140. 由适当的原料合成

解： 倒推分析如下

把目标物转换成 4,4′-二氨基联苯的碳骨架，并切掉 4 个溴，切断联苯的碳碳键，得到氢化偶氮苯的碳骨架结构。这里可以通过联苯胺重排反应来构建联苯碳骨架的结构。切断氮氮键得到合成子的等价物：硝基苯。切割揭示了最为关键的碳骨架构建是利用联苯胺的重排反应来完成的。

合成路线如下：

141. 由 2 个碳的有机物合成

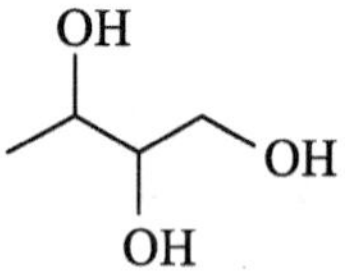

解： 倒推分析如下

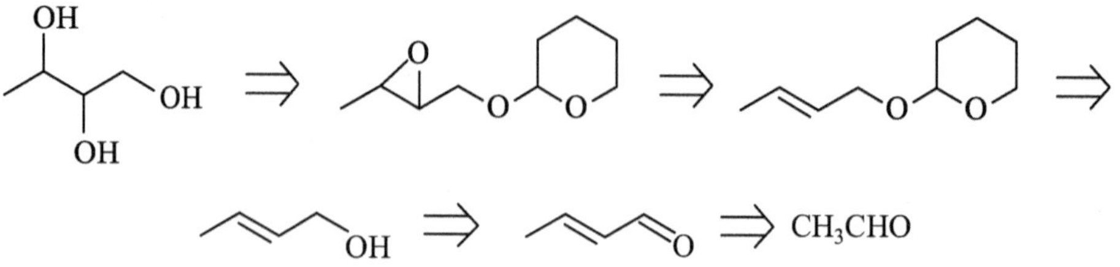

　　首先保护 1-位羟基，转换 2, 3-位的羟基为环氧乙烷骨架结构，再转换成碳碳双键，去除 1-位羟基保护基成为 2-丁烯-1-醇。转换该烯醇为丁烯醛；后者可通过乙醛羟醛缩合获得。由分析过程可见，羟醛缩合是构建目标物的碳骨架的重要方法。

　　合成路线如下：

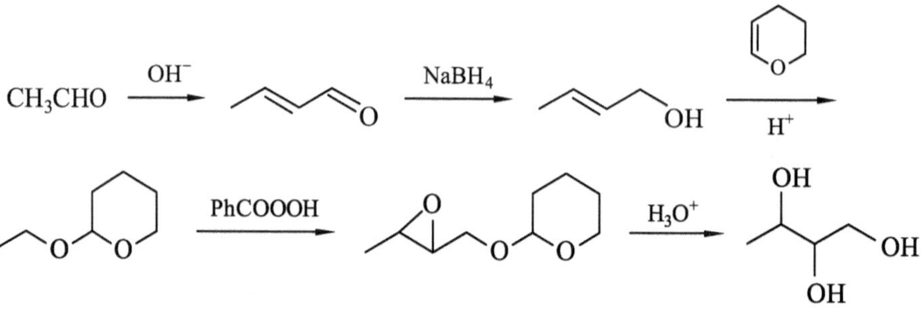

142. 由 2 个碳的有机物合成

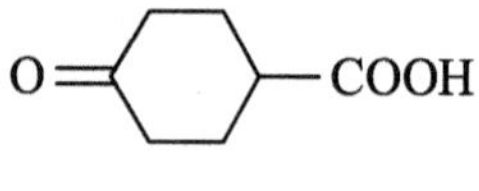

解： 倒推分析如下

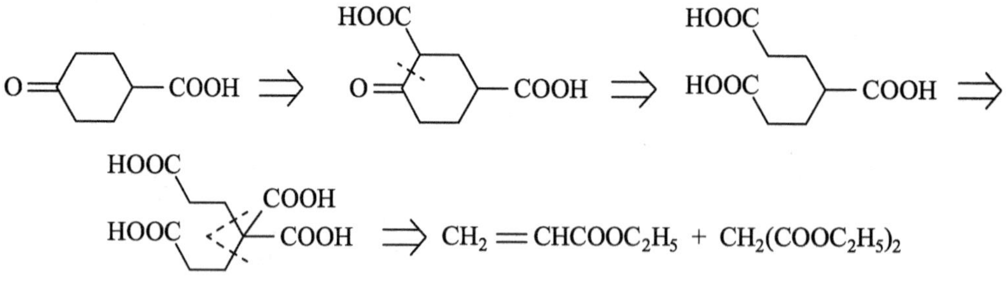

$$CH_2=CHCOOC_2H_5 \Longrightarrow C_2H_5OH + CH_2=CHCOOH \Longrightarrow HC\equiv CH + HCN$$

$$CH_2(COOC_2H_5)_2 \Longrightarrow C_2H_5OH + CH_2(COOH)_2 \Longrightarrow NCCH_2COOH \Longrightarrow$$

$$BrCH_2COOH \implies CH_3COOH$$

这是一个显示添加羧基辅助基是使逆合成分析顺利进行的最重要手段的例子。首先在环上羰基的 α-位添加一个羧基，使环切断成为可能，切断羰基环上侧的碳碳键，得到 1,7-二元羧酸骨架的三元羧酸；再在原来环上羧基的 α-位添加第二个羧基，立即展现出丙二酸二酯进行烷基化后的整体碳骨架，切断丙二酸酯亚甲基上的其他碳碳键，得到合成子的等价物：丙二酸二乙酯、两分子丙烯酸乙酯。揭示了 1,5-二羰基化合物骨架的构建少不了迈克尔加成反应的支撑。

合成路线如下：

$$HC \equiv CH + HCN \longrightarrow CH_2 = CHCN \xrightarrow[\text{H}^+]{\text{CH}_3\text{CH}_2\text{OH}} CH_2 = CHCOOC_2H_5$$

$$CH_3COOH \xrightarrow[P]{Br_2} BrCH_2COOH \xrightarrow{KCN} NCCH_2COOH \xrightarrow[\text{H}^+]{\text{C}_2\text{H}_5\text{OH}}$$

$$CH_2(COOC_2H_5)_2 \xrightarrow[\text{C}_2\text{H}_5\text{ONa}]{\text{CH}_2 = \text{CHCOOC}_2\text{H}_5} \quad \xrightarrow[-\text{C}_2\text{H}_5\text{O}^-]{\text{C}_2\text{H}_5\text{ONa}}$$

143. 四氢罂粟碱（结构如下）是某药的中间体，试以 3,4-二甲氧基苄氯为主要有机原料，添加必要的试剂合成之。

解： 倒推分析如下

125

优先考虑将碳与杂原子间的键切断，立即可见整体骨架与给定原料有密切的关系，得到一个酮胺。接着先转化氨甲基为氰基，然后切断羰基的碳碳键，得到合成子的等价物：3,4-二甲氧基苯乙腈、3,4-二甲氧基苯乙酰氯。前者可以使用所给原料和氰化钠经一步反应制备；后者可将制得的 3,4-二甲氧基苯乙腈继续水解，再与二氯亚砜反应制备。

合成路线如下：

144. 用常用试剂完成下列转化：

解：倒推分析如下

首先倒推 4-丁醛酸到烯酸；然后转换羧基为醛基，再转化两个醛基成反式二醇，再转换成烯烃。利用环上两个双键等价的特点，分步进行官能团的转化来达到目的。

合成路线如下：

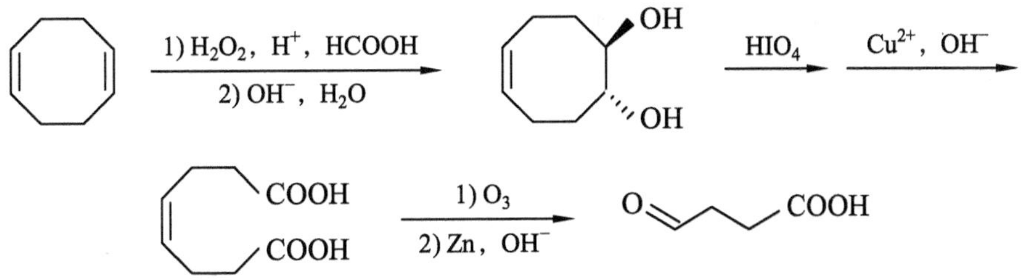

145. 用常用试剂完成下列转化：

$$^{13}CO_2 \longrightarrow Ph-{}^{13}C\equiv CH$$

解：逆合成分析如下

$$Ph-{}^{13}C\equiv CH \Longrightarrow Ph-{}^{13}C(=O)-CH_3 \Longrightarrow CH_3Li + Ph^{13}COOH \Longrightarrow {}^{13}CO_2 + Ph-MgX$$

首先转换乙炔基为乙酰基，切断甲基得到苯甲酸（含 ^{13}C），切断羧基得到合成子的等价物：苯基格氏试剂和二氧化碳（含 ^{13}C）。最关键的是把 ^{13}C 引入支链第一个碳上，可通过亲核试剂与给定原料反应确保目标物的合成。

合成路线如下：

$$PhMgCl + {}^{13}CO_2 \xrightarrow{Et_2O} \xrightarrow{H_3O^+} \xrightarrow{CH_3Li} Ph-{}^{13}COCH_3 \xrightarrow{LiAlH_4} Ph-{}^{13}CH(OH)CH_3 \xrightarrow{HBr}$$

$$Ph-{}^{13}CH(Br)CH_3 \xrightarrow{NBS} Ph-{}^{13}CBr(Br)CH_3 \xrightarrow{NaNH_2} Ph-{}^{13}C\equiv CH$$

146. 用常用试剂完成下列转化：

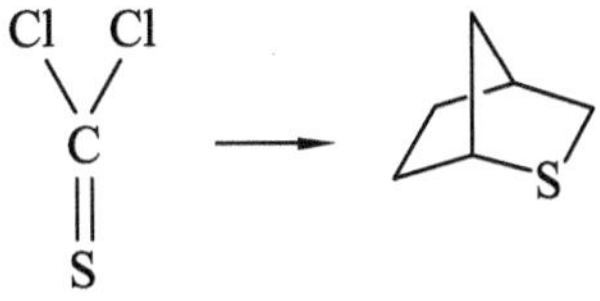

解：倒推分析如下

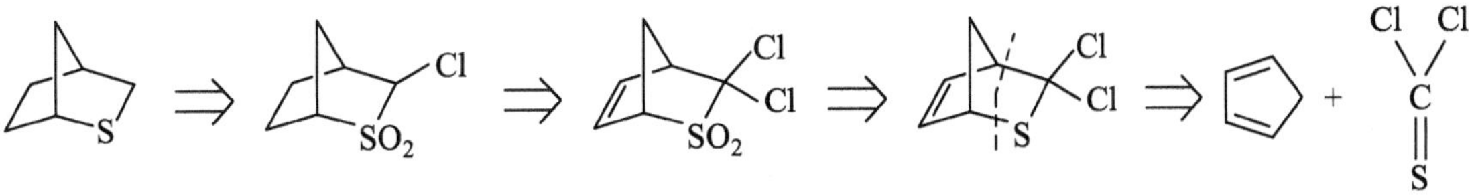

首先转换环上的硫为磺酰基，将硫的邻位亚甲基逐步转换为二氯代化合物；转换另一边的桥为碳碳双键；再转换磺酰基成为硫；按照 D-A 反应的规律切断环上的两条碳碳键和碳硫键，得到合成子的等价物：硫代碳酰氯、环戊二烯。最重要的是通过 D-A 反应来构建桥环，其余的工作就是根据要求完成官能团的转化。

合成路线如下：

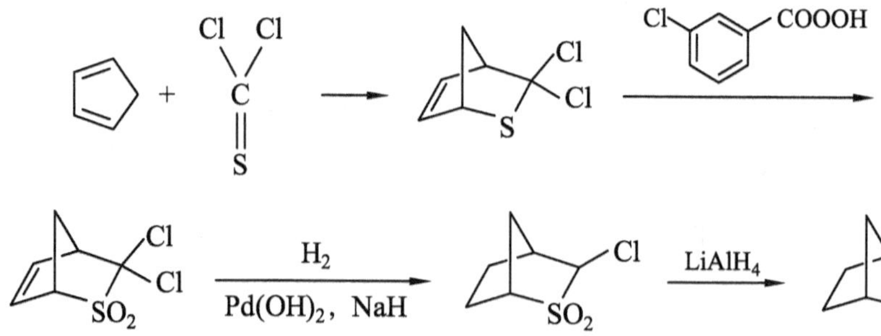

147. 用常用试剂完成下列转化：

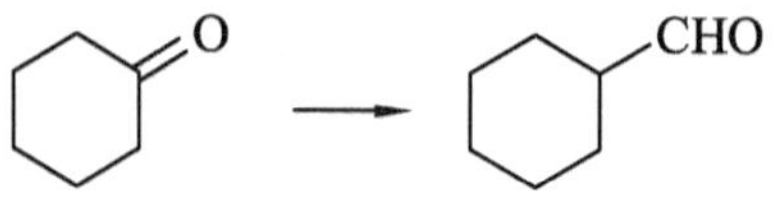

解： 倒推分析如下

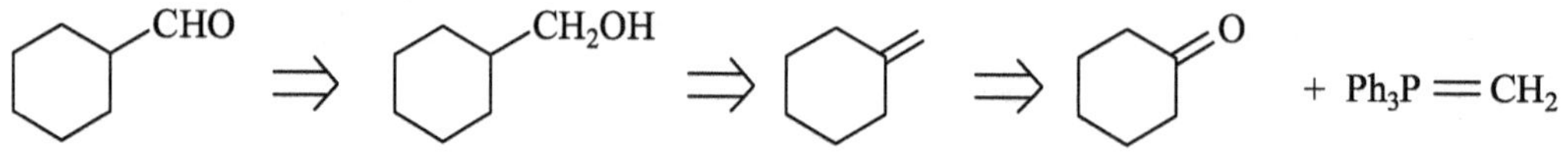

首先转换醛基为羟甲基，再转换成烯烃，切断甲基得到合成子的等价物：环己酮、亚甲基维悌斯试剂。增长碳链的方法很多，选取维悌斯反应路线更短。

合成路线如下：

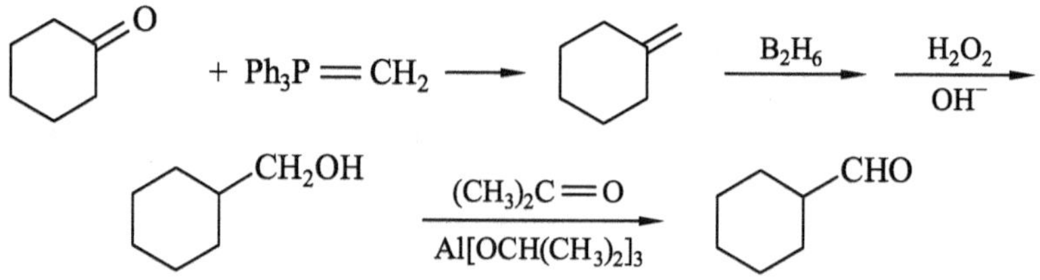

148. 用常用试剂完成下列转化：

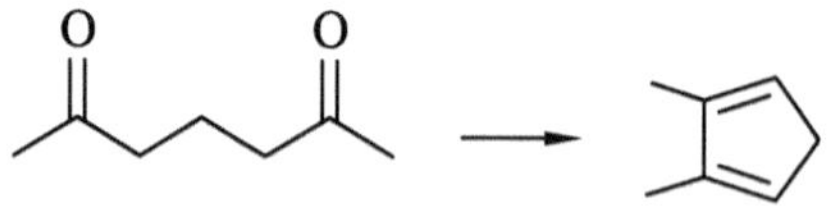

解： 倒推分析如下

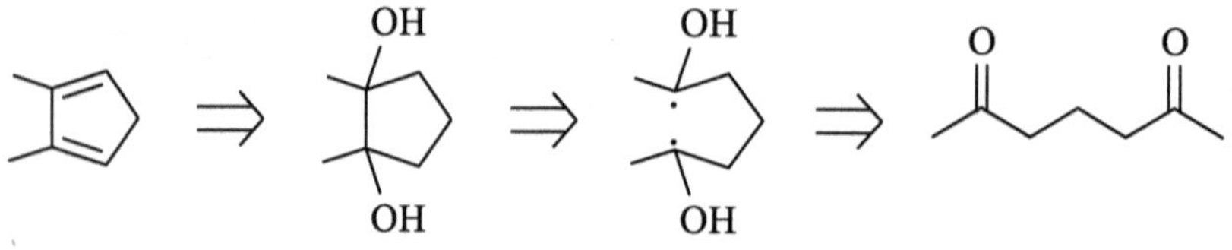

首先将目标物转换为频哪醇，切断两个羟基间的碳碳键得到游离基。可见，环的构建也可通过游离基来完成。

合成路线如下：

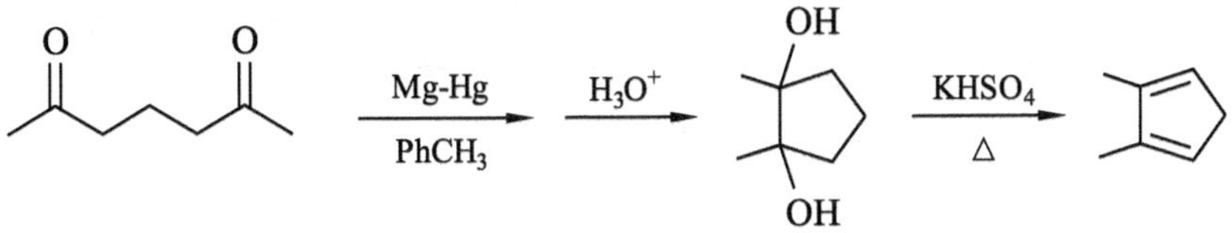

149. 由 3-甲基丁酸和 2 个碳的有机物合成

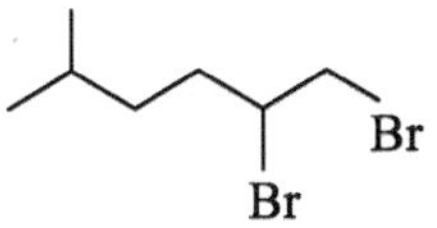

解： 倒推分析如下

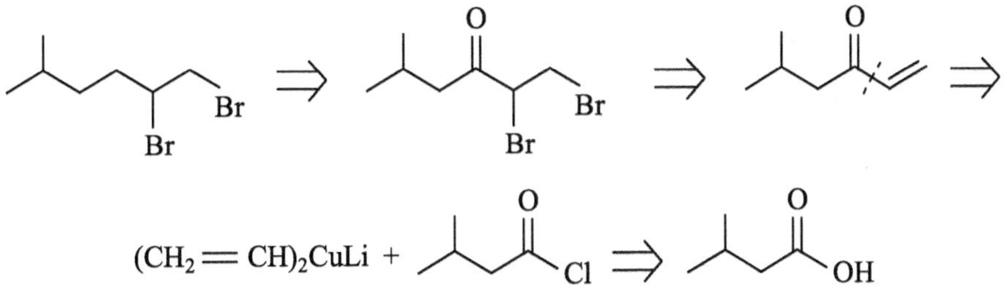

$$(CH_2 = CH)_2CuLi +$$

首先转化 3-位碳亚甲基为羰基，切掉两个溴得到碳碳双键；切断羰基右侧的乙烯基，得到合成子的等价物：乙烯基铜锂、3-甲基丁酰氯。

合成路线如下：

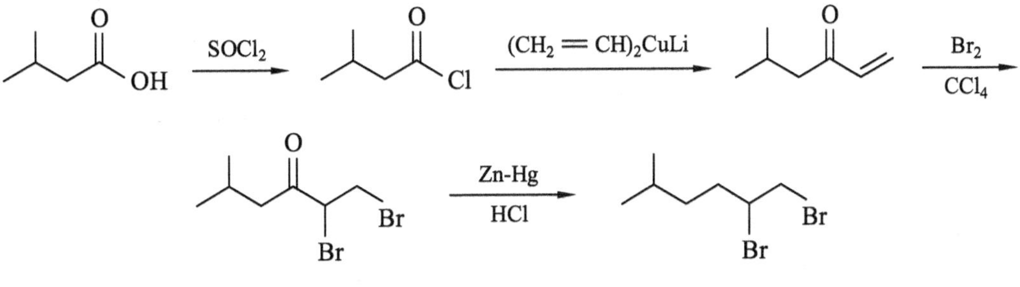

150. 用 3 个碳及以下的有机物制备

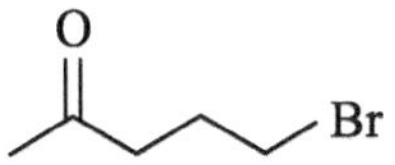

解： 倒推分析如下

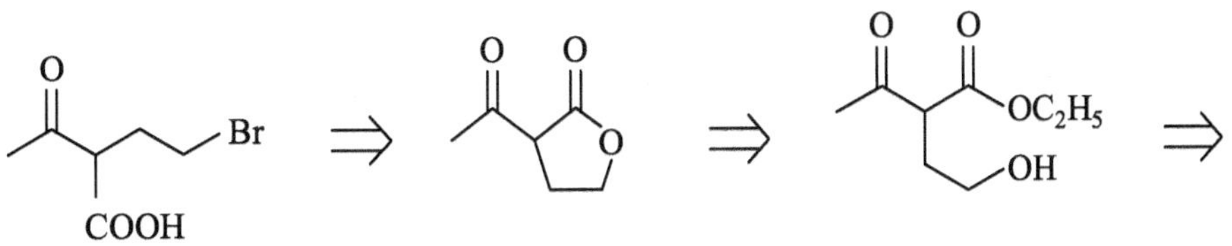

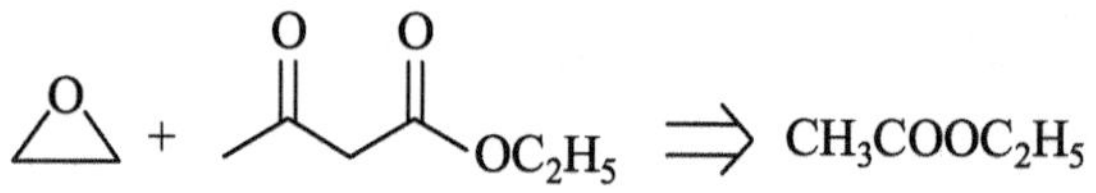

首先在羰基的 α-位引入辅助基——羧基，然后转换成 2-乙酰-4-丁酸内酯；切断酰氧键得到 2-β-羟乙基乙酰乙酸乙酯；切断三乙的亚甲基上其他的碳碳键，得到合成子的等价物：环氧乙烷、三乙。后者可以通过乙酸乙酯缩合制备。

合成路线如下：

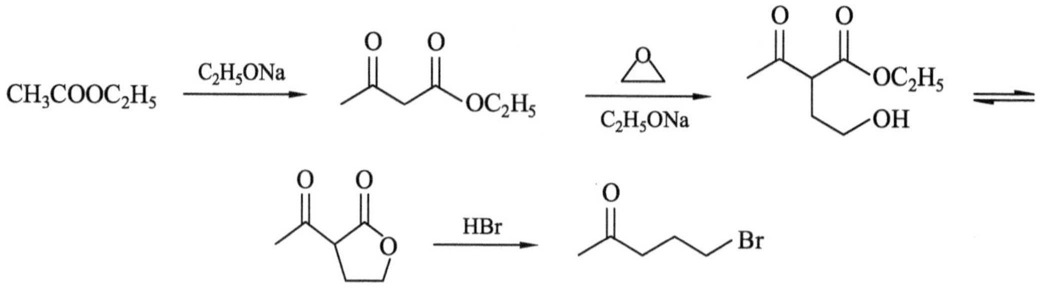

151. 由苯和 2 个碳及以下的有机物制备

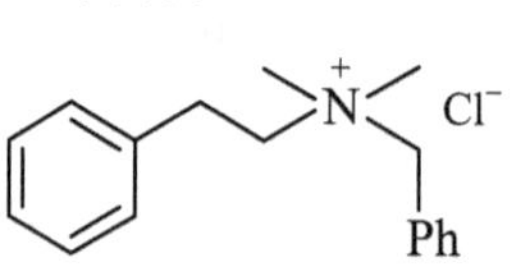

解： 倒推分析如下

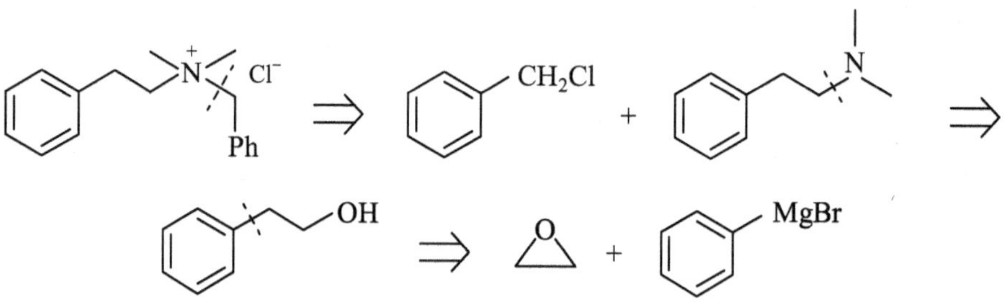

首先切断苄基，得到苄基氯和二甲基苯乙胺。后者再切断苯乙基，得到二甲胺和苯乙醇。后者切断苯基，得到环氧乙烷和苯基格氏试剂。可见，在碳与杂原子间切断后，最重要的是原料的碳链增长及官能团的转换。

合成路线如下：

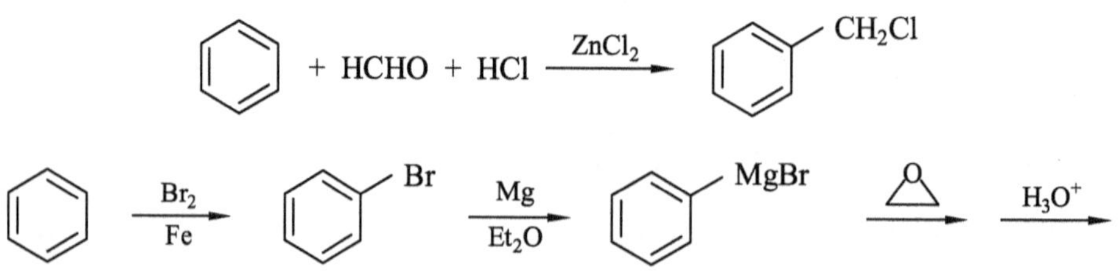

152. 用丙二酸二乙酯、邻苯二甲酰亚胺和 $^*CO_2$ 合成标记氨基酸

解： 倒推分析如下

首先将 α-氨基酸转换成盖布瑞尔合成法水解前的整体碳骨架结构，然后切断得到合成子的等价物：邻苯二甲酰亚胺、丙二酸二乙酯、卤代乙酸酯。α-氨基酸与盖布瑞尔合成法密不可分，其余的问题就是官能团的转换。

合成路线如下：

$$Br_2 + CH_2(COOC_2H_5)_2 \xrightarrow{CCl_4} (A)BrCH(COOC_2H_5)_2$$

$$CH_3OH \xrightarrow{HBr} \xrightarrow[Et_2O]{Mg} CH_3MgBr \xrightarrow{^*CO_2} \xrightarrow{H_3O^+} CH_3{}^*COOH \xrightarrow{Br_2}$$

$$BrCH_2{}^*COOH \xrightarrow[H^+]{C_2H_5OH} (B)BrCH_2{}^*COOC_2H_5$$

首先切断苯环外侧的碳氧键，得到酚烯酮；然后切断苯环支链碳碳键，得到合成子的等价物：苯酚、2-戊烯酰氯。后者经过逐步反应转换成戊酸；然后在羧基α-位引入辅助基——羧基，形成丙二酸酯的整体碳骨架结构，切断丙二酸酯的亚甲基上其他碳碳键，得到合成子的等价物：丙二酸酯、1-卤丙烷。

合成路线如下：

反应式：2-羟基苯基-丙烯基酮 $\xrightarrow{-H_2O}$ 2-乙基色满-4-酮

154. 完成下列转化：

3-甲基丁醇 → 3-甲基丁基乙基仲胺

解： 倒推分析如下

$$\text{仲胺} \Rightarrow \text{亚胺} \Rightarrow CH_3CH_2NH_2 + \text{3-甲基丁醛} \Rightarrow \text{3-甲基丁醇}$$

首先转换仲胺为亚胺，切断亚胺的碳氮双键，得到合成子的等价物：乙胺、3-甲基丁醛；后者最后转换成 3-甲基丁醇。切断时注意优先考虑得到纯净物的反应。

合成路线如下：

$$\text{3-甲基丁醇} \xrightarrow[\text{Al[OCH(CH}_3)_2]_3]{(CH_3)_2C{=}O} \text{3-甲基丁醛} \xrightarrow{CH_3CH_2NH_2}$$

$$\text{亚胺} \xrightarrow[\text{Pd}]{H_2} \text{仲胺}$$

155. 完成下列转换：

环戊酮 → 1,2-二甲基环己烯

解： 倒推分析如下

转换碳碳双键为叔醇，切断甲基得到 2-甲基环己酮；因为 1-甲基环己酮可通过烯胺和卤甲烷在原来酮的 α-位进行甲基化而得到，切断甲基后得环己酮；然后转换环己酮为环戊酮。由分析过程可见，最关键的是环己酮与环戊酮的转换。

合成路线如下：

$$\text{环戊酮} + CH_2N_2 \xrightarrow{Et_2O} \xrightarrow{\triangle} \text{环己酮} \xrightarrow[CH_3I]{HN\text{（吡咯烷）}} \xrightarrow{H_3O^+}$$

$$\text{2-甲基环己酮} \xrightarrow[Et_2O]{CH_3MgI} \xrightarrow{H_3O^+} \text{叔醇} \xrightarrow{H^+} \text{1,2-二甲基环己烯}$$

156. 完成下列转换：

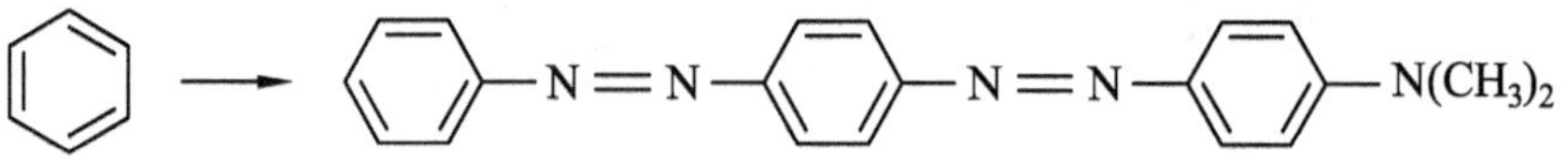

解： 倒推分析如下

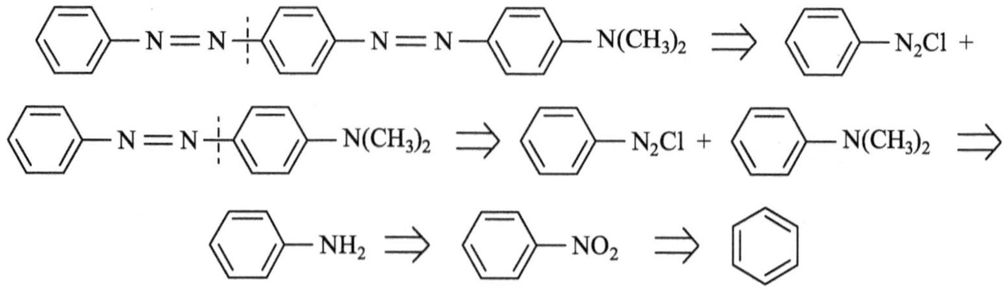

由于偶联反应仅在重氮盐与酚类或芳胺类之间进行，所以，首先切断左侧偶氮基右侧的碳氮键，得到合成子的等价物：苯基重氮盐、N,N-二甲基苯胺偶氮苯。再切断偶氮基右侧的碳氮键，得到合成子的等价物：苯基重氮盐、N,N-二甲基苯胺。

合成路线如下：

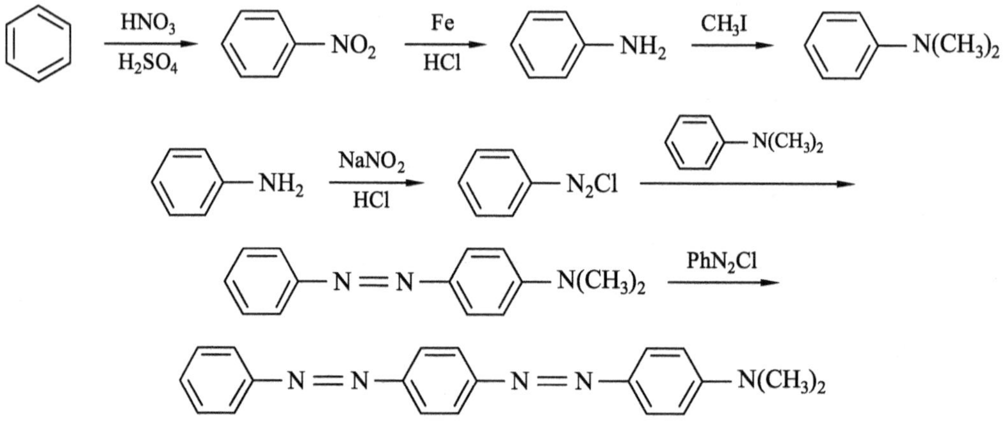

157. 完成下列转换：

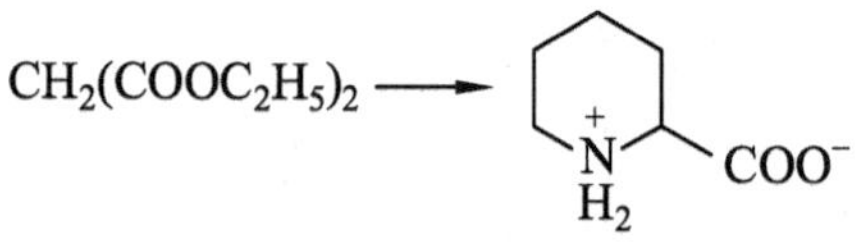

解： 倒推分析如下

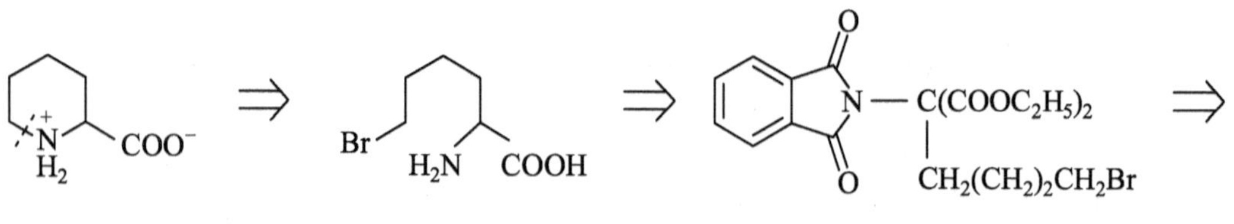

　　首先切断碳氮键，得到 α-氨基酸的骨架，然后转换成盖布瑞尔合成法的水解前体，再转换结构末端的卤代烃为烯烃，切断后得到合成子的等价物：丙二酸二乙酯、邻苯二甲酰亚胺、4-溴-1-丁烯。

　　合成路线如下：

158. 试以苄基溴、乙炔及不多于 2 个碳的烷烃为原料合成

解： 倒推分析如下

$$PhCH_2CH_2Br + C_2H_5Br + HC \equiv CH$$

　　首先转换环氧基为碳碳双键，再转换成三键，然后切断炔烃碳碳三键两侧的碳碳键，得到合成子的等价物：乙炔、卤乙烷、β-苯基溴乙烷。后者首先用甲苯进行游离基卤代，接着转换成格氏试剂，再与甲醛亲核加成后水解得到 β-苯基乙醇，最后与氢溴酸反应制备。

合成路线如下：

$$CH_3CH_3 \xrightarrow[h\nu]{Br_2} CH_3CH_2Br$$

$$PhCH_2Br \xrightarrow[Et_2O]{Mg} PhCH_2MgBr \xrightarrow{HCHO} \xrightarrow{H_3O^+} PhCH_2CH_2OH \xrightarrow{HBr} PhCH_2CH_2Br$$

$$HC \equiv CH \xrightarrow{NaNH_2}_{PhCH_2Br} Ph(CH_2)_2C \equiv CH \xrightarrow{NaNH_2}_{CH_3CH_2Br} Ph(CH_2)_2C \equiv CCH_2CH_3 \xrightarrow[Pd-BaSO_4]{H_2}$$

$$\xrightarrow{m\text{-}Cl-C_6H_4-COOOH}$$

159. 由苯和其他试剂（含碳试剂只能含 1 个碳原子）合成 *N*-甲基苯丙胺（*N*-methyl-1-phenylpropan-2-amine，一种中枢兴奋剂药）。

解： 倒推分析如下

首先转换甲氨基为甲亚氨基，切断碳氮双键，得到合成子的等价物：甲胺、苯基丙酮。切掉苯基丙酮的甲基得到苯乙酸，在切掉羧基得到苄基氯，后者通过氯甲基化反应制备。

合成路线如下：

$$C_6H_6 + HCHO + HCl \xrightarrow{ZnCl_2} PhCH_2Cl \xrightarrow[Et_2O]{Mg} PhCH_2MgCl \xrightarrow{CO_2} \xrightarrow{H_3O^+}$$

$$PhCH_2COOH \xrightarrow{CH_3Li} PhCH_2COCH_3 \xrightarrow{NH_2CH_3} PhCH_2\underset{\underset{NCH_3}{\|}}{C}CH_3 \xrightarrow{LiAlH_4}$$

$$\xrightarrow{H_3O^+} PhCH_2\underset{\underset{NHCH_3}{|}}{C}HCH_3$$

160. 完成下列转化：

解： 倒推分析如下

切断环双键后立即显示出 1,5-二羰基化合物的整体碳骨架，其骨架的构建少不了迈克尔加成反应。然后再切断支链的碳碳键，得到合成子的等价物：3-甲基-3-丁烯-2-酮、2-甲基-5-（1-甲基乙烯基）环己酮。此处可通过烯胺进行迈克尔加成反应来构建。

合成路线如下：

161. 由苯及不超过 4 个碳原子的有机原料和其他必要试剂合成下列抗炎、镇痛、解热药。

解：倒推分析如下

首先切掉羧基，得对应的格氏试剂，然后转换成卤代烃，再逐步转换成羰基；切去乙酰基，得到异丁基苯。转换支链第一个亚甲基为羰基，切除羰基，得到合成子的等价物：苯、异丁酰氯。

合成路线如下：

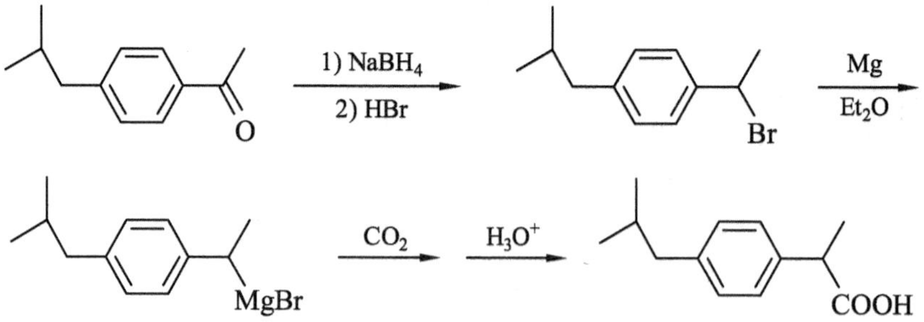

162. 仅由乙酸甲酯和其他必要的试剂［如 LDA（二异丙基氨基锂），其他含碳试剂只能有 1 个碳原子］合成

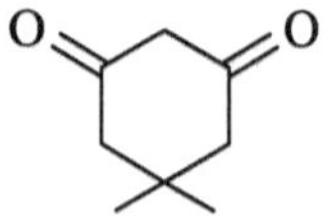

解： 倒推分析如下

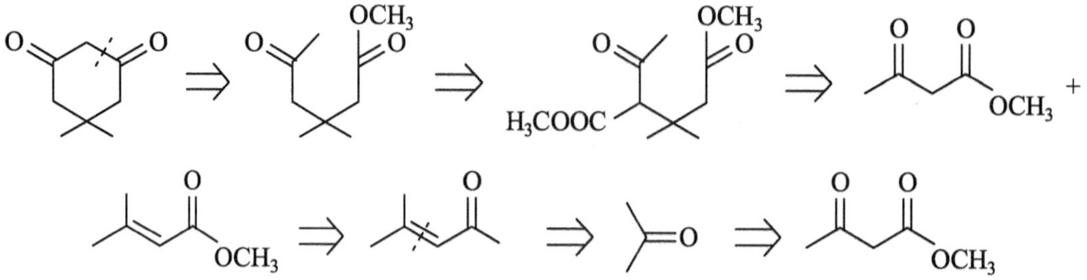

切断环后，即可看到 1, 5-二羰基化合物的碳骨架，然后经过在酮羰基 α-位加入辅助基——羧基，即可显示出乙酰乙酸二酯烷基化后的整体碳骨架，此碳骨架（1, 5-二羰基化合物）可通过迈克尔加成反应来构建。切断三乙亚甲基上的支链，得到合成子的等价物：三乙、3-甲基-2-丁酸甲酯；后者转换成 4-甲基-3-戊烯-2-酮，此酮通过丙酮的羟醛缩合获得，丙酮则通过乙酰乙酸甲酯酮式水解获得。

合成路线如下：

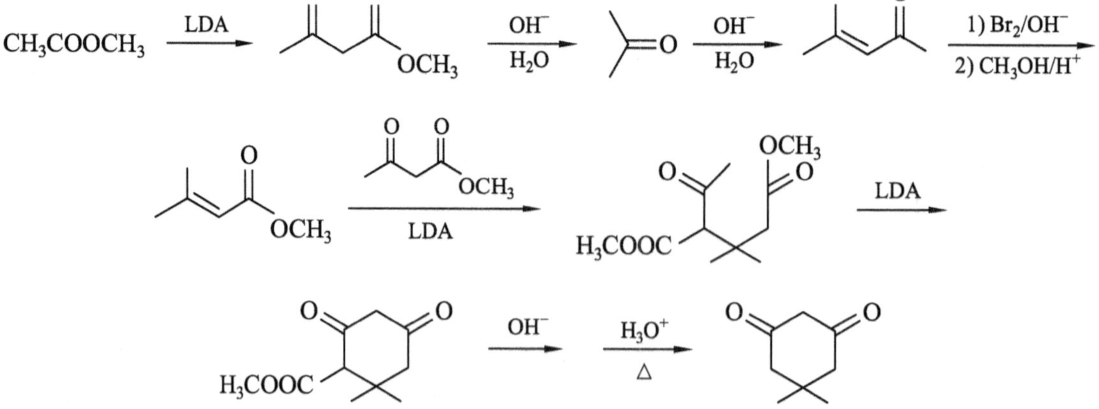

CH_3COOCH_3 $\xrightarrow{LDA}$ ... $\xrightarrow[H_2O]{OH^-}$ ... $\xrightarrow[H_2O]{OH^-}$ ... $\xrightarrow[\text{2) } CH_3OH/H^+]{\text{1) } Br_2/OH^-}$

... $\xrightarrow{LDA}$ ...

... $\xrightarrow{OH^-}$ $\xrightarrow[\triangle]{H_3O^+}$ ...

163. 用指定的原料和其他必要的试剂合成目标化合物。

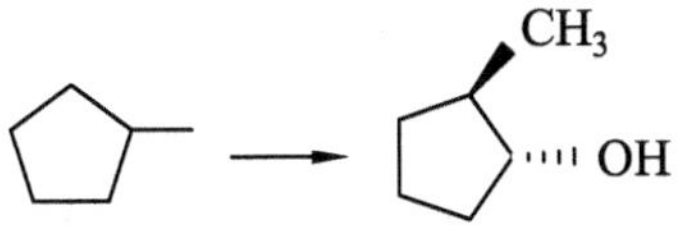

解： 倒推分析如下

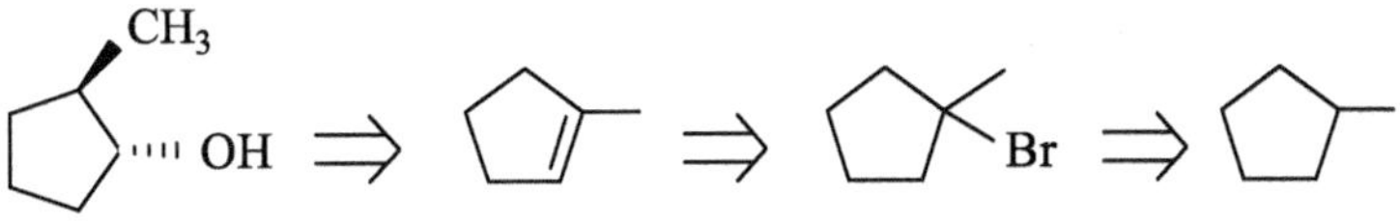

首先转化目标物为 1-甲基环戊烯，再转化成 1-甲基-1-溴环戊烷，最后转化成 1-甲基环戊烷。

合成路线如下：

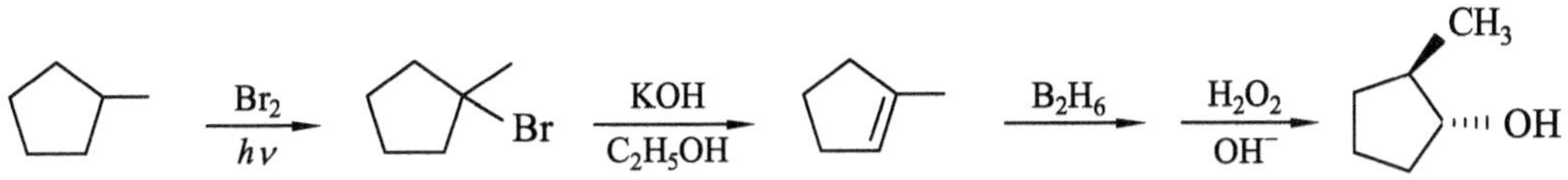

164. 用指定的原料和其他必要的试剂合成目标化合物。

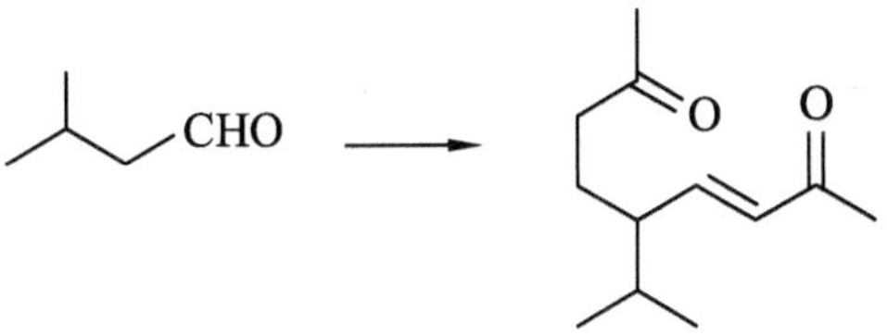

解： 倒推分析如下

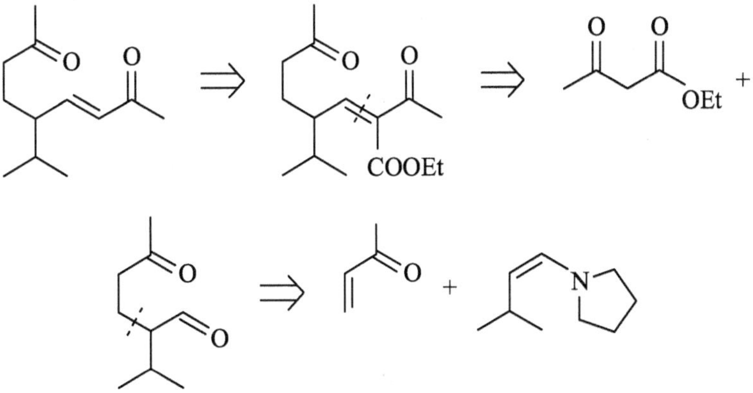

首先在右侧的乙酰基 α-位引入辅助基——羧基，得到三乙烷基化后的整体碳骨架，切断三乙上的碳碳双键，得到合成子的等价物：三乙、羰基醛碳骨架化合物。后者可通过烯胺与烯酮进行迈克尔加成反应来构建。因此，切断下半部的碳碳键，得到合成子的等价物：3-丁烯-2-酮、3-甲基丁烯胺。

合成路线如下：

165. 用指定的原料和其他必要的试剂合成目标化合物。

解： 倒推分析如下

切断碳氮键，得到 1, 2-羟羰基化合物，该碳骨架可通过烯胺与酮来构建；接着切断上方的支链，得到合成子的等价物：乙醛酸酯和苯基丙酮。后者可由苯和溴代丙酮进行 F-C 烷基化得到。

合成路线如下：

166. 用指定的原料和其他必要的试剂合成目标化合物。

解： 倒推分析如下

首先切断最短的桥的碳碳键，得到一个环辛三烯共轭化合物，然后转化成一个反，顺，顺，反的二元醇；后者即可转换成给定的原料。切割分析展示了共轭多烯的电环化反应规律，其立体化学知识与反应规律密切相关。由于电环化反应 π 电子数不符，反应前需要先催化还原。

合成路线如下：

167. 由 4 个碳以内的有机原料合成

$$Me_3CC(CH_3)=CH(CH_2)_4CH_3$$

解： 倒推分析如下

$$Me_3CC(CH_3)=CH(CH_2)_4CH_3 \Rightarrow Ph_3P=CH(CH_2)_4CH_3 + Me_3CC(=O)-CH_3$$

$$Ph_3P=CH(CH_2)_4CH_3 \Rightarrow BrCH_2(CH_2)_4CH_3 \Rightarrow$$

$$HOCH_2(CH_2)_4CH_3 \Rightarrow \triangle O + BrMgCH_2(CH_2)_4CH_3$$

$$O \atop Me_3CC—CH_3 \Rightarrow H_3C—\underset{OH}{\overset{CH_3}{C}}—\underset{OH}{\overset{CH_3}{C}}—CH_3 \Rightarrow \left.\right\rangle\!=\!O$$

首先切断碳碳双键，得到合成子的等价物：频哪酮、己基维悌斯试剂。前者可由丙酮经过系列反应获得。后者可通过丁基格氏试剂与环氧乙烷反应，再经过多步反应转化而得。

合成路线如下：

$$\left.\right\rangle\!=\!O \xrightarrow[C_6H_5CH_3]{Mg-Hg} \xrightarrow{H_3O^+} H_3C—\underset{OH}{\overset{CH_3}{C}}—\underset{OH}{\overset{CH_3}{C}}—CH_3 \xrightarrow{H^+} Me_3CC—CH_3$$

$$\triangle\!O + BrMgCH_2(CH_2)_2CH_3 \xrightarrow{Et_2O} \xrightarrow{H_3O^+} HOCH_2(CH_2)_4CH_3 \xrightarrow{HBr} BrCH_2(CH_2)_4CH_3$$

$$\xrightarrow{Ph_3P} \xrightarrow{NaH} Ph_3P\!=\!CH(CH_2)_4CH_3 \xrightarrow{Me_3CCOCH_3} Me_3CC\!=\!\overset{CH_3}{\underset{}{}}CH(CH_2)_4CH_3$$

168. 从吲哚出发合成色氨酸：

$$\text{(吲哚环)—CH}_2\text{CHCOOH},\ NH_2$$

解：倒推分析如下

$$\text{(色氨酸)} \Rightarrow \text{(邻苯二甲酰亚胺-N-C(COOC}_2\text{H}_5)_2\text{-吲哚)} \Rightarrow \text{(邻苯二甲酰亚胺 NH)} +$$

$$CH_2(COOC_2H_5)_2 + \text{(3-氯甲基吲哚)} \Rightarrow \text{(吲哚)} + HCHO + HCl$$

α-氨基酸常与盖布瑞尔合成法紧密相连，首先将目标物转化成盖布瑞尔反应的最后一步水解的前体，然后切断丙二酸酯的其他碳碳键、碳氮键，得到合成子的等价物：丙二酸二乙酯、邻苯二甲酰亚胺、3-氯甲基吲哚。可见总体的碳骨架可由丙二酸二酯的烷基化反应来构建。

合成路线如下：

169. 完成下列转化：

解： 倒推分析如下

首先切去氘，得到对应的格氏试剂；转化格氏试剂为相应的卤代烃，再转换为对应的醇；切断羟基左侧的碳碳键，得到合成子的等价物：异戊基格氏试剂、丙醛。

合成路线如下：

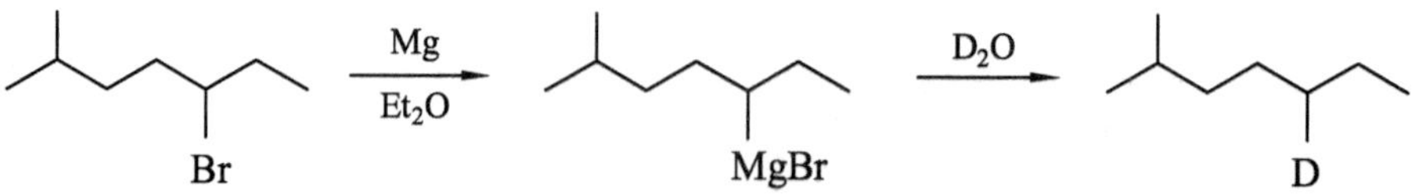

170. 由苯酚合成

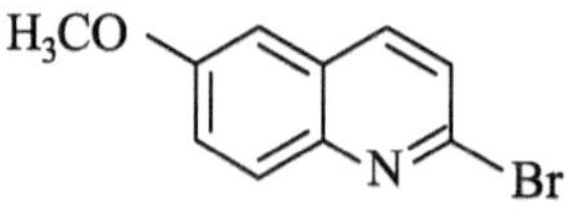

解： 倒推分析如下

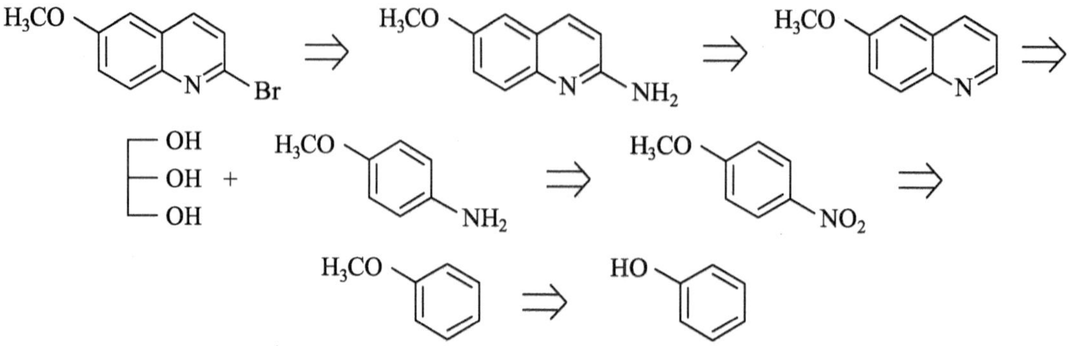

由苯酚为原料合成喹啉环衍生物。首先把溴转换成氨基，然后去除掉；按照斯克劳普合成法的反应规律切断喹啉环，得到合成子的等价物：甘油、对氨基苯甲醚。后者可通过先对苯酚进行甲基化，然后硝化、还原得到。由分析过程可见，最为重要的是喹啉环的斯克劳普合成法的应用。

合成路线如下：

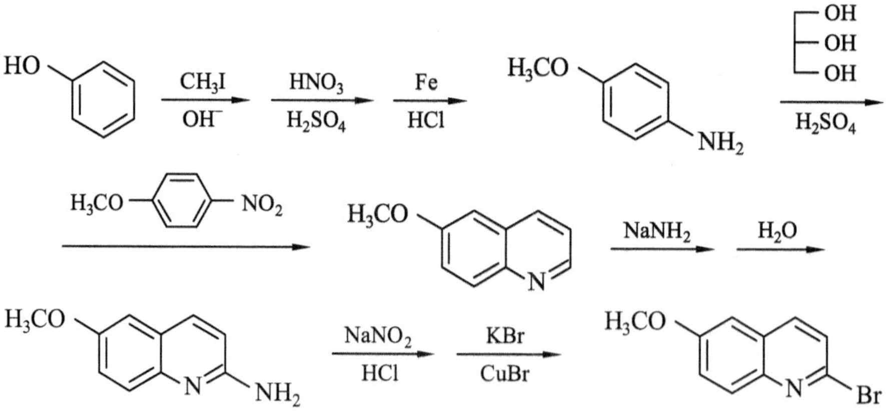

171. 由甲苯和 4 个 C 以下的有机物合成

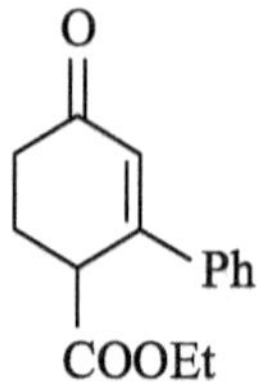

解：倒推分析如下

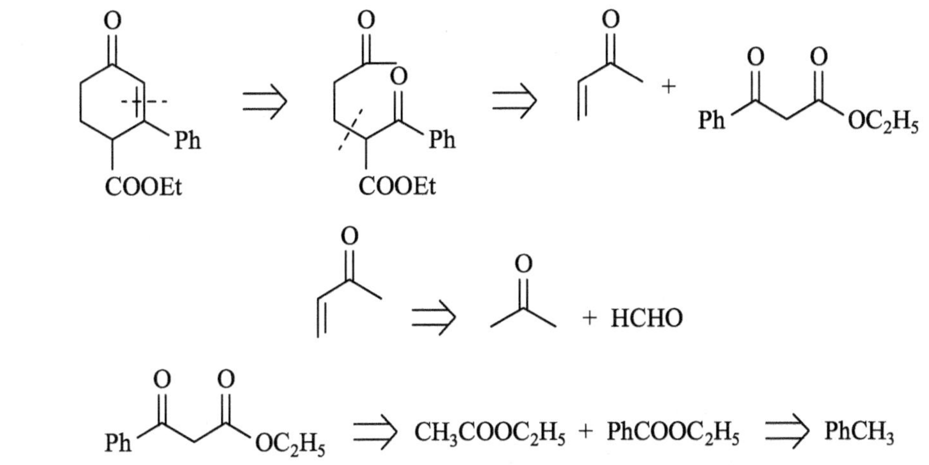

切断环双键后即可显示出苯甲酰乙酸酯烷基化后的整体碳骨架，然后切断苯甲酰乙酸酯的支链碳碳键，得到合成子的等价物：苯甲酰乙酸乙酯、3-丁烯-2-酮。前者可由甲苯先氧化，再酯化，接着与乙酸乙酯进行交叉缩合得到。后者可用丙酮与甲醛进行交叉缩合制备。由分析过程可见，1,5-二羰基化合物碳骨架的构建与迈克尔加成反应密不可分。

合成路线如下：

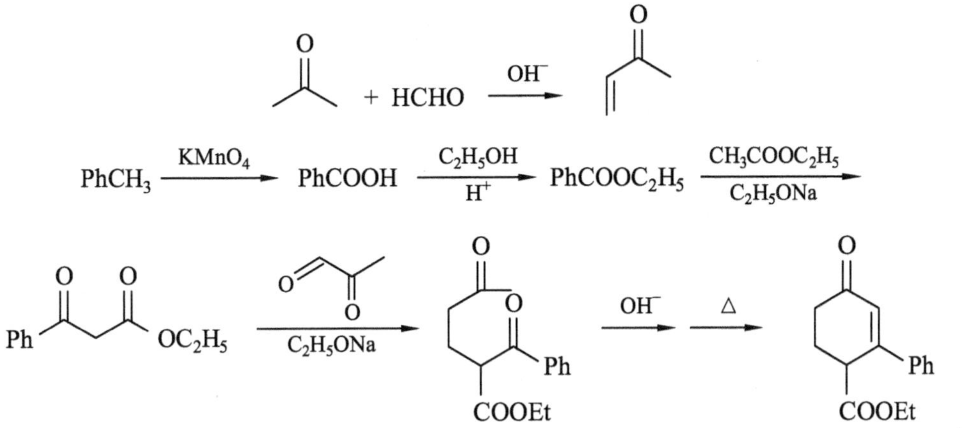

172. 由环己醇合成

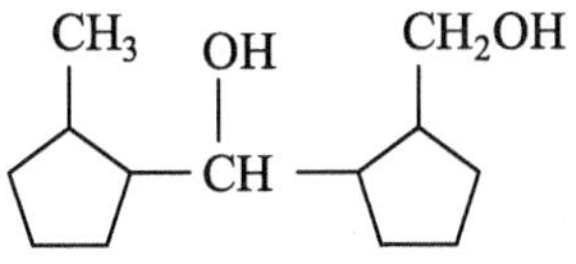

解：倒推分析如下

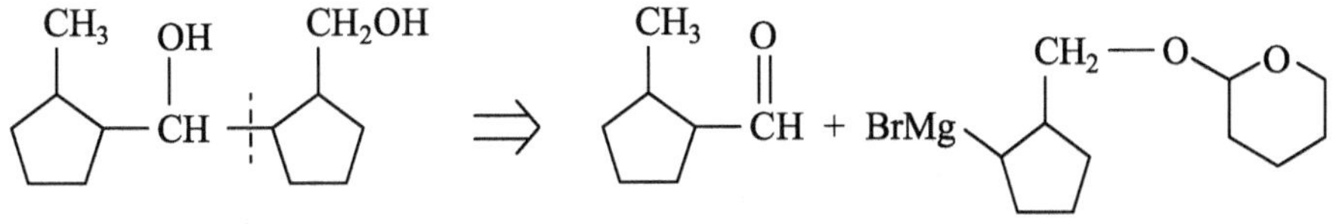

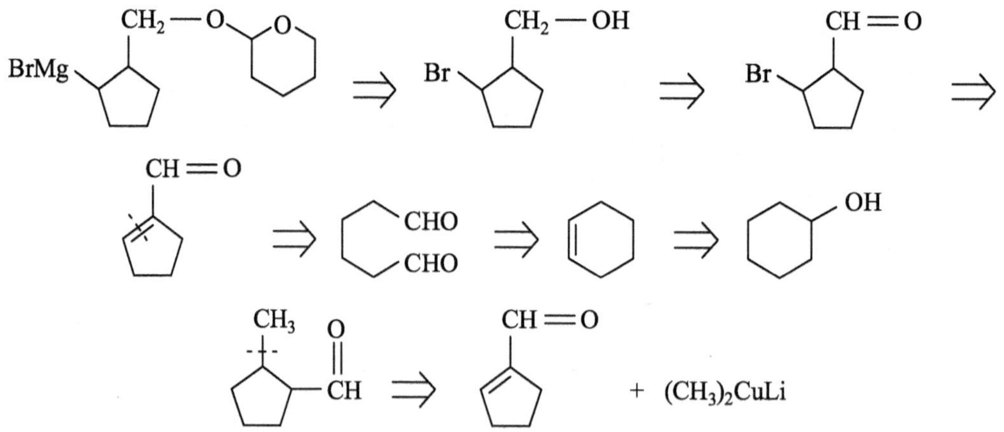

选择羟基左侧的碳碳键切断，分析不顺利，选择羟基右侧的碳碳键切断，则分析要顺利得多。切断羟基右侧的碳碳键，得到两个合成子的等价物：2-甲基环己基甲醛、对应的有保护基的格氏试剂。前者可由环己醇先脱水得到环己烯，经臭氧化再还原水解得到己二醛，羟醛缩合得到1-环己烯甲醛，再与二甲基铜锂反应得到。后者先把对应的格氏试剂转换成相应的卤代烃，撤去保护基得到卤代醇，然后转换成卤代甲醛，再转换成1-环戊烯甲醛，后续转换与前述内容相同。

合成路线如下：

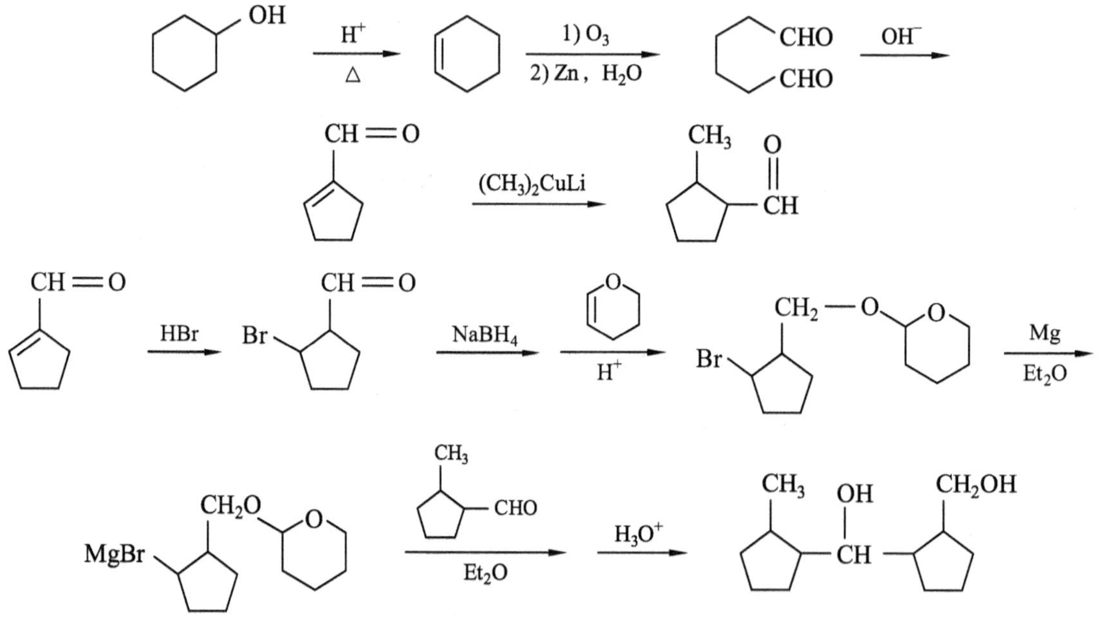

173. 以苯为原料，添加必要的有机及无机试剂合成

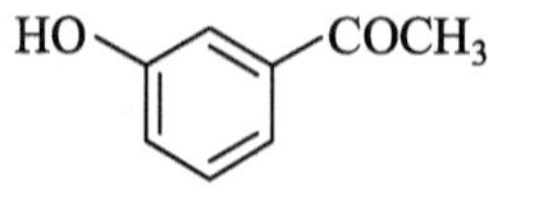

解： 倒推分析如下

146

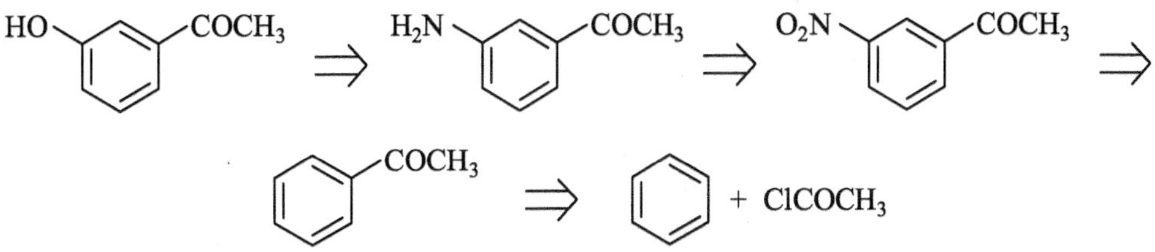

该题仅与芳环的官能团化及官能团的转化有关，注意某些反应的前提条件，据此安排反应的顺序即可。例如，要注意硝基苯不能进行 F-C 酰基化反应。

合成路线如下：

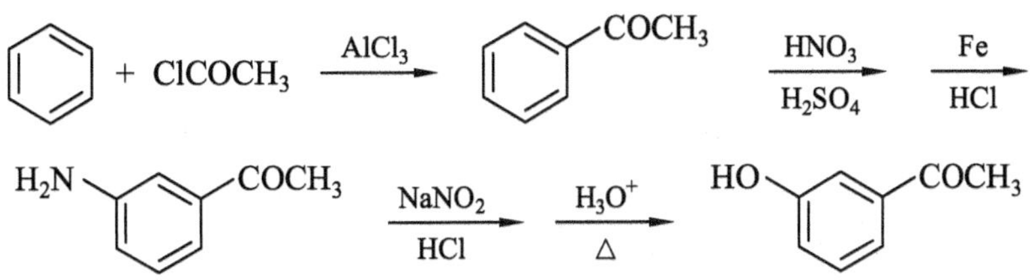

174. 以环己醇为原料，添加必要的有机及无机试剂合成

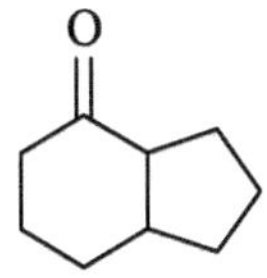

解：倒推分析如下

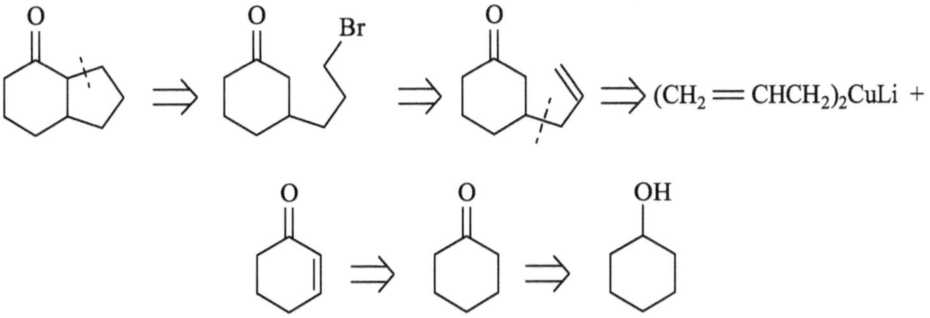

左侧的环己酮与环己醇原料有渊源关系，所以首选右侧靠近羰基的侧环切断，得到卤代酮，此处可通过烯胺的烷基化来构建；接着转换卤代酮为烯酮，然后切断羰基 β-位的碳碳键，得到合成子的等价物：二烯丙基铜锂、2-环己烯酮，此处可通过有机铜锂试剂进行专一的 1, 4-迈克尔加成反应来构建。2-环己烯酮可通过环己醇经过多步反应而制得。

合成路线如下：

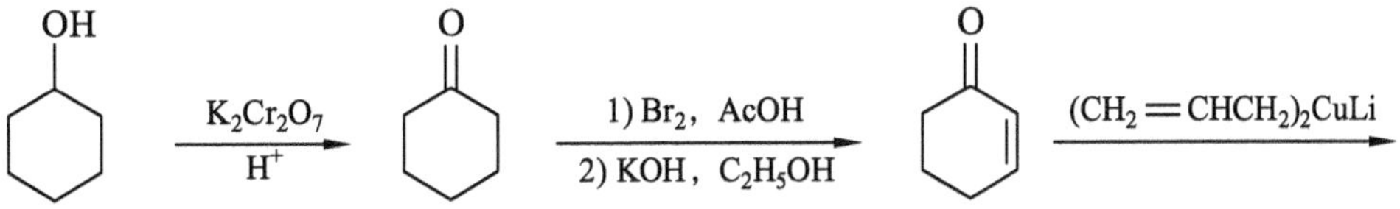

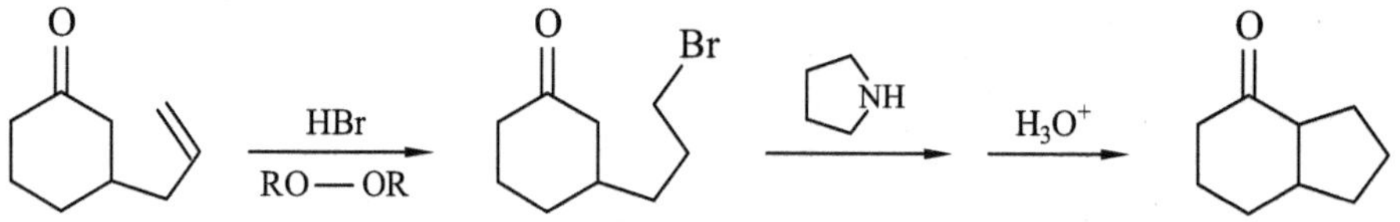

175. 以丙二酸酯和不大于 3 个碳的醇为原料，添加其他必要的有机及无机试剂合成

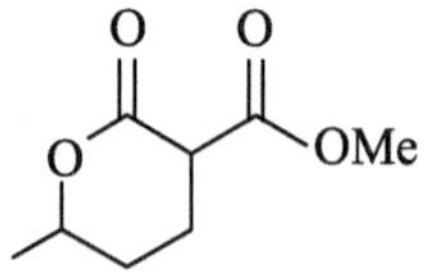

解：倒推分析如下

$$CH_2(COOCH_3)_2 + \quad \Longrightarrow \quad (CH_3)_2C{=}O + HCHO \Longrightarrow (CH_3)_2CHOH + CH_3OH$$

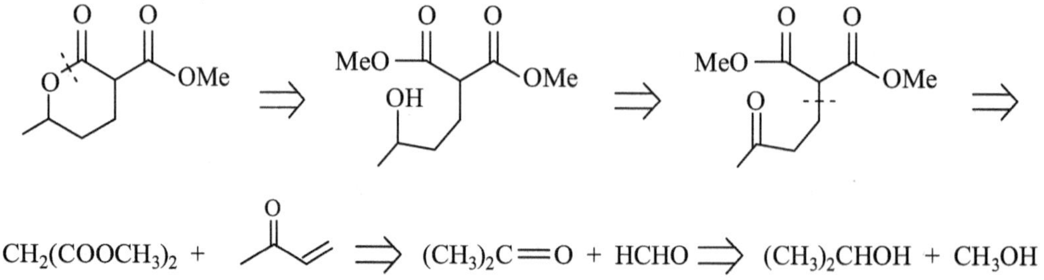

　　切断内酯环即可看出丙二酸二酯烷基化后的整体碳骨架，把羟基转换成羰基，切断丙二酸酯的支链碳碳键，得到合成子的等价物：丙二酸二乙酯、3-丁烯-2-酮。后者可通过异丙醇氧化得到丙酮，然后再与甲醛进行交叉羟醛缩合而制得。由分析过程可见，1, 5-羰基（羟基）化合物可以通过迈克尔加成反应来构建。

　　合成路线如下：

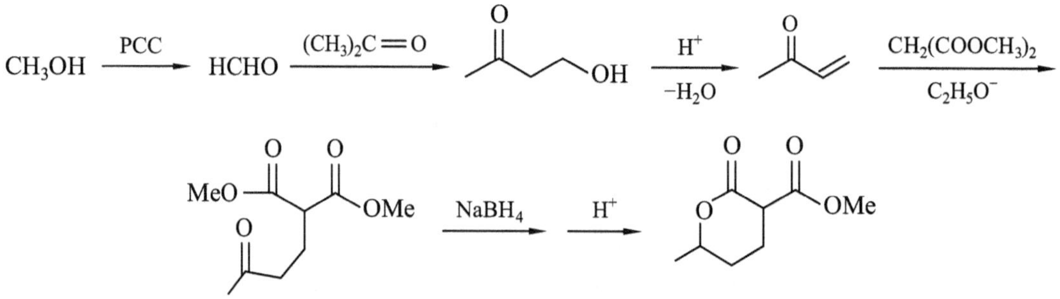

176. 用不大于 7 个碳原子的有机原料及必要的有机、无机试剂合成

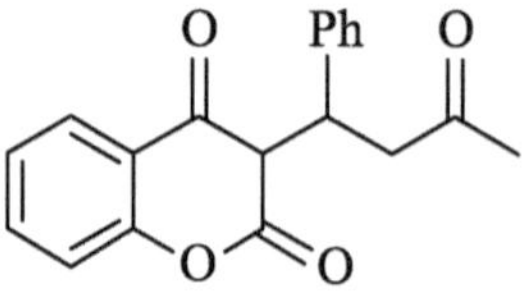

解：倒推分析如下

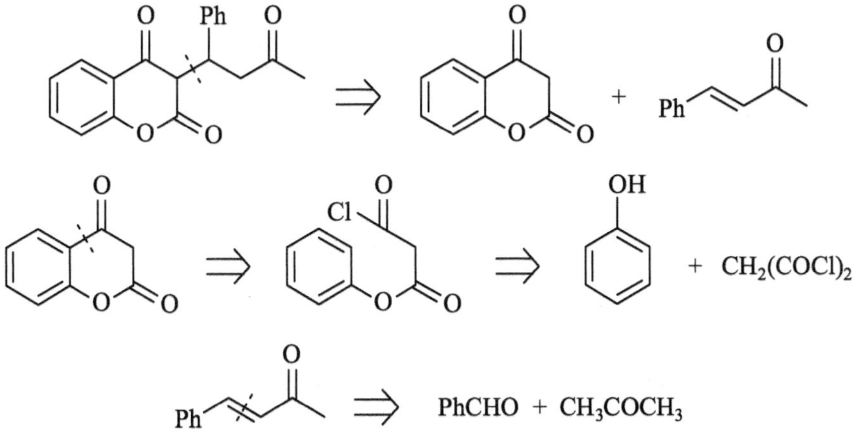

由于 1,5-二羰基化合物常常通过迈克尔加成来构建，所以首先切断环上的支链，得到合成子的等价物：4-苯基-3-丁烯-2-酮、芳香羧酸内酯。前者可以由苯甲醛和丙酮进行交叉羟醛缩合来制备。后者，再切断芳香环的支链和酰氧键，得到合成子的等价物：苯酚、丙二酸氯。

合成路线如下：

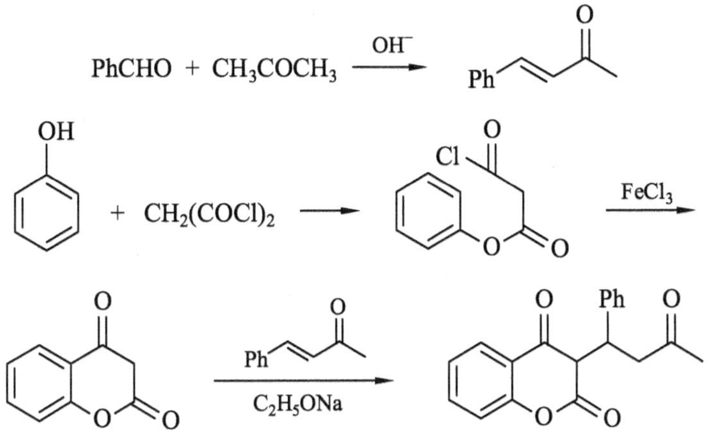

177. 用不大于 4 个碳原子的有机原料及必要的有机、无机试剂合成（要求两个羟基在环的同一侧）

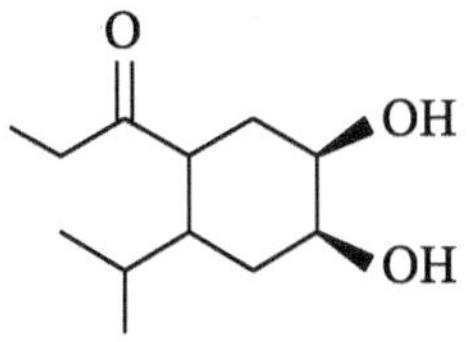

解：倒推分析如下

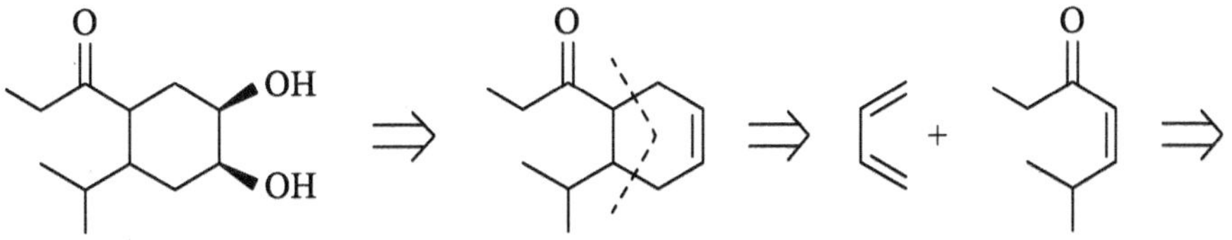

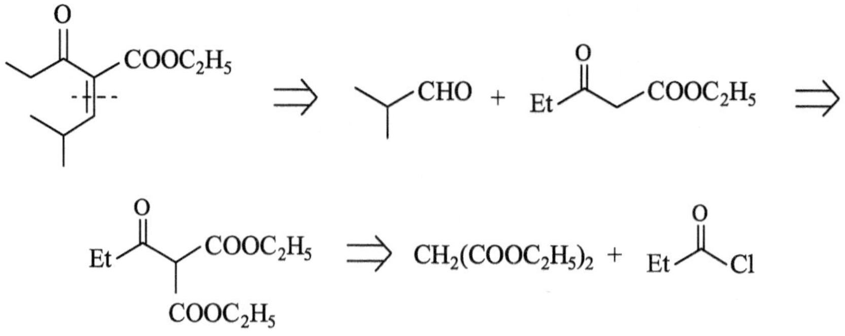

由于六元环通过 D-A 反应来构建，因此，切割出双烯合成子碎片；另一碎片的右侧加上羧基辅助即可显示出丙酰乙酸酯与醛的缩合物碳骨架；丙酰乙酸乙酯可以通过丙二酸二乙酯的丙酰化来构建。

合成路线如下：

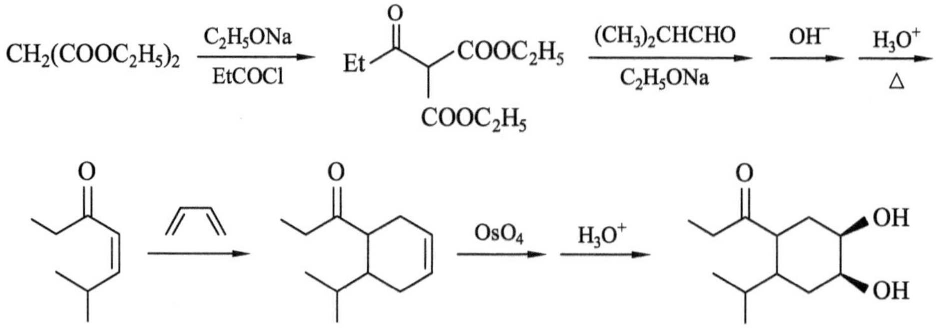

178. 以乙酸甲酯为原料，添加必要的有机、无机试剂合成下列化合物（产物中的碳原子都来自乙酸甲酯）。

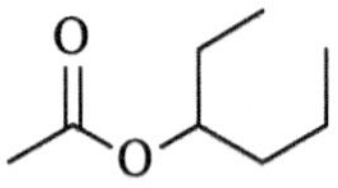

解： 倒推分析如下

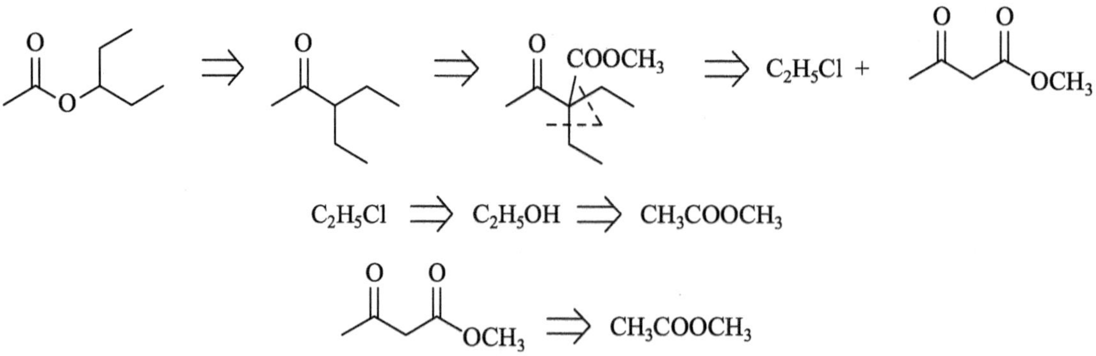

因为乙酸酯可以通过甲基酮的贝耶尔-维林格重排反应完成，第一步转换为对应的甲基酮，然后在羰基的右侧添加羧基辅助基，即可显示出三乙经过两次烷基化后的整体碳骨架，

切断三乙亚甲基的其他碳碳键，得到合成子的等价物：三乙、卤乙烷。乙酰乙酸甲酯通过乙酸甲酯缩合来制备。

合成路线如下：

$$CH_3COOCH_3 \xrightarrow[C_2H_5OH]{Na} C_2H_5OH \xrightarrow{SOCl_2} C_2H_5Cl$$

$$CH_3COOCH_3 \xrightarrow{C_2H_5ONa} \underset{O \quad\quad O}{\overset{}{CH_3\text{—}COCH_2\text{—}COCH_3}} \xrightarrow[C_2H_5Cl]{C_2H_5ONa} \;\; \xrightarrow{OH^-} \xrightarrow[\Delta]{H_3O^+}$$

$$\xrightarrow{m\text{-}Cl\text{—}C_6H_4\text{—}COOOH}$$

179. 用不大于 3 个 C 原子的有机原料及必要的试剂合成

$$\diagdown\diagup\diagdown\diagup\diagdown OH$$

解： 倒推分析如下

$$\diagdown\diagup\diagdown\diagup OH \Rightarrow Et \!\!+\!\! C \equiv C \!\!+\!\! CH_2CH_2OH \Rightarrow EtBr + HC \equiv CH + \triangle\!\!\!\!O$$

首先转换烯烃为炔烃，因为乙炔钠作为亲核试剂，可以分别与溴乙烷、环氧乙烷等亲电试剂结合，构建目标物。

合成路线如下：

$$HC \equiv CH \xrightarrow{NaNH_2} NaC \equiv CH \xrightarrow{EtBr} EtC \equiv CH \xrightarrow{NaNH_2}$$

$$EtC \equiv CNa \xrightarrow[2)\,H_2O]{1)\,\triangle\!\!\!\!O} \xrightarrow[Pd\text{-}BaSO_4]{H_2O} TM$$

180. 由肉桂醛（3-苯基丙烯醛）和必要的试剂合成

$$Ph\text{—}C \equiv C\text{—}CH \equiv CH\text{—}COOEt$$

解： 倒推分析如下

$$Ph\text{—}C \equiv C\text{—}CH \!\!+\!\! CH\text{—}COOEt \Rightarrow CH_2(COOEt)_2 + Ph\text{—}C \equiv C\text{—}CHO \Rightarrow$$

$$Ph\text{—}C \equiv C\text{—}\underset{}{\overset{OC_2H_5}{\underset{OC_2H_5}{CH}}} \Rightarrow Ph\text{—}\underset{H}{\overset{Br}{C}}\text{—}\underset{Br}{\overset{H}{C}}\text{—}\underset{}{\overset{OC_2H_5}{CH}}\text{—}OC_2H_5 \Rightarrow$$

$$\begin{array}{c}\underset{\underset{H}{|}}{\overset{\overset{Br}{|}}{Ph-C}}-\underset{\underset{Br}{|}}{\overset{\overset{H}{|}}{C}}-CHO \quad\Longrightarrow\quad \underset{\underset{H}{|}}{\overset{}{Ph-C}}=\overset{\overset{H}{|}}{C}-CHO\end{array}$$

首先将碳碳双键切断，此处可通过醛醛交叉缩合来构建；苯基相连的碳碳三键与原料之间可以通过官能团的转化来完成。

合成路线如下：

$$\underset{\underset{H}{|}}{\overset{\overset{H}{|}}{Ph-C}}=\overset{}{C}-CHO \xrightarrow{Br_2} \underset{\underset{H}{|}}{\overset{\overset{Br}{|}}{Ph-C}}-\underset{\underset{Br}{|}}{\overset{\overset{H}{|}}{C}}-CHO \xrightarrow[C_2H_5OH]{H^+}$$

$$\underset{\underset{H}{|}}{\overset{\overset{Br}{|}}{Ph-C}}-\underset{\underset{Br}{|}}{\overset{\overset{H}{|}}{C}}-\overset{\overset{OC_2H_5}{|}}{CH}-OC_2H_5 \xrightarrow{NaNH_2} Ph-C\equiv C-\overset{\overset{OC_2H_5}{|}}{CH}-OC_2H_5 \xrightarrow{H_3O^+}$$

$$Ph-C\equiv C-CHO \xrightarrow[C_2H_5ONa]{CH_2(COOEt)_2} Ph-C\equiv C-CH=\underset{\underset{COOC_2H_5}{|}}{C}-COOEt \xrightarrow[H_2O]{OH^-}$$

$$\xrightarrow[\triangle]{C_2H_5OH,\ H^+} Ph-C\equiv C-CH=CH-COOEt$$

181. 用对氟苯酚和其他原料、试剂合成

解：倒推分析如下

应首先考虑切断苯并吡喃环骨架的碳氧键，得到不饱和酮酸，此处可以通过分子内的迈克尔加成来构建；接着切断苯环上的支链，得到合成子的等价物：顺丁烯二酸酐、对氟苯酚，此处可以通过 F-C 酰基化反应来构建。

合成路线如下：

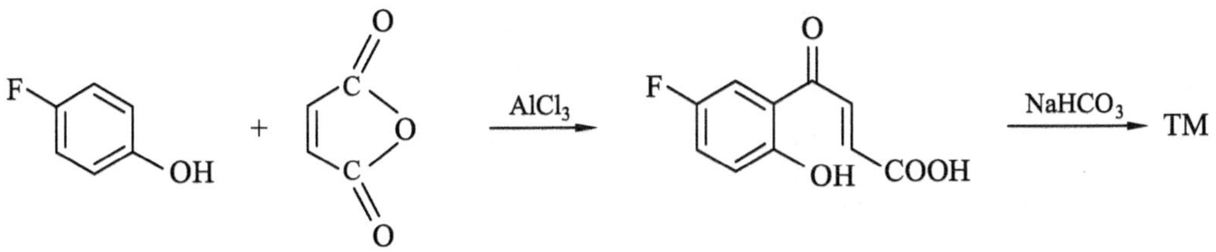

182. 由噻吩和不超过 2 个 C 原子的有机原料合成

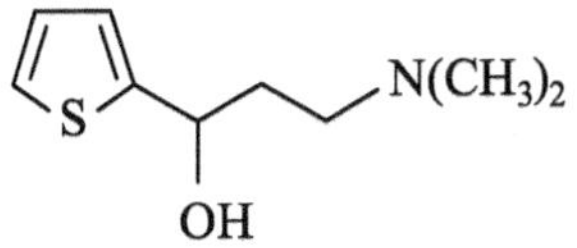

解：倒推分析如下

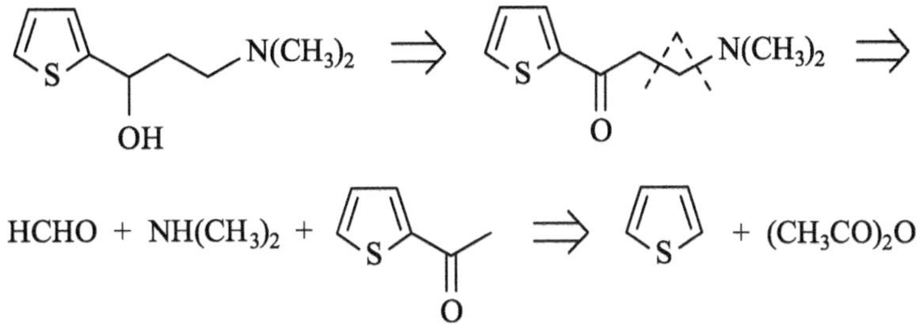

切割前，先把羟基转换成羰基，即得到 1,4-酮胺结构，此处可以通过曼尼希（Mannich）反应构建，切断后得到甲醛、二甲胺、乙酰噻吩；乙酰噻吩可以通过噻吩的 F-C 酰基化反应来生成。

合成路线如下：

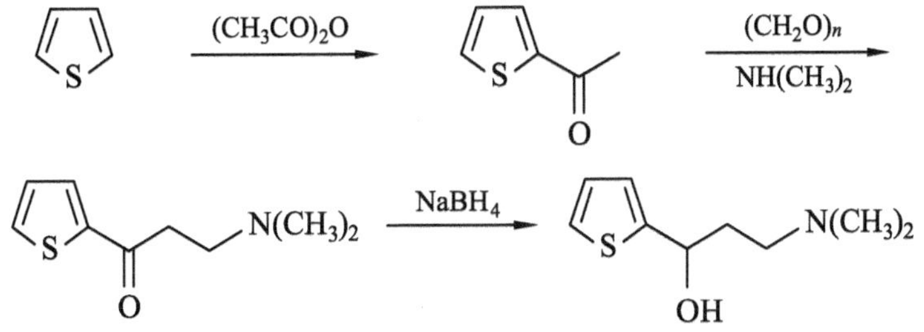

183. 用不超过 5 个 C 原子的有机原料及必要试剂合成

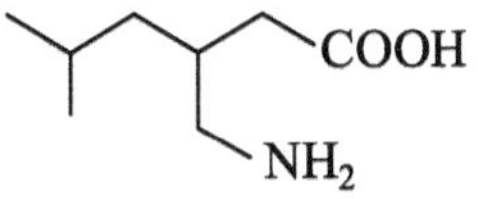

解：倒推分析如下

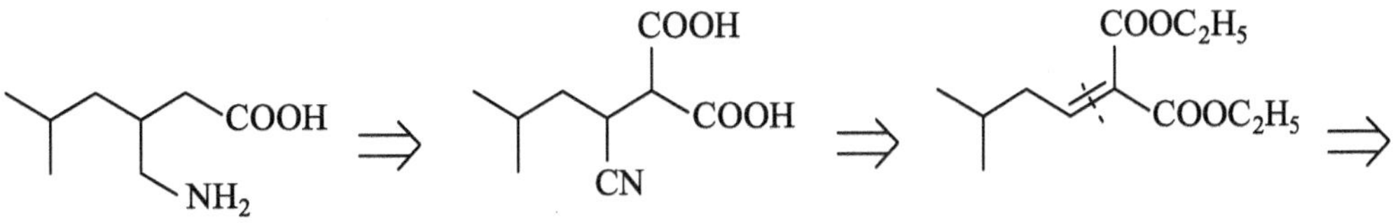

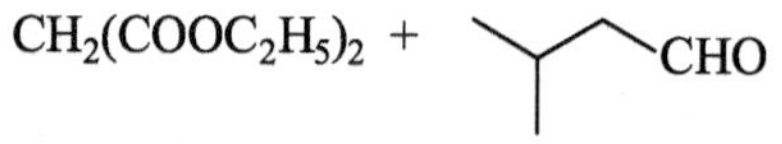

$$CH_2(COOC_2H_5)_2 \ + \ \text{（异戊醛结构）} CHO$$

首先转换氨甲基为氰基，再在羧基的旁边添加一个羧基；切掉氰基，此处可通过氰基与不饱和羧酸酯进行迈克尔加成来构建；然后切断双键，构建的方式可由丙二酸酯与醛进行交叉缩合来完成。

合成路线如下：

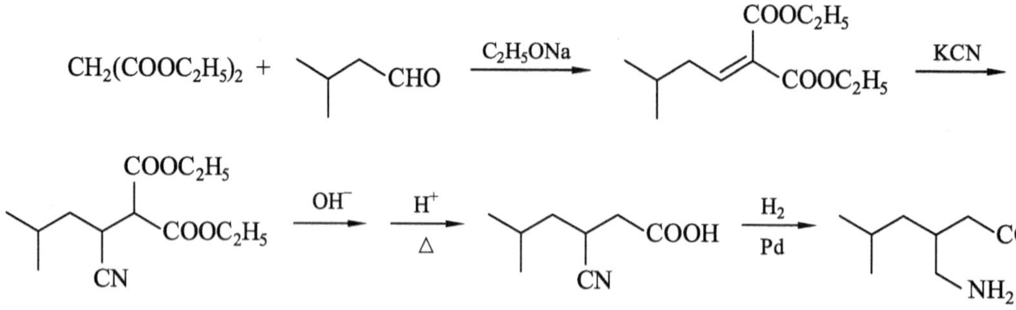

184. 用对三氟甲基苯甲醛和必要的原料合成

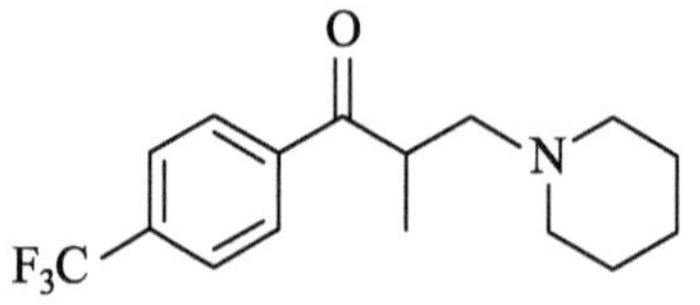

解： 倒推分析如下

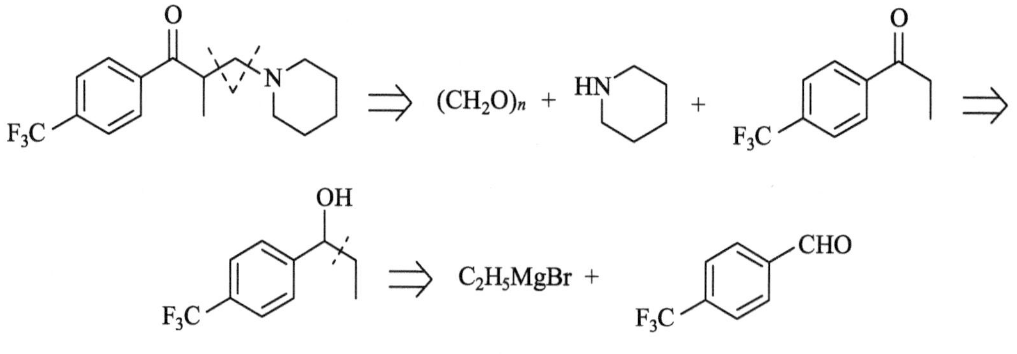

分析目标分子结构可见 1,4-酮胺结构，该结构可通过曼尼希反应构建；后一步在羰基旁边切断，由于没有直接的转化反应，所以切割前要把羰基转换成羟基，然后再切断，此时可以通过乙基格式试剂对醛进行亲核加成反应来完成。

合成路线如下：

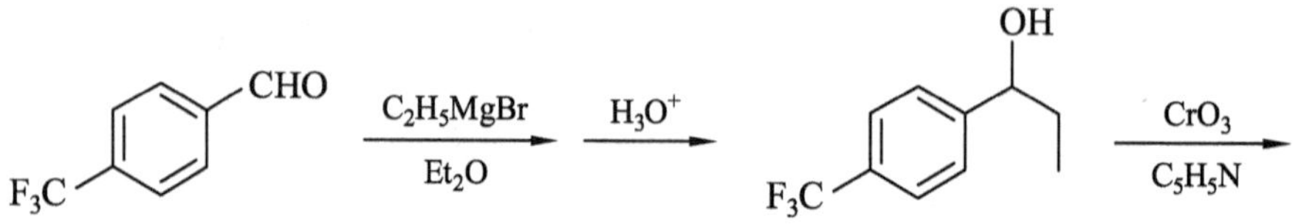

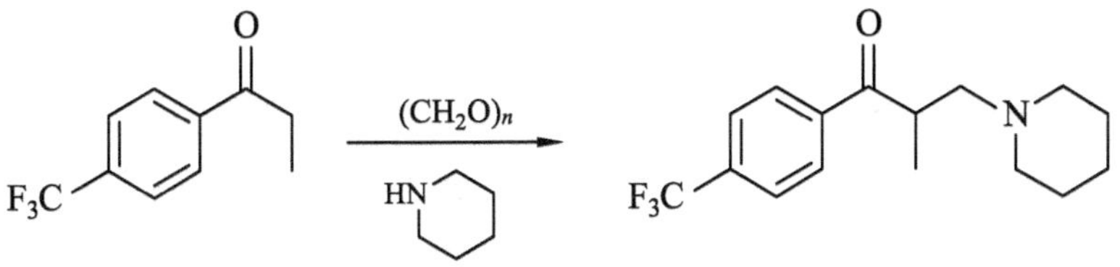

185. 用乙炔为原料，选用适当的无机试剂合成

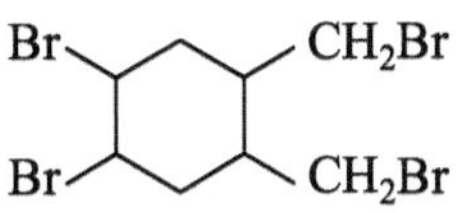

解：倒推分析如下

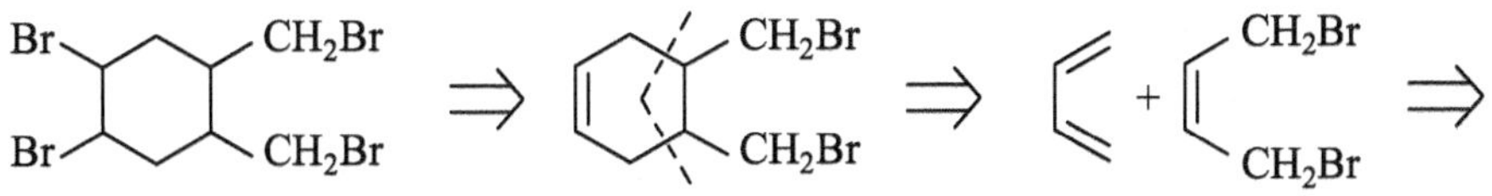

$$HC\equiv C-CH=CH_2 \Rightarrow HC\equiv CH$$

由于原料限定于使用乙炔，由链状结构构成环状结构，可以通过 D-A 反应来构建，这就需要双烯和亲双烯，它们都要由乙炔转化而来。首先通过简单官能团的转化，然后切割分出双烯体和亲双烯体；随后通过乙炔构建双烯体和亲双烯体后，即可完成目标物的合成。

合成路线如下：

$$HC\equiv CH \xrightarrow[NH_4Cl]{Cu_2O} HC\equiv C-CH=CH_2 \xrightarrow[Pd\text{-}BaCO_3]{H_2,\text{喹啉}} H_2C=CH-CH=CH_2 \xrightarrow{Br_2}$$

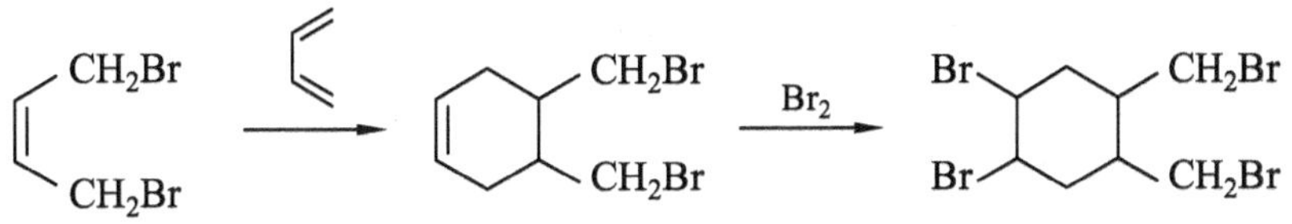

186. 由 2-甲基萘合成 1-溴-7-甲基萘。

解：倒推分析如下

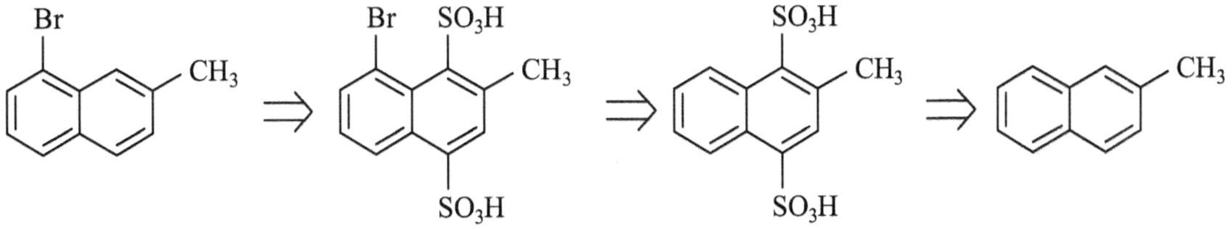

由于在萘环上连有甲基的环更活泼，而目标分子要在另一环上的α-位引入溴原子，所以必须在活泼的环上先引入阻塞基，然后才可能在另一环上引入溴，最后除去阻塞基即可。

合成路线如下：

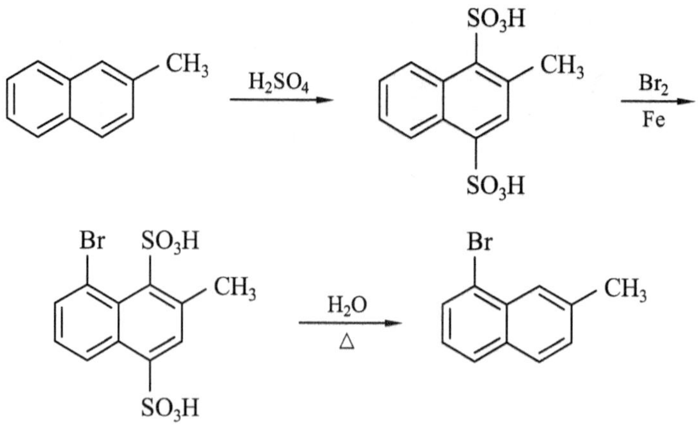

（反应式）2-甲基萘 $\xrightarrow{H_2SO_4}$ 1,4-二磺酸-2-甲基萘 $\xrightarrow{Br_2, Fe}$

8-溴-1,4-二磺酸-2-甲基萘 $\xrightarrow[\triangle]{H_2O}$ 1-溴-7-甲基萘

187. 由溴代环己烷合成环戊基甲醛。

解： 倒推分析如下

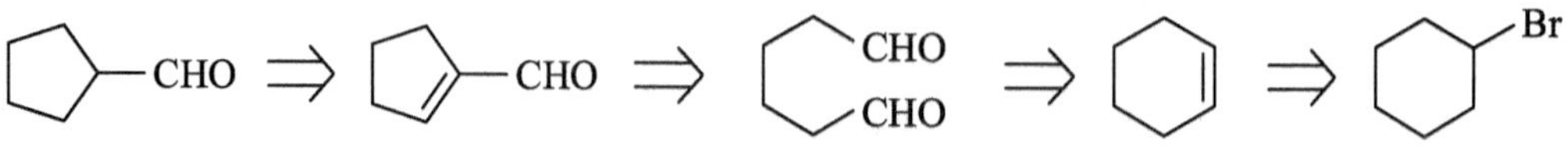

环戊基-CHO $\Rightarrow$ 环戊烯基-CHO $\Rightarrow$ 己二醛(CHO,CHO) $\Rightarrow$ 环己烯 $\Rightarrow$ 环己基-Br

目标物比原料的环缩小了，所以目标物最后一步可以通过己二醛进行分子内羟醛缩合来完成。首先转换成烯醛（或 β-羟基醛），即可倒推出己二醛由环己烯转化得来，这样环己烯与原料的转换关系就很明确。

合成路线如下：

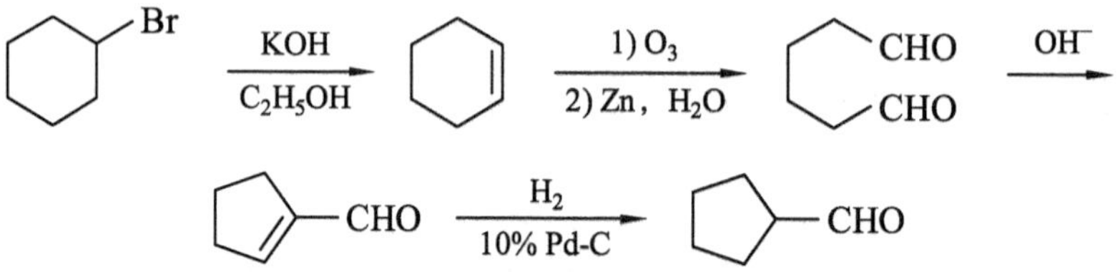

环己基-Br $\xrightarrow[C_2H_5OH]{KOH}$ 环己烯 $\xrightarrow[2)\,Zn,\ H_2O]{1)\,O_3}$ 己二醛(CHO,CHO) $\xrightarrow{OH^-}$

环戊烯基-CHO $\xrightarrow[10\%\ Pd\text{-}C]{H_2}$ 环戊基-CHO

188. 以 3 个及少于 3 个碳的有机物合成

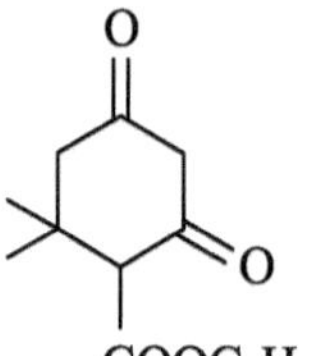

（目标化合物：2,2-二甲基-1-乙氧羰基-3,5-二氧代环己烷）

解： 倒推分析如下

$\Rightarrow$ $\Rightarrow$ $CH_2(COOC_2H_5)_2$ + （3-甲基-3-丁烯-2-酮类结构）$\Rightarrow$ （丙酮）

（含 $COOC_2H_5$ 及 $COOC_2H_5$ 取代基）

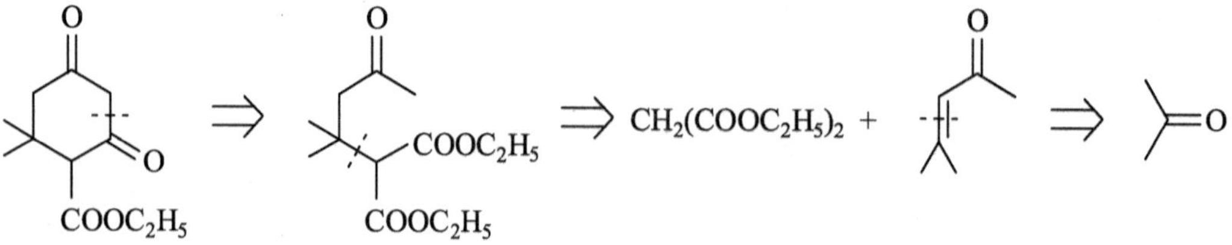

如果尝试将两个羰基间的另一条碳碳键切断，分析不会那么顺利。当按照上述位置切断碳碳键后，即可显现出丙二酸酯烷基化后的整体碳骨架；同时展示了该骨架的 1, 5-二羰基结构，该结构可以通过迈克尔加成反应来构建。所以，切割后得到合成子的等价物：烯酮和丙二酸酯；其中烯酮可以通过丙酮进行羟醛缩合而获得。

合成路线如下：

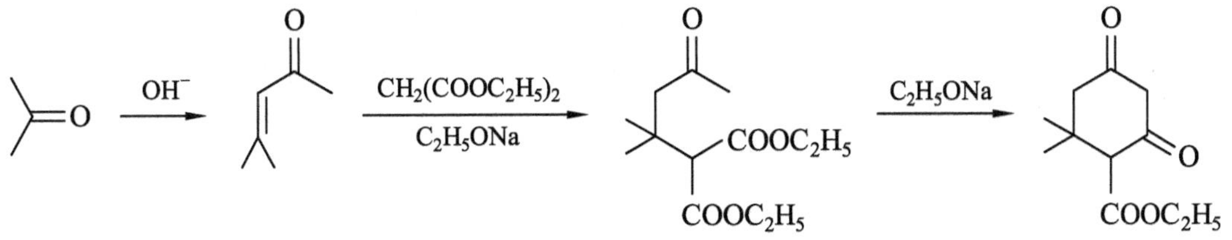

189. 用 6 个及少于 6 个碳的有机物合成

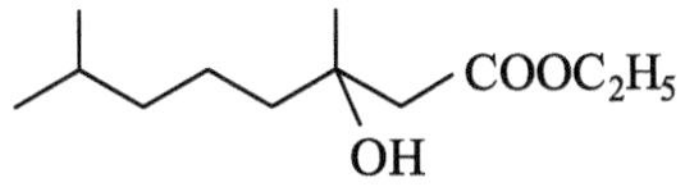

解： 倒推分析如下

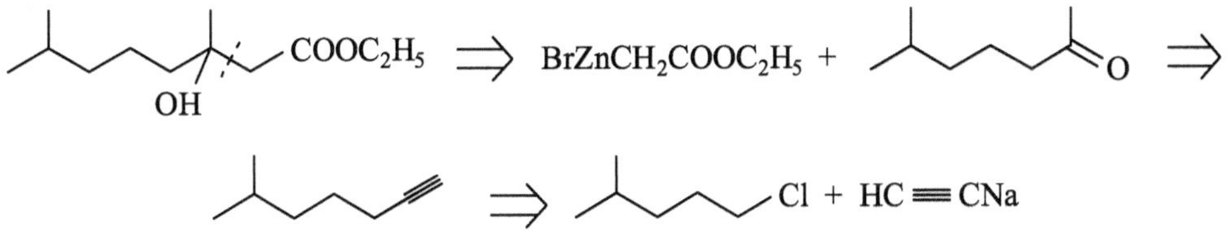

目标物是一个叔醇，可以通过亲核试剂与酮进行亲核加成来构建。所以，在羟基的左侧和右侧进行切断。先从右侧切断，得到一个小的合成子的等价物：有机锌亲核试剂；另一个合成子的等价物为甲基酮（亲电试剂），它可以通过多种方式转化得到。这里考虑从链端炔烃水化得来，因此切割出乙炔钠亲核试剂和另一个合成子的等价物：卤代烃亲电试剂。

合成路线如下：

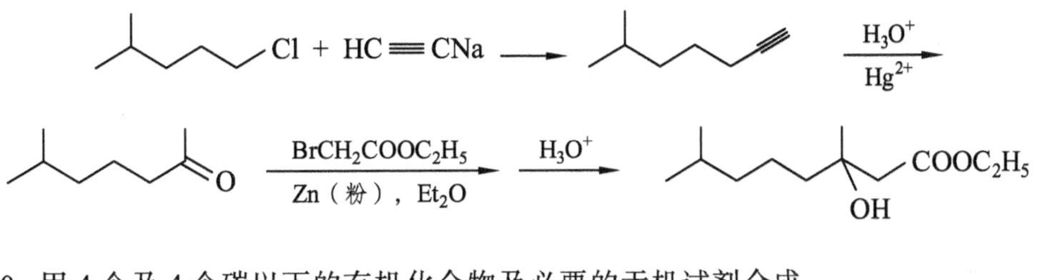

190. 用 4 个及 4 个碳以下的有机化合物及必要的无机试剂合成

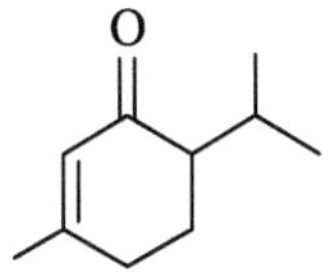

解： 倒推分析如下

目标物是一个环状烯酮，因此，首先切断碳碳双键，即显示出 1, 5-二羰基化合物的碳骨架；接着在偏上的羰基旁边添加一个辅助基——羧基，即显示出三乙进行两次烷基化反应后的整体碳骨架，其中一次烷基化可以通过迈克尔加成反应来完成，另一次烷基化试剂为 2-氯丙烷（亲电试剂）。

合成路线如下：

191. 完成下列转化：

解：倒推分析如下

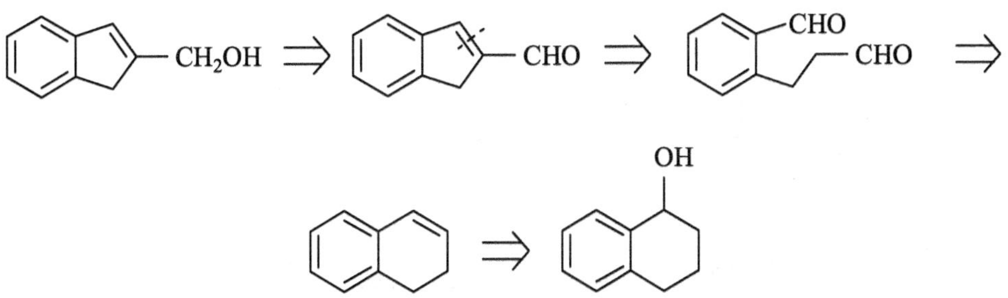

反应是把环己酮转化为环戊烯衍生物。切割前，首先转换羟甲基为甲酰基，后者是分子内羟醛缩合的产物，这样切断双键后得到 1,6-二醛，分子内羟醛缩合就可得到目标物的骨架。1,6-二醛与环己烯的臭氧氧化密不可分，而环己烯可由环己酮官能团转化得来。

合成路线如下：

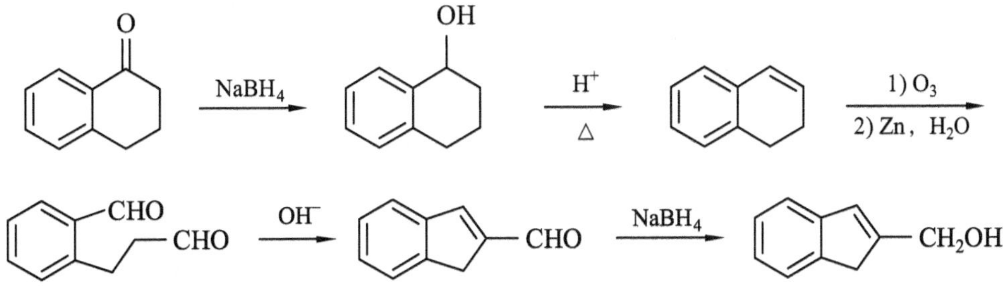

192. 使用 4 个碳以下的有机物完成下列转化：

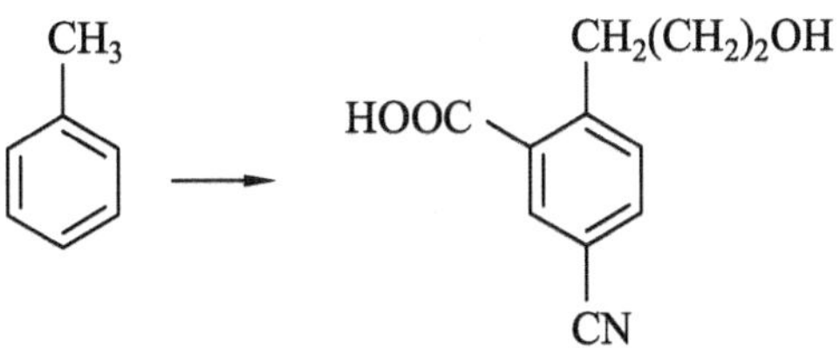

解：倒推分析如下

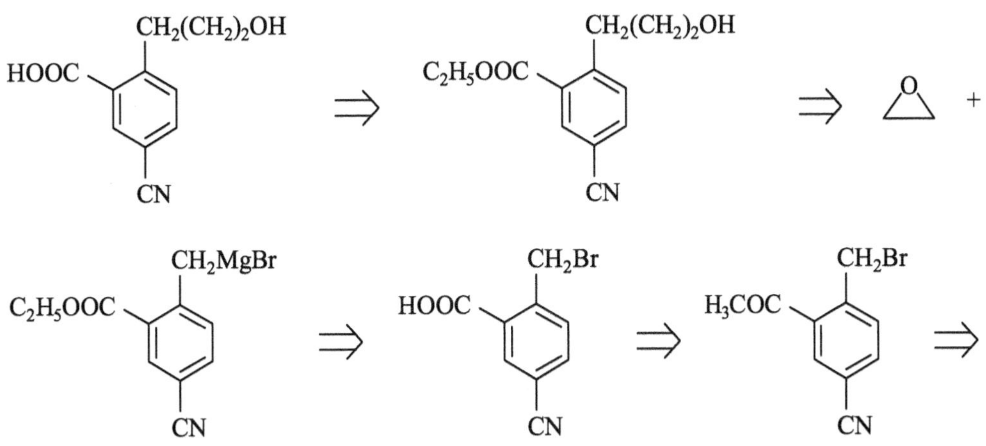

159

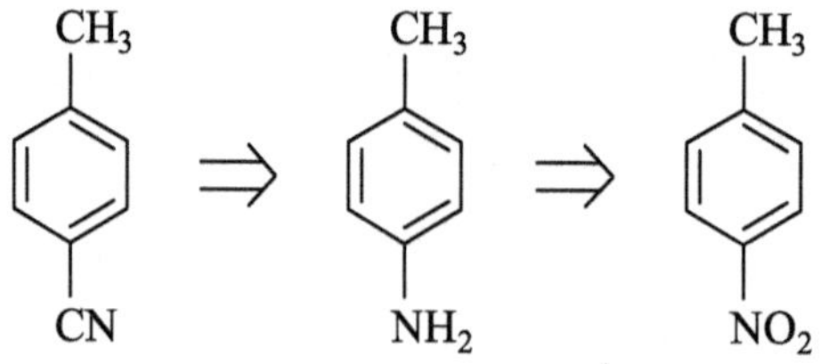

由分析过程可见，目标物可通过苯环官能团化和官能团的转化逐步构建。切割时要注意根据取代基的定位作用确定操作顺序。利用反应的活泼顺序确定主反应，来达到目的。

合成路线如下：

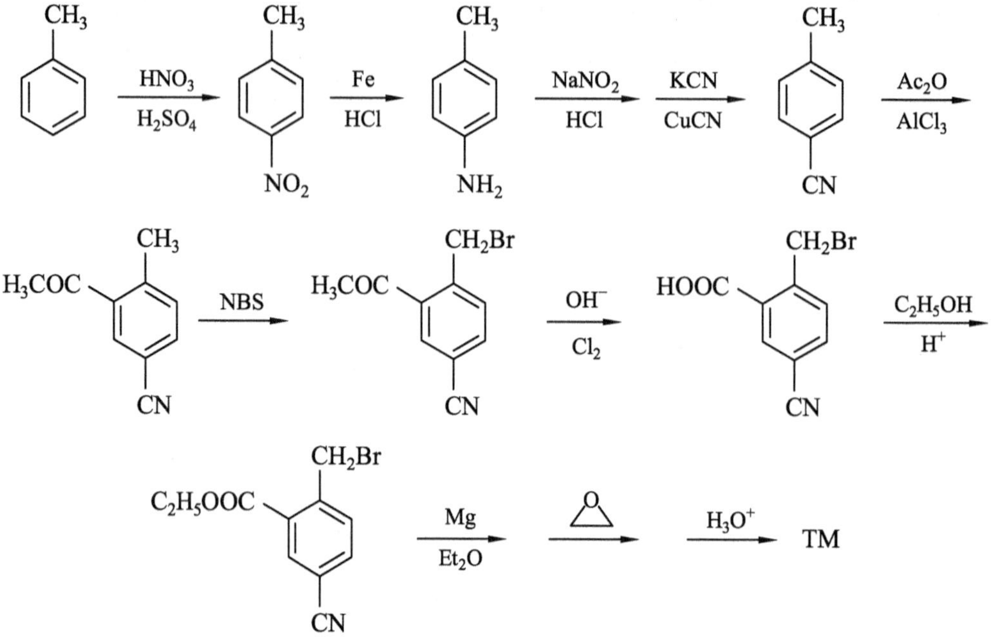

甲苯 $\xrightarrow[\text{H}_2\text{SO}_4]{\text{HNO}_3}$ 对硝基甲苯(NO_2) $\xrightarrow[\text{HCl}]{\text{Fe}}$ 对氨基甲苯(NH_2) $\xrightarrow[\text{HCl}]{\text{NaNO}_2}$ $\xrightarrow{\text{KCN} \atop \text{CuCN}}$ 对氰基甲苯(CN) $\xrightarrow[\text{AlCl}_3]{\text{Ac}_2\text{O}}$

H_3COC—甲苯(CH_3, CN) $\xrightarrow{\text{NBS}}$ H_3COC—(CH_2Br, CN) $\xrightarrow[\text{Cl}_2]{\text{OH}^-}$ $HOOC$—(CH_2Br, CN) $\xrightarrow[\text{H}^+]{\text{C}_2\text{H}_5\text{OH}}$

C_2H_5OOC—(CH_2Br, CN) $\xrightarrow[\text{Et}_2\text{O}]{\text{Mg}}$ 环氧乙烷 $\xrightarrow{\text{H}_3\text{O}^+}$ TM

193. 用 4 个碳以下的有机化合物及必要的无机试剂合成

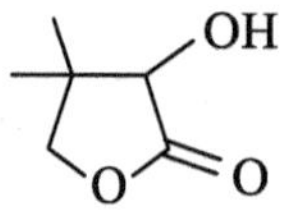

（内酯结构，带 OH）

解： 倒推分析如下

（内酯 $\Rightarrow$ 羟基羧酸 COOH, OH $\Rightarrow$ 羟基腈 CN, OH $\Rightarrow$）

（羟基醛 CHO, OH $\Rightarrow$ 异丁醛 CHO + HCHO）

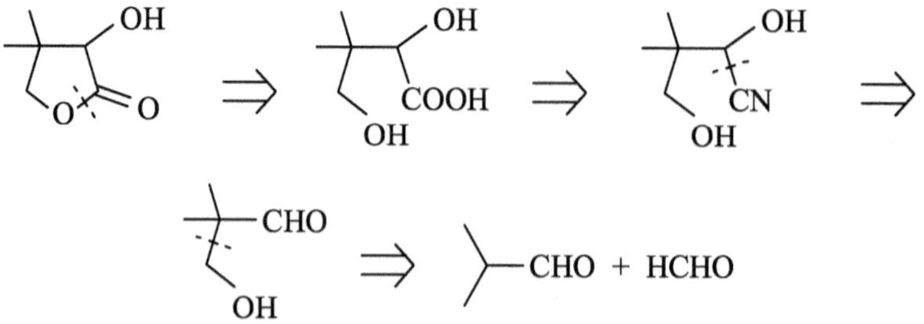

切割断碳氧键，得到 4-羟基羧酸；同时羧基 α-位存在羟基，提示我们该羧基可由氰基水解得来，倒推出反应前是一个醛；后者是一个 β-羟基醛，可通过交叉羟醛缩合来构建。

合成路线如下：

194. 用必要的有机及无机试剂完成下列转化：

解：倒推分析如下

反应物转变成目标物需增加 4 个碳。首先切断双键，可通过维悌斯试剂与酮反应来构建；分析可知目标物的七元环的形成要通过分子内重排来构建，因此，在离六元环羰基 4 个碳的地方添加一个羰基，即变成 1, 5-二羰基化合物，然后在七元环羰基旁再切割去一个甲基，此处可通过烯胺甲基化来构建；在 1, 5-二羰基间切断六元环与七元环间的碳碳键，此处可通过分子内迈克尔加成来构建；接着在剩下的两个环中，环庚酮由环己酮转化而来，而完成扩环的方法可由频哪醇重排来构建；反推得到环外与环内双键构成共轭二烯，环外双键可由环酮与维悌斯试剂反应构建。

合成路线如下：

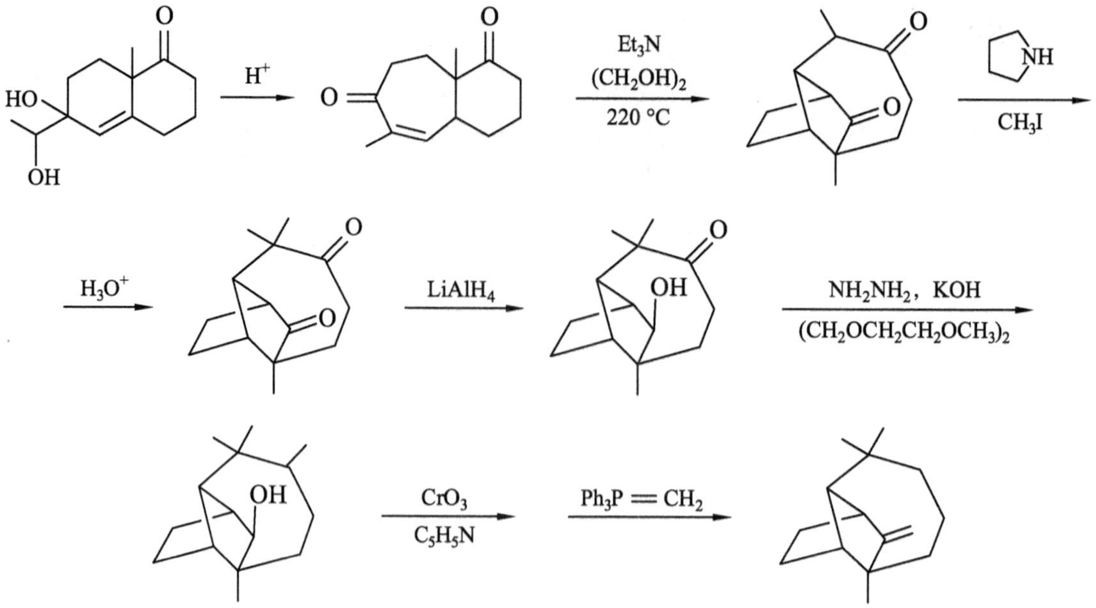

195. 使用必要的试剂完成下列转化：

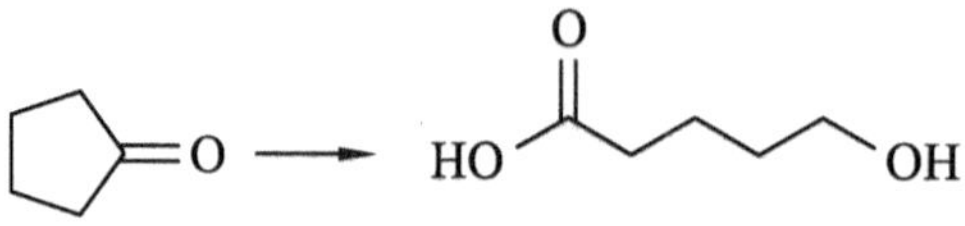

解： 倒推分析如下

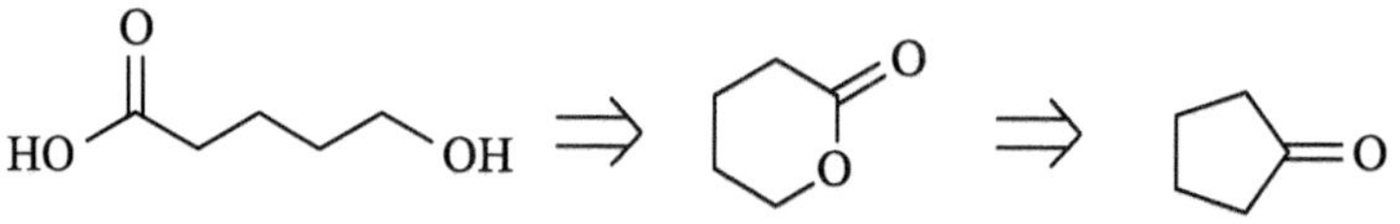

环戊酮转换成δ-羟基羧酸，碳的个数不变，可通过贝耶尔-维林格重排反应来实现。合成路线如下：

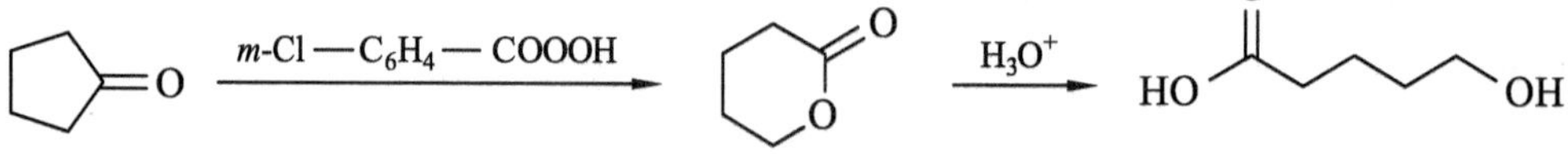

196. 使用必要的试剂完成下列转化：

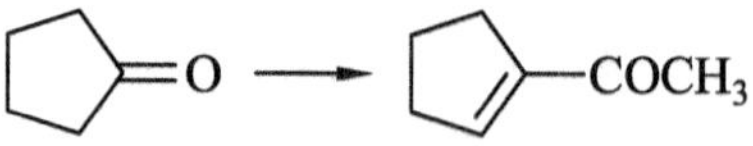

解： 倒推分析如下

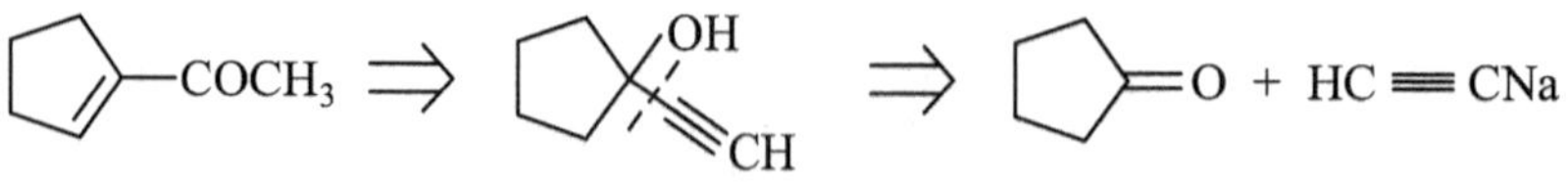

目标物比原料多 2 个碳原子，环大小不变，所以不切割环。首先转换双键为叔醇，得

到 α-羟基酮的结构。由于酮为甲基酮，所以转换为 α-乙炔醇；后者可通过乙炔钠与酮反应来构建。

合成路线如下：

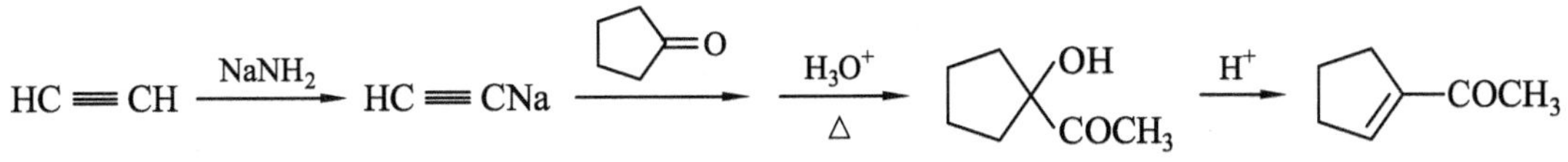

197. 使用必要的试剂完成下列转化：

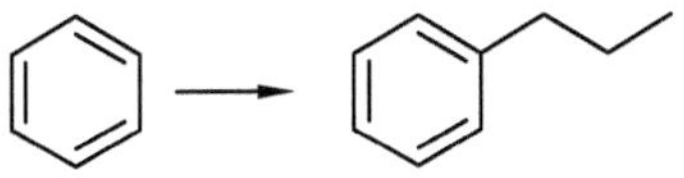

解： 倒推分析如下

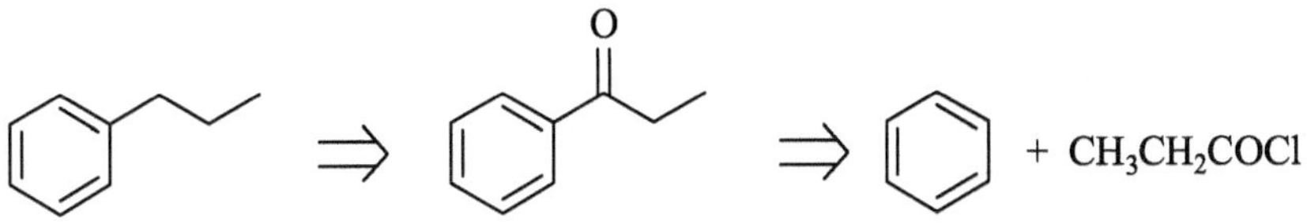

由分析过程可见，实现原料到目标物的转化只有苯环的官能团化与官能团的转化。注意引进的烃基是直链的，官能团化要避免发生重排反应。

合成路线如下：

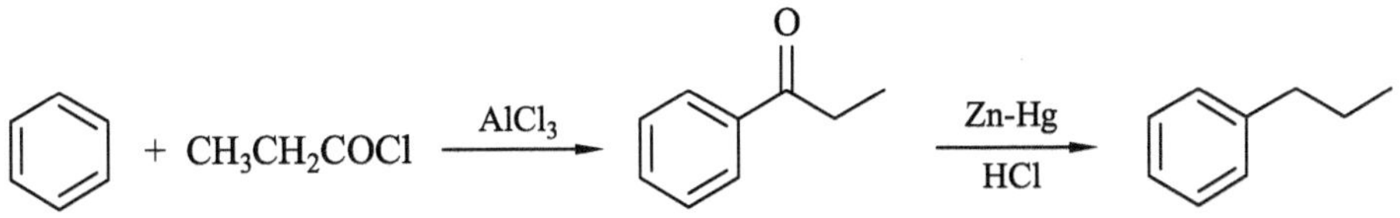

198. 用必要的试剂完成下列化合物的合成：

解： 倒推分析如下

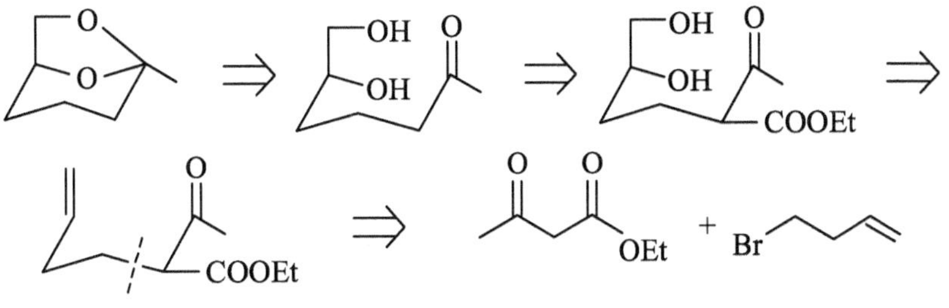

切断两条碳氧键后得到甲基酮，然后在羰基旁添加一个羧基辅助基，即可显示出三乙进行烷基化后的整体碳骨架。后续的切断就明显了，经过官能团转化后再切断。

合成路线如下：

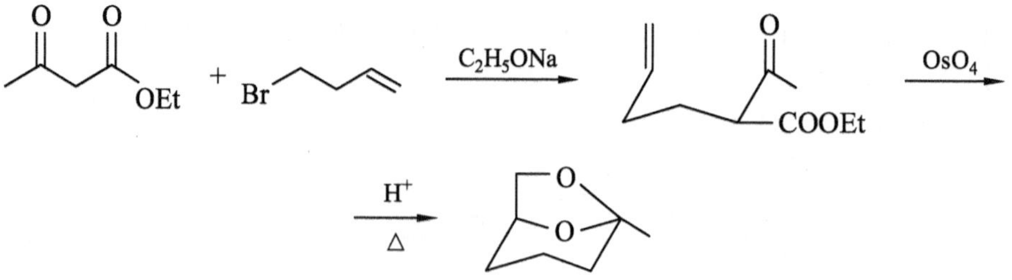

199. 用适当的方法完成下列转化：

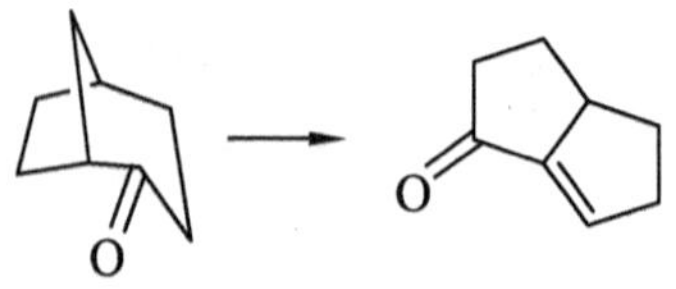

解： 倒推分析如下

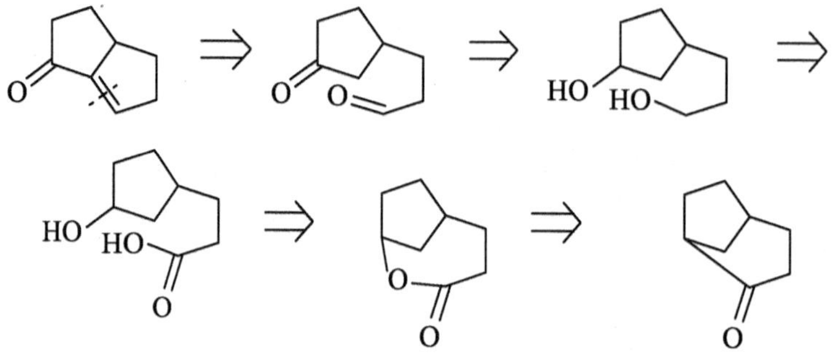

碳原子个数前后不变，先切断碳碳双键，得到 1, 6-二羰基化合物，前一个羰基适合用羟醛缩合反应来构建；后一个羰基经过官能团转化，可得到贝耶尔-维林格重排反应后的化合物。

合成路线如下：

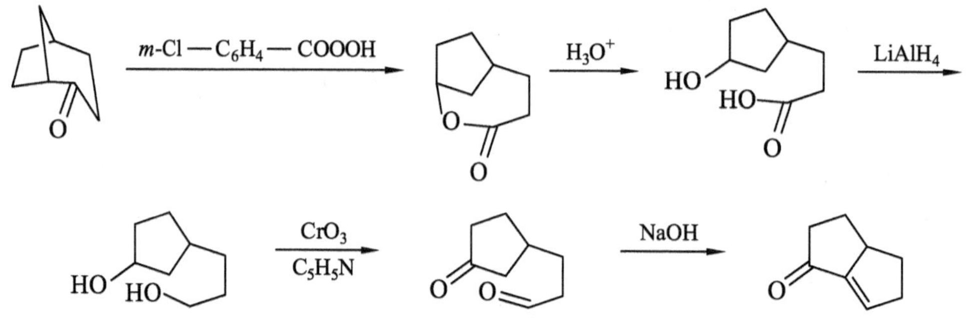

200. 用 3 个碳及以下的有机物为原料合成

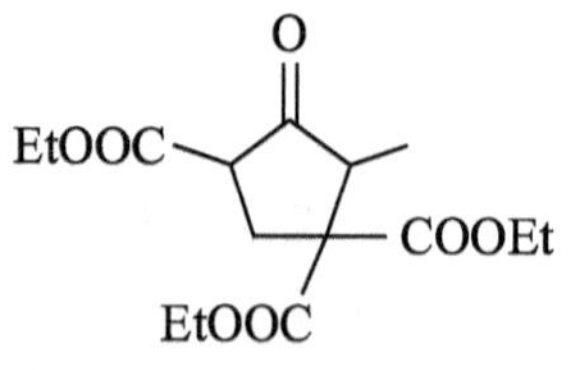

解： 倒推分析如下

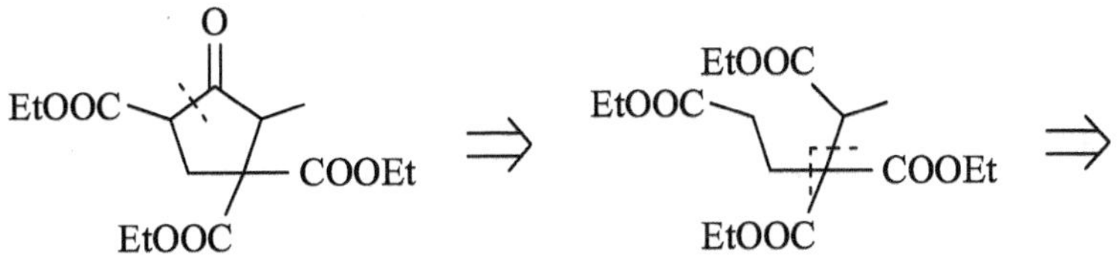

$$CH_2=CHCOOEt + CH_2(COOEt)_2 + CH_3CHBrCOOEt$$

首先在羰基左侧切断，可以通过狄克曼酯缩合来构建，所得四元羧酸酯碳骨架，显示出丙二酸二酯两次烷基化后的整个碳骨架；继续在丙二酸附近进行切断，得到合成子的等价物：2-卤代丙酸酯、丙烯酸酯。

合成路线如下：

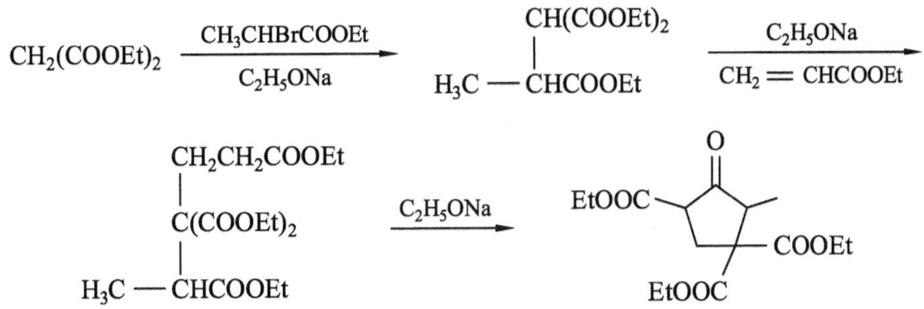

201. 用 3 个碳及以下的有机物为原料合成

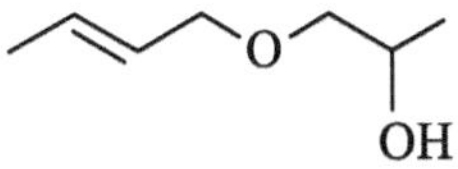

解： 倒推分析如下

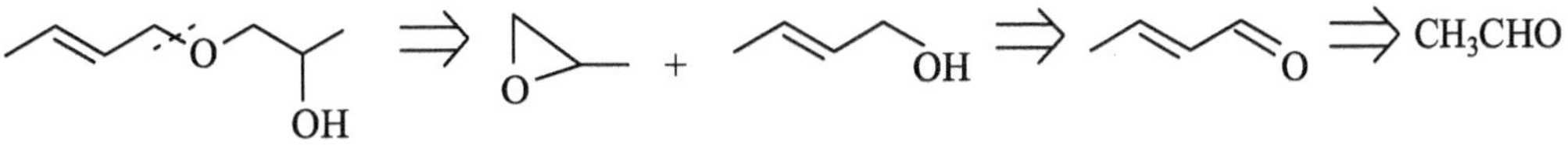

从左侧将碳氧键切断，得右侧合成子的等价物：1,2-环氧丙烷；左侧得另一合成子的等价物：1-丁烯醇，后者的官能团转化物 2-丁烯醛可通过乙醛进行羟醛缩合来获取。

合成路线如下：

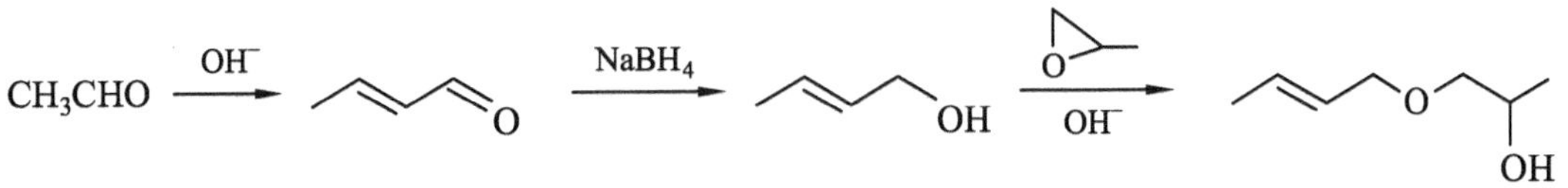

202. 用必要的有机及无机试剂完成下列转化：

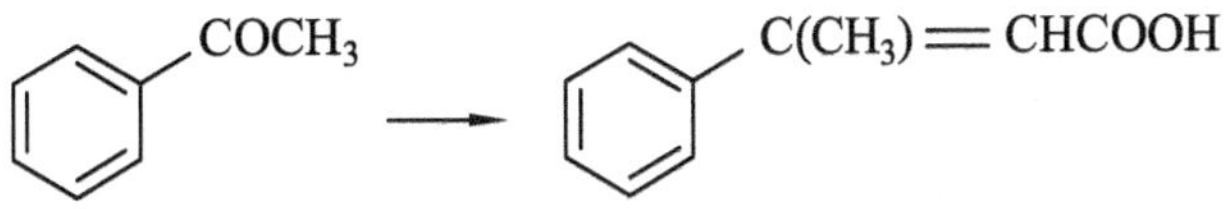

解：倒推分析如下

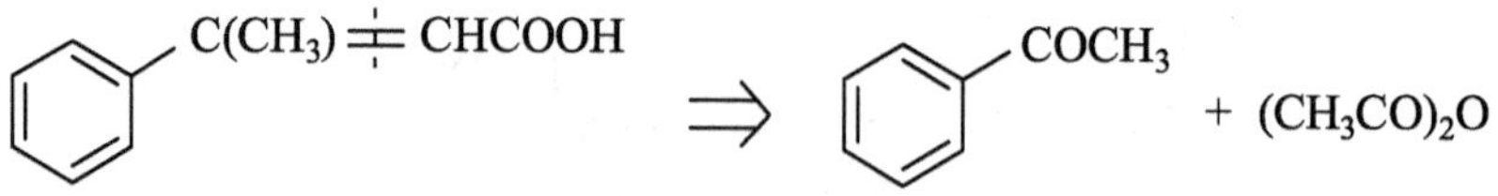

$$\text{(苯环)}-C(CH_3) \doteq CHCOOH \implies \text{(苯环)}-COCH_3 + (CH_3CO)_2O$$

从双键切断可知，目标物可以通过珀金（Perkin）反应来构建。

合成路线如下：

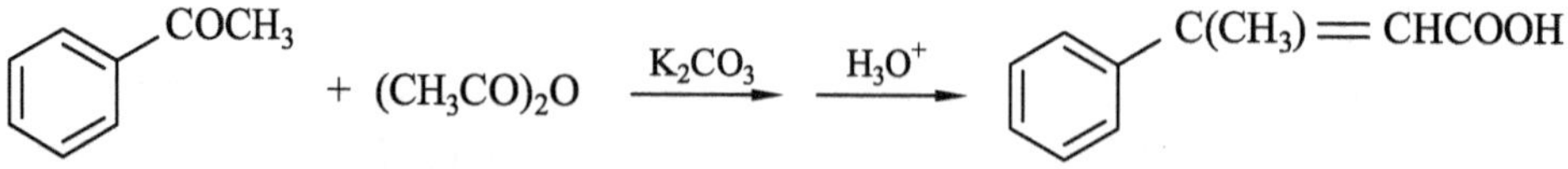

$$\text{(苯环)}-COCH_3 + (CH_3CO)_2O \xrightarrow[\quad]{K_2CO_3} \xrightarrow[\quad]{H_3O^+} \text{(苯环)}-C(CH_3)=CHCOOH$$

203. 用必要的有机及无机试剂完成下列转化：

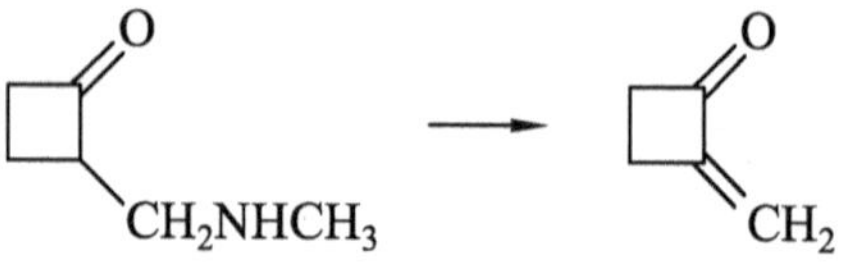

解：倒推分析如下

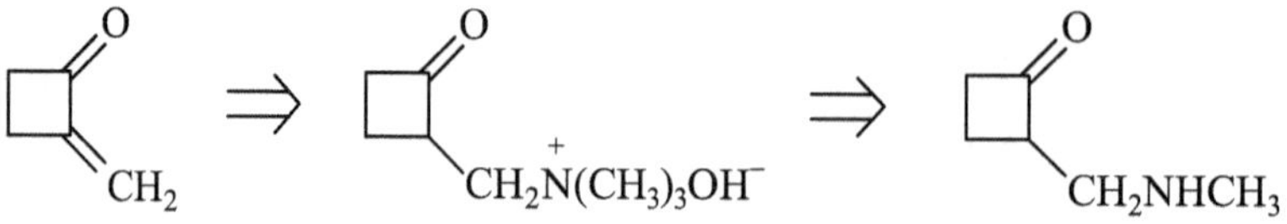

从原料到目标物可仅通过官能团的转化来实现，即通过季胺碱的热消除反应来实现。

合成路线如下：

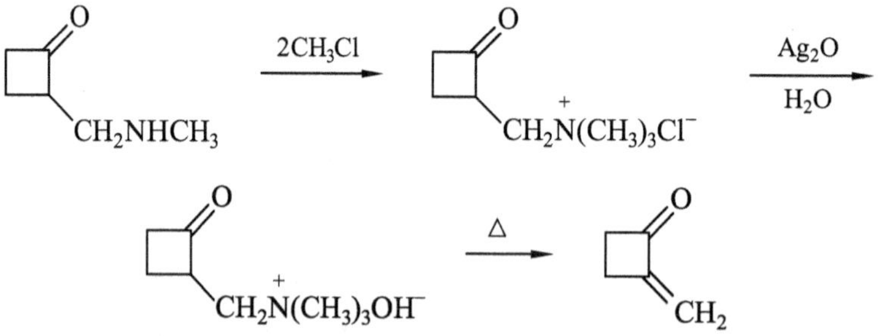

204. 用必要的有机及无机试剂完成下列制备：

解：倒推分析如下

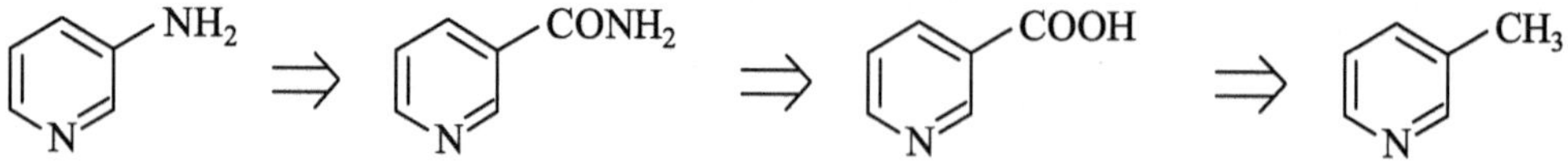

主要通过官能团的转化来实现，离不开霍夫曼降级反应的应用。

合成路线如下：

$$\text{3-甲基吡啶} \xrightarrow[\text{H}^+]{\text{KMnO}_4} \text{烟酸} \xrightarrow[\triangle]{\text{NH}_3} \text{烟酰胺} \xrightarrow[\text{OH}^-]{\text{Br}_2} \text{3-氨基吡啶}$$

205. 用必要的有机及无机试剂完成下列转化：

$$\text{H}_3\text{CO}-\langle\text{苯环}\rangle-\text{CHO} \longrightarrow \text{6-甲氧基异喹啉}$$

解： 倒推分析如下

该转化的实现主要是异喹啉环的构建。

合成路线如下：

$$\text{H}_3\text{CO对甲氧基苯甲醛} + \text{NH}_2\text{CH}_2\text{CH(OEt)}_2 \xrightarrow{\triangle} \text{亚胺中间体} \xrightarrow{\text{H}_2\text{SO}_4} \text{TM}$$

206. 以 3 个碳的有机物及必要试剂合成下列化合物

环戊烷-1,2-二甲酸

解： 倒推分析如下

$$\cdots \Rightarrow 2\text{CH}_2(\text{COOEt})_2 + (\text{CH}_2\text{Br})_2$$

167

分别在羧基的旁边再引入一个羧基，则得到一个四元酸酯的骨架结构；接着切断连接两个丙二酸酯的碳碳键，此键可通过溴单质来构建；后续的是丙二酸酯的烷基化骨架的切断。

合成路线如下：

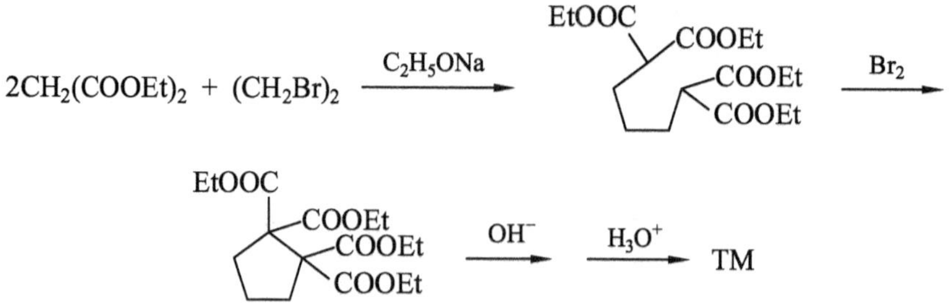

207. 用必要的试剂完成下列化合物的合成

解：倒推分析如下

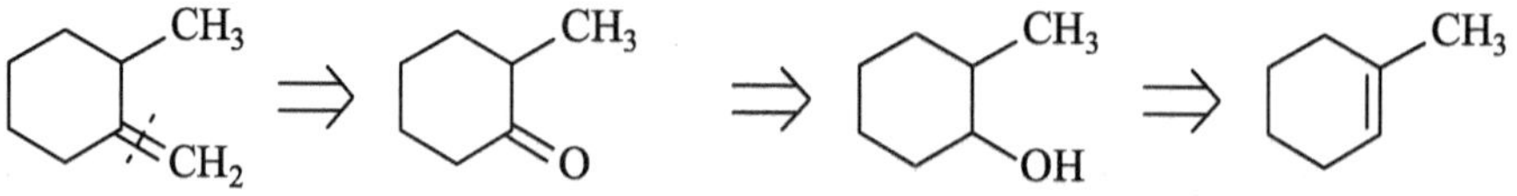

首先将环外双键切断，此处可由酮与维悌斯反应来构建；接下来的工作仅仅是官能团的转化，需经过硼氢化再氧化来实现。

合成路线如下：

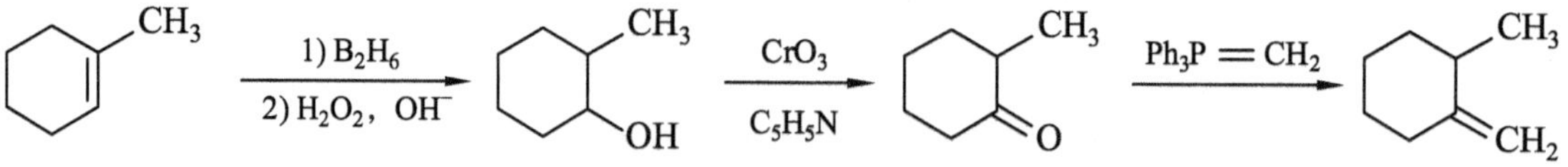

208. 用乙酰乙酸乙酯和必要的试剂合成

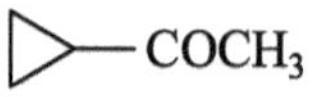

解：倒推分析如下

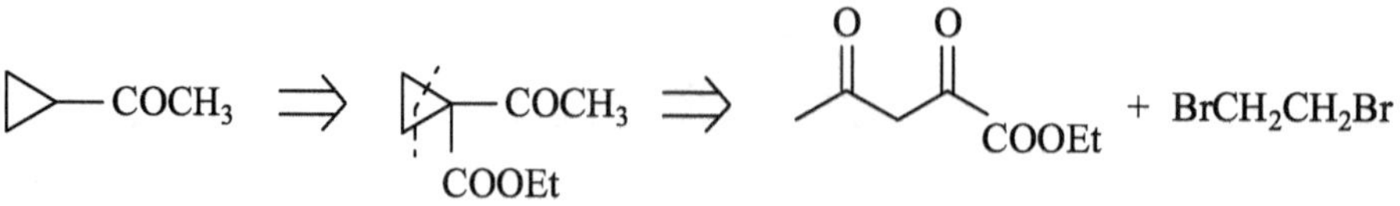

首先在羰基旁边的左侧引入一个羧基，此时可显示出三乙进行烷基化后的整体碳骨架；剩下的切断处可以通过烷基化来构建。

合成路线如下：

$$\text{(reaction scheme)} \quad \overset{O\quad O}{\underset{}{}}\text{COOEt} + BrCH_2CH_2Br \xrightarrow{C_2H_5ONa} \triangleleft\overset{COCH_3}{\underset{COOEt}{}} \xrightarrow{OH^-} \xrightarrow[\triangle]{H_3O^+} \triangleleft\text{—COCH}_3$$

209. 由叔丁基苯和必要试剂合成

$$(H_3C)_3C\text{—}\underset{}{\overset{Br}{\bigcirc}}$$

解：倒推分析如下

$$(H_3C)_3C\text{—}\overset{Br}{\bigcirc} \Rightarrow (H_3C)_3C\text{—}\overset{Br}{\bigcirc}\text{—NH}_2 \Rightarrow (H_3C)_3C\text{—}\bigcirc\text{—NH}_2 \Rightarrow$$

$$(H_3C)_3C\text{—}\bigcirc\text{—NO}_2 \Rightarrow (H_3C)_3C\text{—}\bigcirc$$

主要的工作是在叔丁基的对位引入一个导向基——氨基，需要先硝化，再还原；然后再溴代，最后消除导向基。

合成路线如下：

$$(H_3C)_3C\text{—}\bigcirc \xrightarrow[H_2SO_4]{HNO_3} (H_3C)_3C\text{—}\bigcirc\text{—NO}_2 \xrightarrow[Fe]{Br_2} (H_3C)_3C\text{—}\bigcirc\text{—NH}_2 \xrightarrow[CS_2]{Br_2}$$

$$(H_3C)_3C\text{—}\overset{Br}{\bigcirc}\text{—NH}_2 \xrightarrow[HCl]{NaNO_2} \xrightarrow{H_3PO_2} (H_3C)_3C\text{—}\overset{Br}{\bigcirc}$$

210. 用丙二酸二乙酯和必要的试剂合成下列氨基酸：

$$\text{DL - HOCH}_2\text{CHCOOH} \atop \qquad\qquad | \atop \qquad\qquad NH_2$$

解：倒推分析如下

$$\text{DL - HOCH}_2\underset{|\atop NH_2}{\text{CHCOOH}} \Rightarrow \overset{O}{\underset{O}{\bigcirc\!\!\!\diagdown N}}\text{—C(COOC}_2\text{H}_5)_2 \atop \qquad\qquad -{+}- \atop \qquad\qquad CH_2OCH_3 \Rightarrow$$

$$\overset{O}{\underset{O}{\bigcirc\!\!\!\diagdown N}}{+}\text{CH(COOC}_2\text{H}_5)_2 \Rightarrow \overset{O}{\underset{O}{\bigcirc\!\!\!\diagdown N}}K + BrCH(COOC_2H_5)_2$$

α-氨基酸的合成离不开盖布瑞尔合成法，离不开丙二酸二酯的烷基化、邻苯二甲酰亚胺作为氨基的来源。

合成路线如下：

$$CH_2(COOC_2H_5)_2 \xrightarrow[CCl_4]{Br_2} BrCH(COOC_2H_5)_2$$

$$\xrightarrow{BrCH_2OCH_3}$$

$$\xrightarrow{OH^-} \xrightarrow{H_3O^+} DL - \underset{\underset{NH_2}{|}}{HOCH_2CHCOOH}$$

211. 用必要的试剂完成下列转化：

解： 倒推分析如下

从目标物出发，苯基与甲基处于环的反侧，因此需要反式烯烃，需要炔烃转化成反式烯烃，所以第一步需要苯乙炔进行甲基化。

合成路线如下：

$$Ph-C\equiv CH \xrightarrow{NaNH_2} Ph-C\equiv CNa \xrightarrow{BrCH_3} Ph-C\equiv C-CH_3 \xrightarrow[NH_3]{Na}$$

$$\xrightarrow{m\text{-}Cl-C_6H_4-COOOH}$$

212. 以三乙为原料，添加必要的有机、无机试剂合成

解： 倒推分析如下

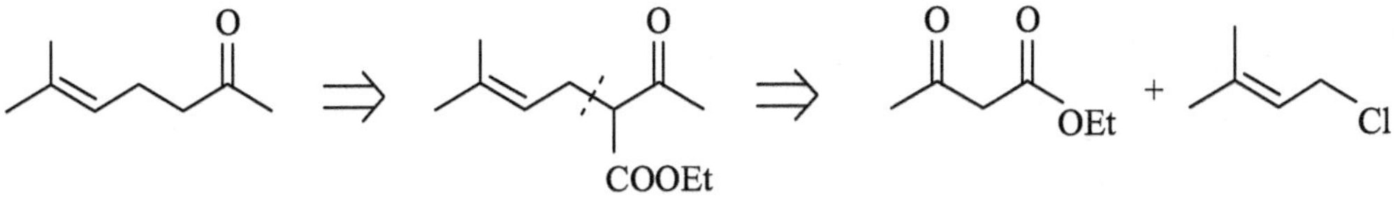

因为指定了三乙原料，所以在羰基左侧引入一个羧基，即刻显示出三乙进行烷基化后的整个碳骨架；再切割得到烷基化所需的卤代烃。

合成路线如下：

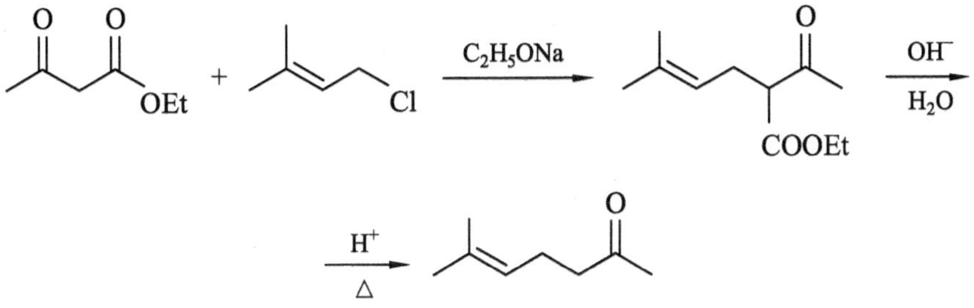

213. 由硝基苯及必要的有机、无机试剂合成

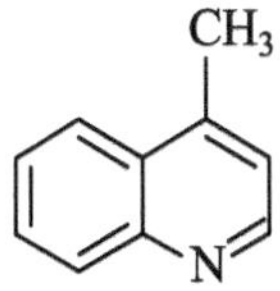

解：倒推分析如下

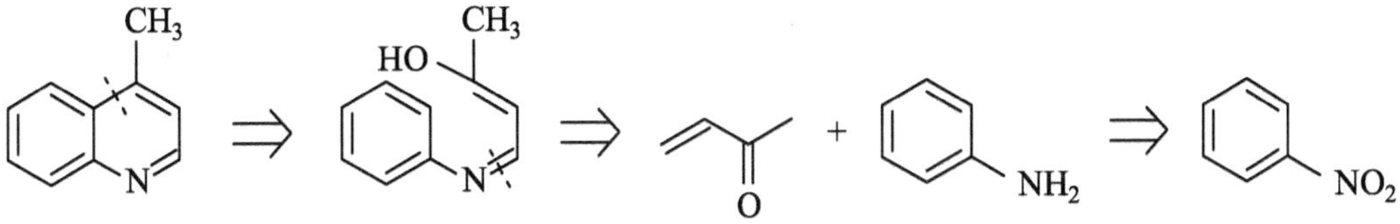

这是喹啉环的合成，切割得到合成子的等价物：苯胺和不饱和酮。

合成路线如下：

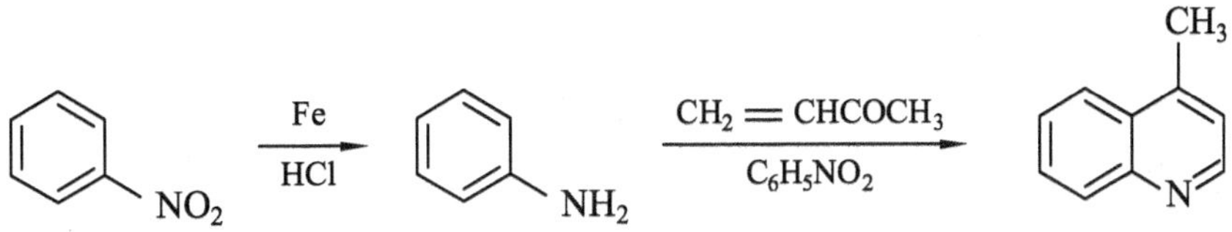

214. 由丁二烯为原料合成

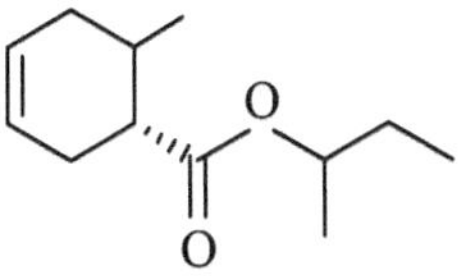

解：倒推分析如下

按照 D-A 反应切割得到双烯体 1,3-丁二烯，和亲双烯体（E）-2-丁烯酸-2-丁酯；后续的工作是要完成 1,3-丁二烯到 2-丁醇和（E）-2-丁烯酸的转化。

合成路线如下：

215. 从对硝基氯苯开始，制备双（4-氨基苯）砜。

解：倒推分析如下

该合成主要是官能团的转化反应，最后考虑分子结构的对称性进行切割，通过强亲核性的硫负离子与卤代烃反应来构建。

合成路线如下：

216. 用必要的有机、无机试剂完成下列合成：

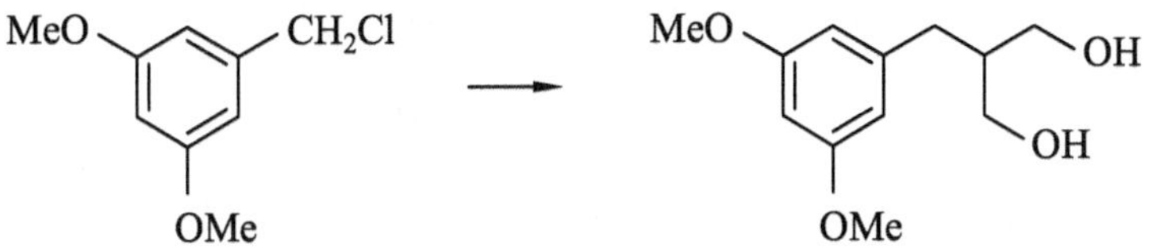

MeO
CH_2Cl
OMe
MeO
OH
OH
OMe

解：倒推分析如下

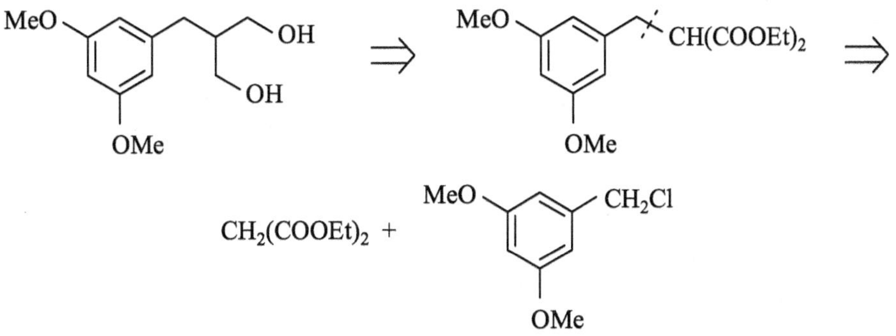

MeO
OH
OH
OMe
MeO
$CH(COOEt)_2$
OMe
$CH_2(COOEt)_2$ +
MeO
CH_2Cl
OMe

原料与目标物之间只有一个支链发生变化，首先转换变化的支链上的官能团，两个羟甲基转变为两个羧基，此处可以通过丙二酸酯与苄基卤代烃来构建。

合成路线如下：

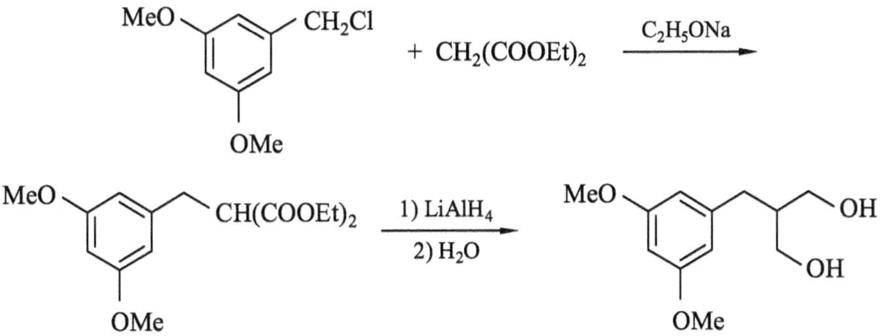

MeO
CH_2Cl
OMe
+ $CH_2(COOEt)_2$
C_2H_5ONa
MeO
$CH(COOEt)_2$
OMe
1) $LiAlH_4$
2) H_2O
MeO
OH
OH
OMe

217. 用邻甲基苯胺和必要的有机、无机试剂合成

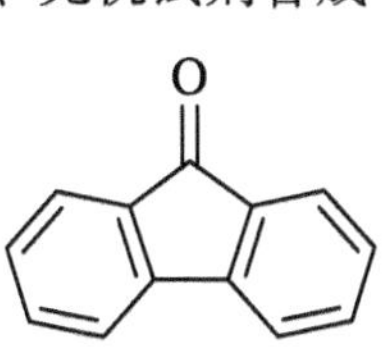

O

解：倒推分析如下

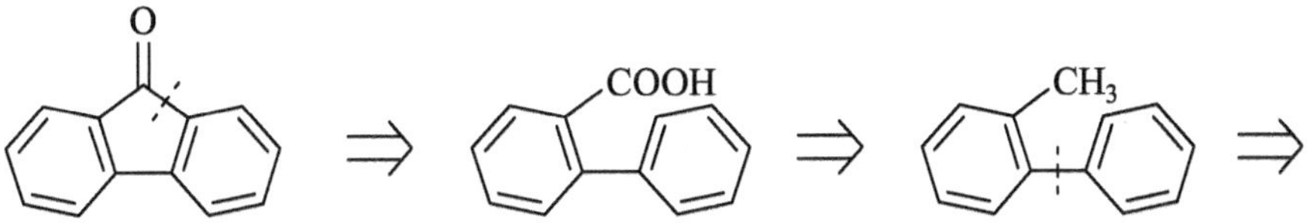

O
COOH
CH_3

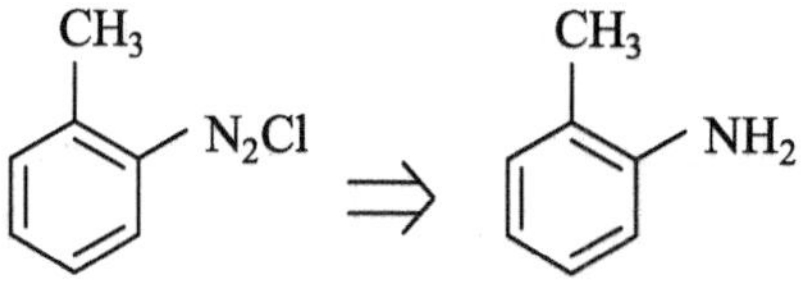

首先切断羰基一侧的碳碳键，得到邻羧基联苯骨架；由于联苯可由芳烃重氮盐和苯在碱中反应来构建，所以要先完成相应的甲基重氮苯的转化工作。

合成路线如下：

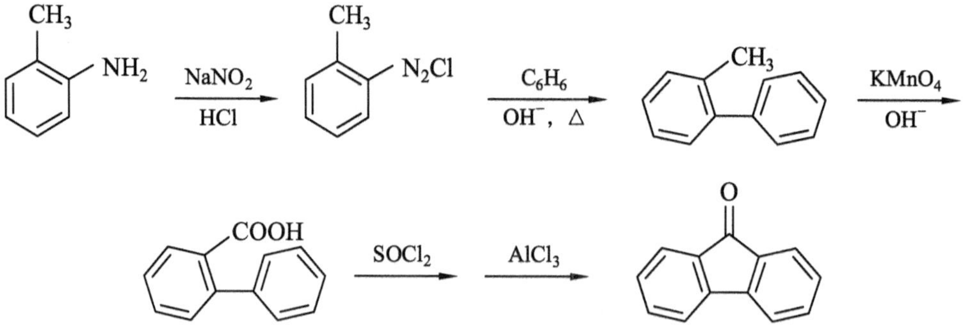

218. 用 3～5 个碳原子的有机物合成

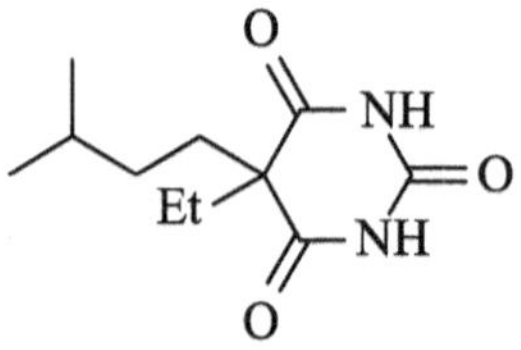

解：倒推分析如下

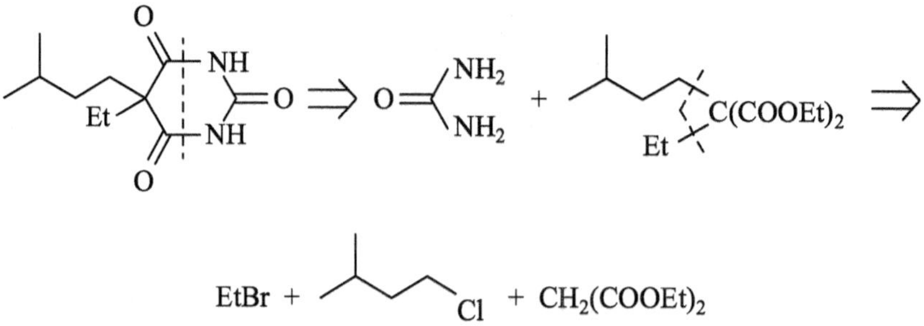

考虑对称性，切断两条酰胺碳氮键，马上显示出脲与丙二酸二酯两次烷基化后的整个碳骨架；再切断丙二酯的两个烷基，即得到合成子的等价物：丙二酸酯、卤代乙烷、3-甲基-1-卤丁烷。

合成路线如下：

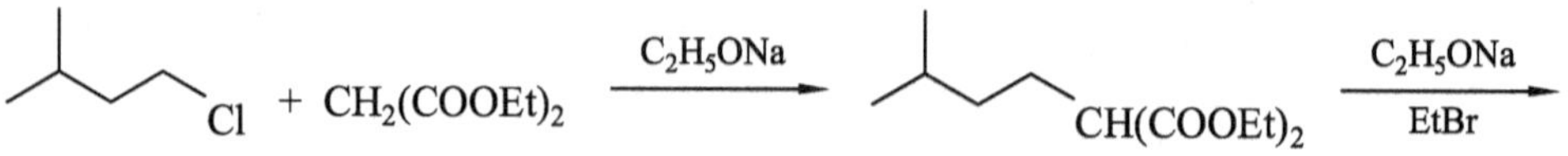

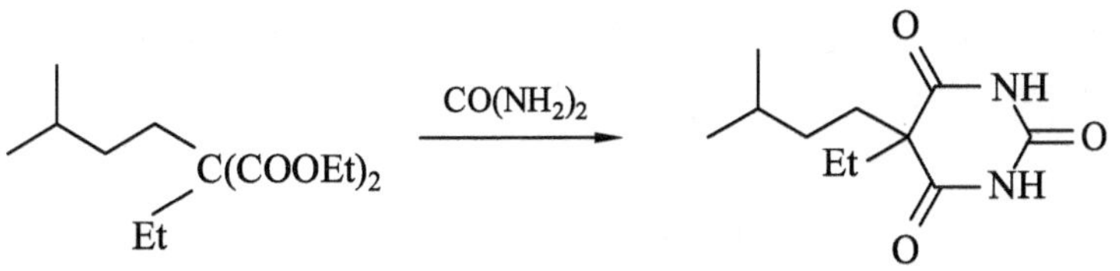

219. 用苯和不超过 4 个碳的常见有机物及无机试剂合成

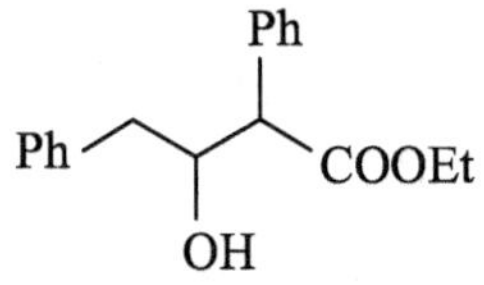

解： 倒推分析如下

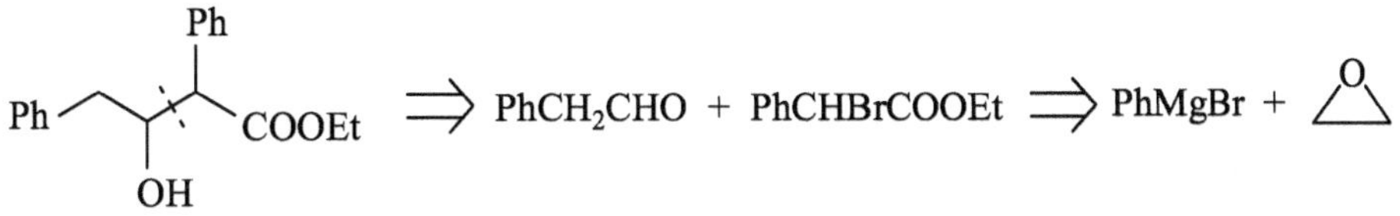

1，3-羟羰基化物，可以通过亲核加成反应来构建，所以在羟基右侧切断碳碳键，即得合成子的等价物：2-苯乙醛和 α-卤代有机锌乙酸酯衍生物。按要求分别把这两个等价物制备出来，即可完成整个合成任务。

合成路线如下：

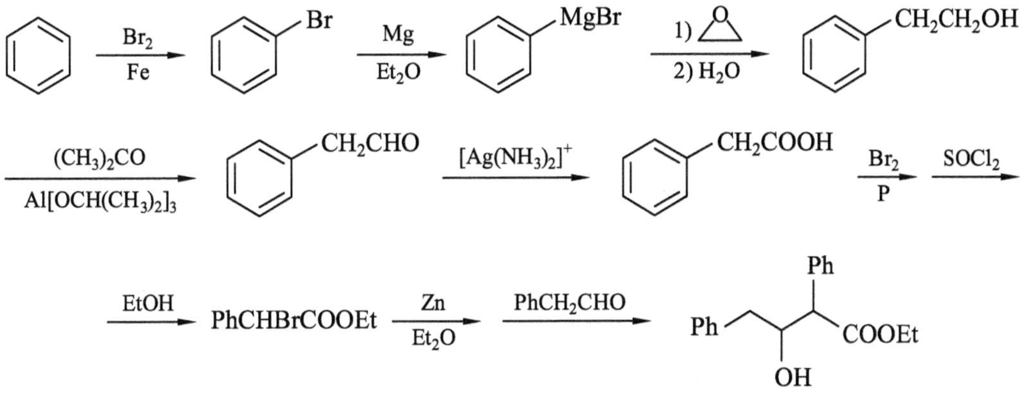

220. 以 3 个或 3 个以下碳的常见有机物合成

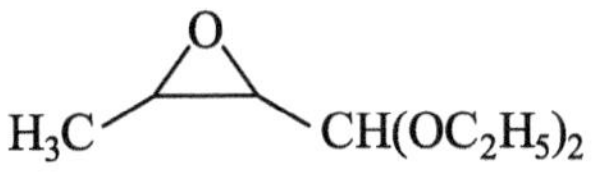

解： 倒推分析如下

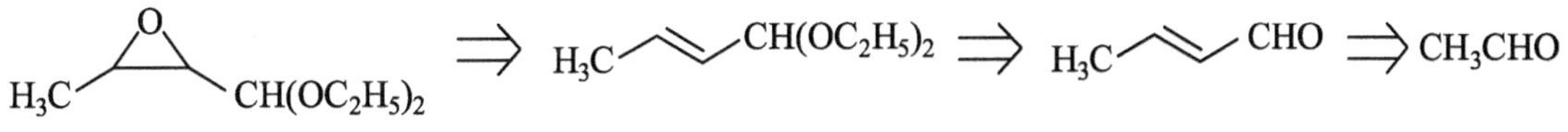

由于环氧乙烷衍生物可以通过过氧化物氧化得到，因此考虑对应的烯烃衍生物；很明显该衍生物是 2-丁烯醛，它可以顺利地通过乙醛进行羟醛缩合来合成。

合成路线如下：

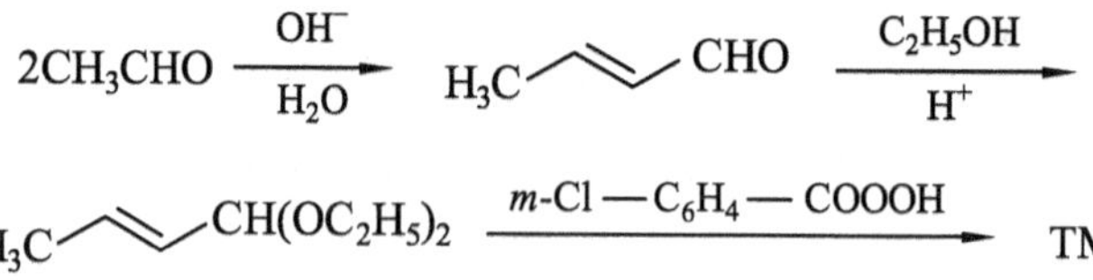

$$2CH_3CHO \xrightarrow[\quad H_2O \quad]{OH^-} H_3C\!-\!\!\!=\!\!\!-CHO \xrightarrow[\quad H^+ \quad]{C_2H_5OH}$$

$$H_3C\!-\!\!\!=\!\!\!-CH(OC_2H_5)_2 \xrightarrow{\quad m\text{-}Cl\!-\!C_6H_4\!-\!COOOH \quad} TM$$

221. 由甲苯和必要的有机试剂合成

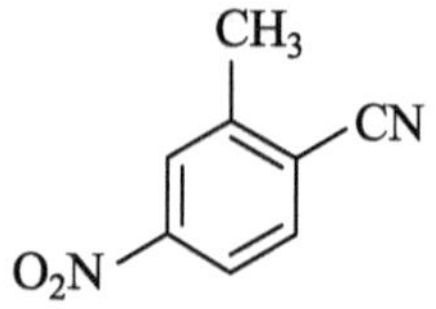

解： 倒推分析如下

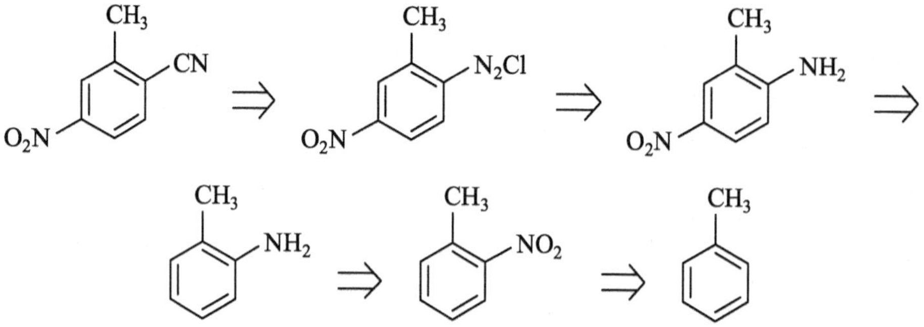

这是苯环上的系列官能团化反应。由于甲基不是硝基的导向基，所以必须在硝基的对位（最佳）引入导向基，然后再把导向基转换成氰基，即可合成目标物。

合成路线如下：

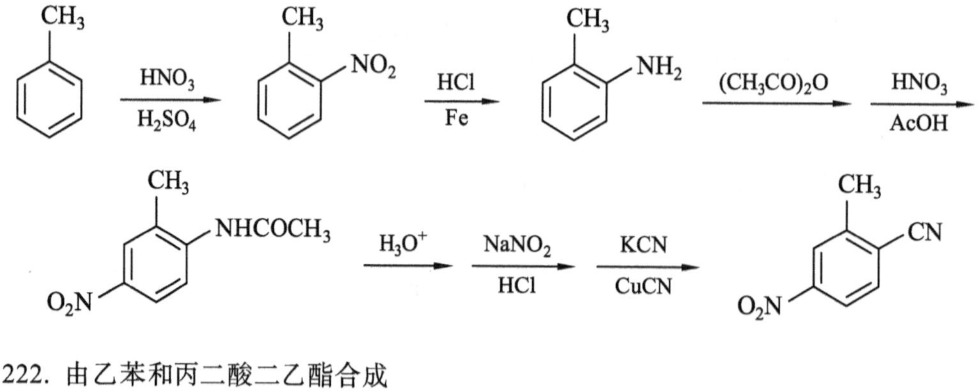

222. 由乙苯和丙二酸二乙酯合成

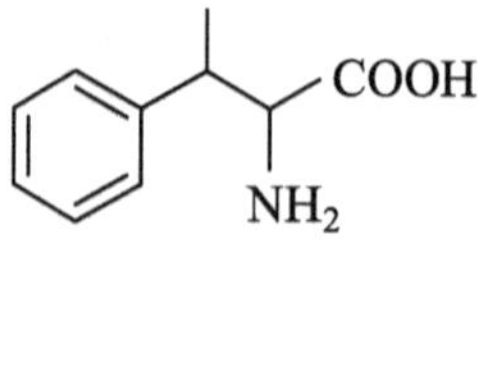

176

解： 倒推分析如下

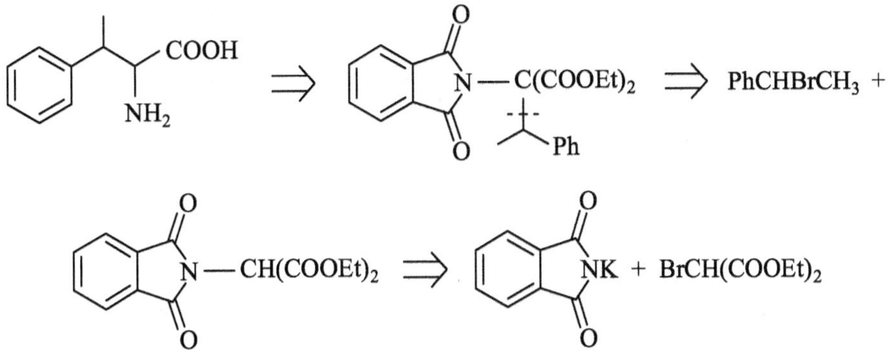

α-氨基酸的合成离不开盖布瑞尔合成法，倒推出目标物的前体，切割后得到合成子的等价物：邻苯二甲酰亚胺、丙二酸酯、苄基卤代烃衍生物。

合成路线如下：

$$CH_2(COOEt)_2 \xrightarrow[CCl_4]{Br_2} BrCH(COOEt)_2$$

$$PhCH_2CH_3 \xrightarrow{NBS} PhCHBrCH_3$$

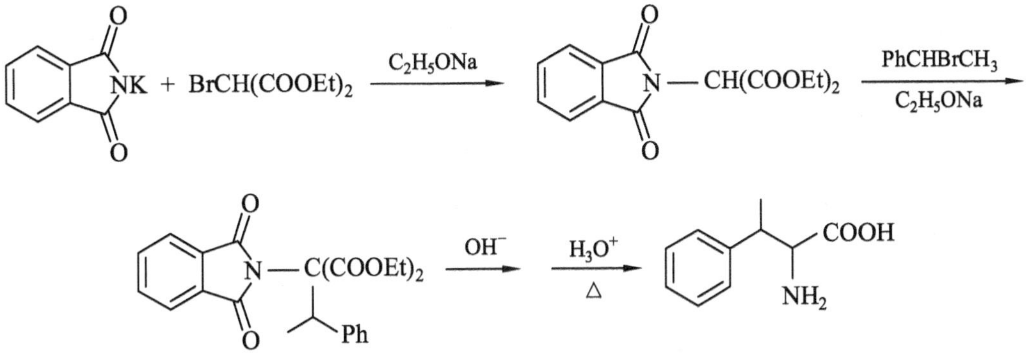

223. 由 3 个碳及以下的有机物为原料，添加必要的无机试剂合成

解： 倒推分析如下

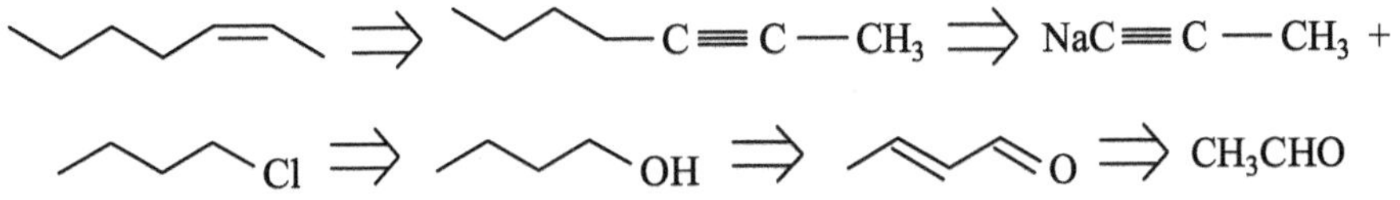

由于顺式烯烃可由炔烃经林德勒催化加氢得来，在碳碳三键两侧切断，得到卤代甲烷、1-卤丁烷，后者可由 1-丁醇转化而得，1-丁醇可由 2-丁烯醛还原得来，后者可通过乙醛进行羟醛缩合获得。

合成路线如下：

$$2CH_3CHO \xrightarrow[\text{H}_2\text{O}]{\text{OH}^-} \text{（反式丁烯醛）} \xrightarrow[\text{Pd}]{\text{H}_2} \xrightarrow{\text{SOCl}_2} \text{（氯丁烷）Cl} \xrightarrow{\text{NaC} \equiv \text{C} - \text{CH}_3}$$

$$\text{（己炔）C} \equiv \text{C} - \text{CH}_3 \xrightarrow[\text{Pd-BaCO}_3]{\text{H}_2} \text{（顺式己烯）}$$

224. 由甘油、溴乙酸乙酯及其他有机试剂为原料合成（必须用 Wittig 反应）

解： 倒推分析如下

切断环右侧碳氧键，得到相应稳定的环氧羧酸酯。按规定要通过维悌斯反应，必须先进行系列转化，得到 2, 3-位碳碳双键，再切割得到合理可行的两个合成子的等价物：乙酸维悌斯试剂、2, 3-环氧丙醛。完成了这两个等价物的制备即可完成目标物的合成。

合成路线如下：

225. 以环己酮和乙醇为原料合成

解： 倒推分析如下

178

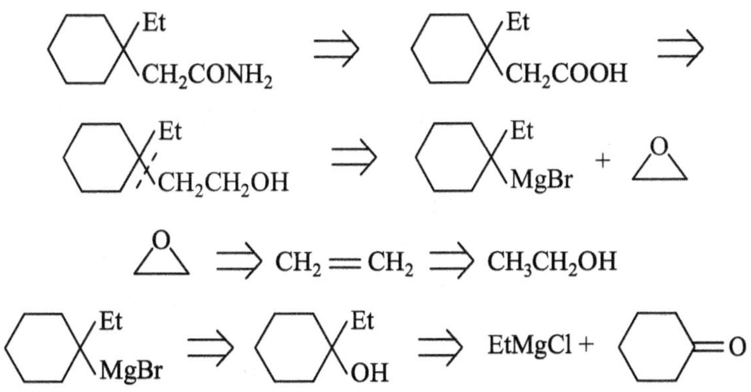

首先转化酰胺为其前体羧酸，再转化为醇，有利于切断，此处可经过亲核试剂与环氧乙烷构建；环氧乙烷可顺利地由乙醇转化得来。另一亲核试剂等价物——取代环己基格氏试剂也可由环己酮逐步转化而来。

合成路线如下：

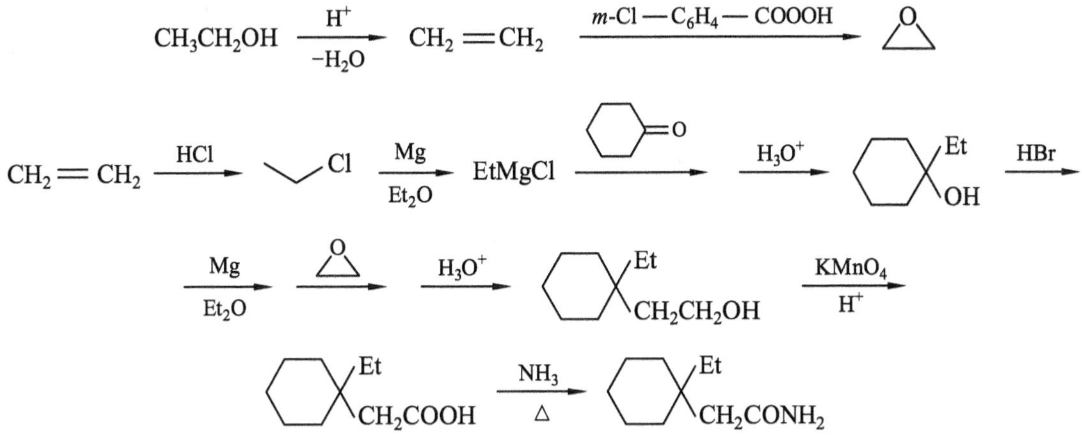

226. 以苯和 1-丙醇为有机原料及必要的无机试剂合成

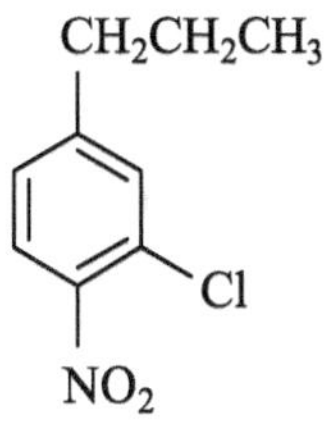

解： 倒推分析如下

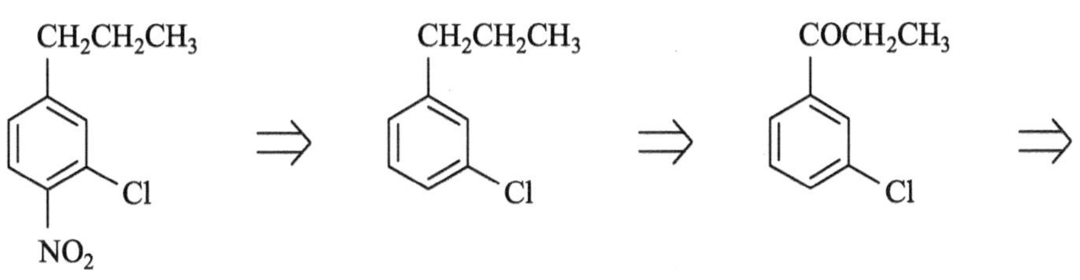

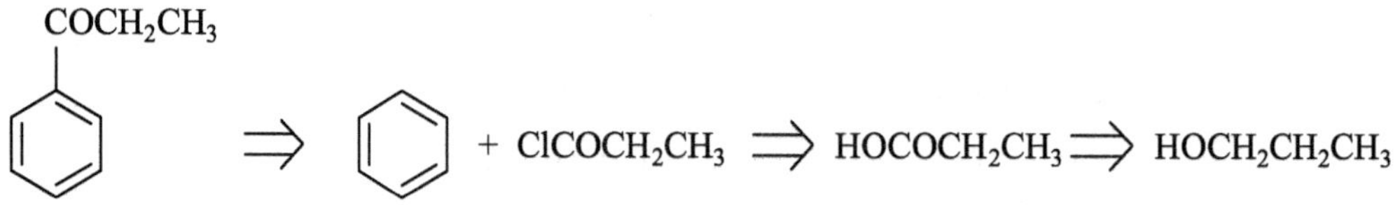

目标物主要是通过苯环根据反应规律逐一进行官能团化，以及一些官能团的转化而得。因为导向基可以确定硝基的引入，所以先切掉硝基；但是其不是氯的导向基，所以需要转换丙基为氯的导向基——丙酰基；所以合成的第一步首先是苯的酰基化。

合成路线如下：

$$CH_3CH_2CH_2OH \xrightarrow[H^+]{K_2Cr_2O_2} CH_3CH_2COOH \xrightarrow{SOCl_2} CH_3CH_2COCl \xrightarrow[AlCl_3]{C_6H_6}$$

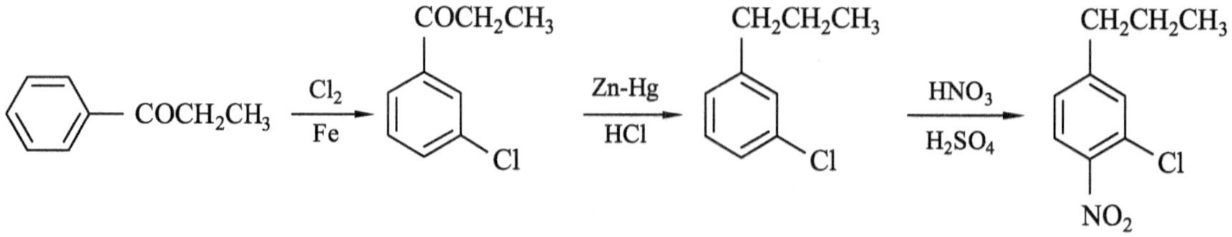

227. 以 1, 3-丁二烯和 2 个碳及以下的有机物为原料合成

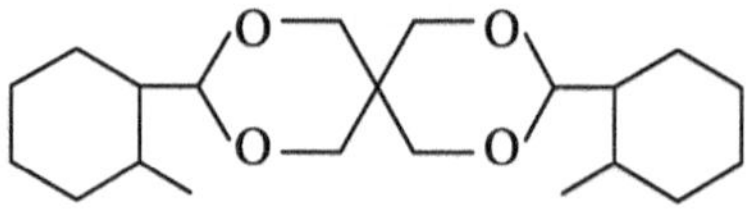

解：倒推分析如下

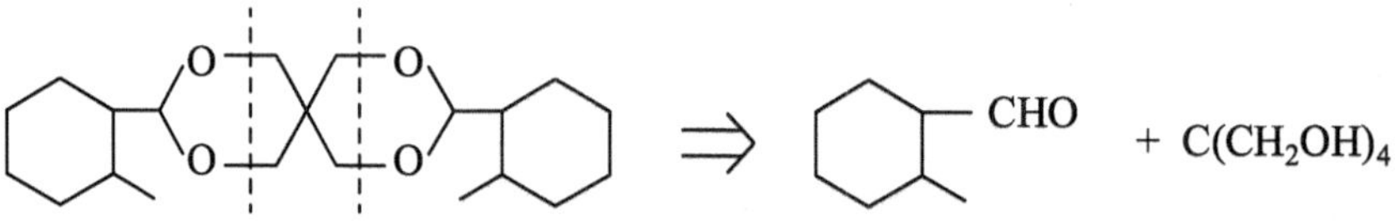

$$C(CH_2OH)_4 \Rightarrow (HOCH_2)_3CCHO + HCHO \Rightarrow CH_3CHO + 3HCHO$$

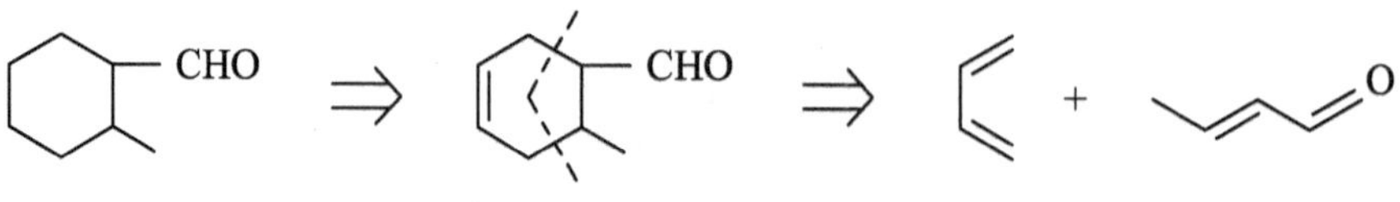

目标物具有对称性，首先同时切断 4 条碳氧键，得到新戊四醇和 2-甲基环己基甲醛；季戊四醇可由乙醛与甲醛的交叉羟醛缩合后，再进行歧化反应制备；2-甲基环己基甲醛则通过 D-A 反应构建；双烯体是规定原料，但亲双烯体则要通过乙醛进行羟醛缩合反应得来。

合成路线如下：

$$CH_3CHO + 3HCHO \xrightarrow[H_2O]{OH^-} (HOCH_2)_3CCHO \xrightarrow[OH^-]{HCHO} C(CH_2OH)_4$$

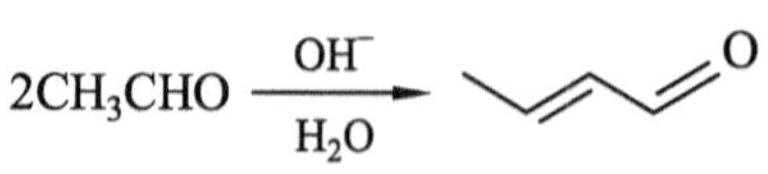

反应式（页顶）：1,3-丁二烯 + 巴豆醛 → 带CHO和甲基的环己烯 $\xrightarrow[\text{Pd-C}]{\text{H}_2}$ 带CHO和甲基的环己烷 $\xrightarrow[\text{H}^+]{\text{C(CH}_2\text{OH)}_4}$ TM

228. 以丙二酸二乙酯和乙烯等为原料合成

带 COOC$_2$H$_5$ 的内酯

解： 倒推分析如下

$$\Rightarrow CH_2(COOC_2H_5)_2 + \overset{\triangle}{O} \Rightarrow CH_2=CH_2$$

由于丙二酸酯是规定原料，所以首先切断环上羧基的碳氧键；然后再切断连接丙二酸酯的碳碳键，得到两个合成子的等价物：丙二酸二酯和环氧乙烷；后者可通过乙烯过氧化反应转化而得。

合成路线如下：

$$CH_2=CH_2 \xrightarrow{m\text{-Cl}-C_6H_4-COOOH} \overset{O}{\triangle} \xrightarrow[\text{C}_2\text{H}_5\text{ONa}]{CH_2(COOC_2H_5)_2} \text{（内酯产物）}COOC_2H_5$$

229. 以苯甲酸为原料，添加必要的无机试剂合成 2, 4, 6-三溴苯甲酸。

解： 倒推分析如下

从目标物可见羧基的 2, 4, 6-位连接溴原子，但是羧基不是导向基；因此，首先引入溴原子的导向基——氨基，氨基可由硝基转化得来；刚好羧基是硝基的导向基。

合成路线如下：

$$\text{苯甲酸} \xrightarrow[\text{H}_2\text{SO}_4]{\text{HNO}_3} \text{间硝基苯甲酸} \xrightarrow[\text{HCl}]{\text{Fe}} \text{间氨基苯甲酸} \xrightarrow[\text{H}_2\text{O}]{\text{Br}_2}$$

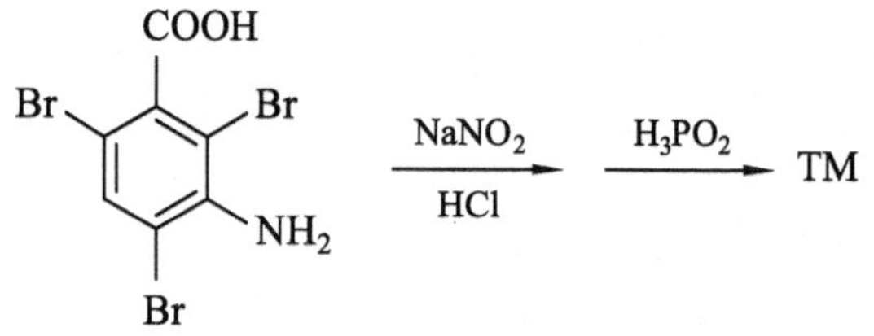

COOH

Br ... Br

NH₂

Br

$$\xrightarrow[\text{HCl}]{\text{NaNO}_2} \xrightarrow{\text{H}_3\text{PO}_2} \text{TM}$$

230. 以甲苯为原料合成间甲基苯甲酸。

解： 倒推分析如下

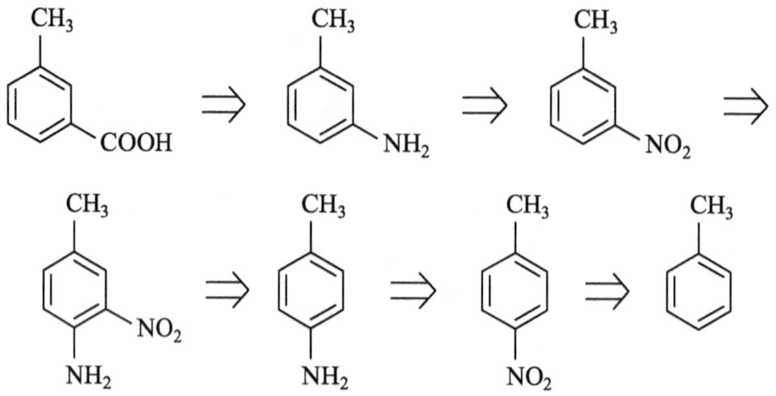

CH₃ / COOH $\Rightarrow$ CH₃ / NH₂ $\Rightarrow$ CH₃ / NO₂ $\Rightarrow$

CH₃ / NO₂ / NH₂ $\Rightarrow$ CH₃ / NH₂ $\Rightarrow$ CH₃ / NO₂ $\Rightarrow$ CH₃

由于目标物中甲基不是羧基的导向基，无法直接引进，因此首先考虑由其他官能团转化而来，可以由氰基转化，氰基可以由氨基转化，氨基可以由硝基转化而来。但甲基不是间位硝基的导向基，所以必须在甲基对位引入导向基，导向基需要几步转化才可达到要求。该导向基完成使命后再消除掉。

合成路线如下：

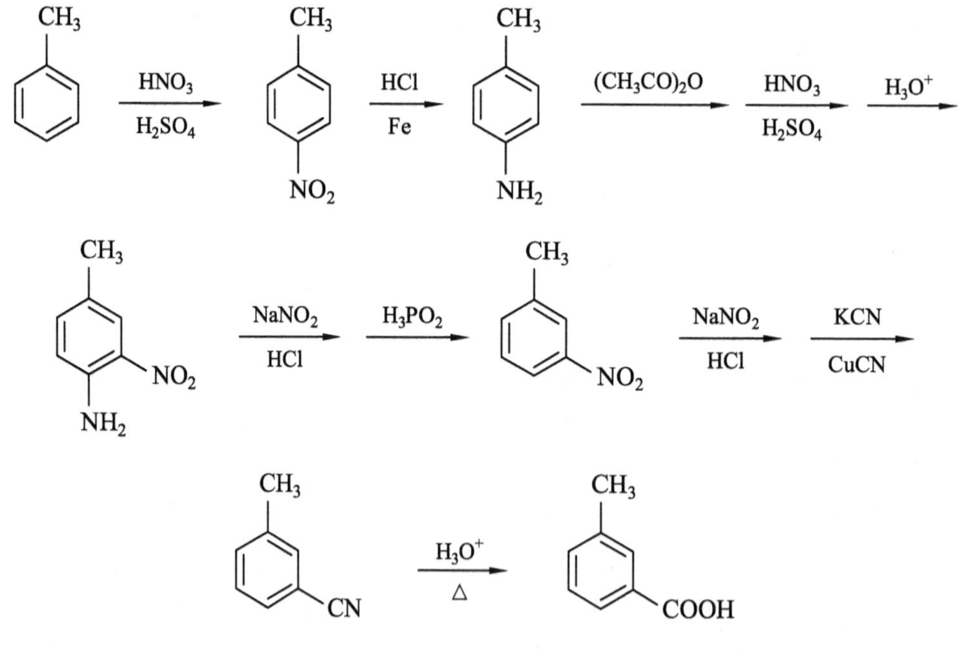

CH₃ $\xrightarrow[\text{H}_2\text{SO}_4]{\text{HNO}_3}$ CH₃ / NO₂ $\xrightarrow[\text{Fe}]{\text{HCl}}$ CH₃ / NH₂ $\xrightarrow{(\text{CH}_3\text{CO})_2\text{O}}$ $\xrightarrow[\text{H}_2\text{SO}_4]{\text{HNO}_3}$ $\xrightarrow{\text{H}_3\text{O}^+}$

CH₃ / NO₂ / NH₂ $\xrightarrow[\text{HCl}]{\text{NaNO}_2}$ $\xrightarrow{\text{H}_3\text{PO}_2}$ CH₃ / NO₂ $\xrightarrow[\text{HCl}]{\text{NaNO}_2}$ $\xrightarrow[\text{CuCN}]{\text{KCN}}$

CH₃ / CN $\xrightarrow[\triangle]{\text{H}_3\text{O}^+}$ CH₃ / COOH

231. 以 4 个碳及以下的有机物为原料合成

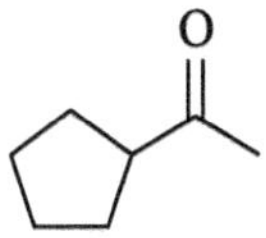

解：倒推分析如下

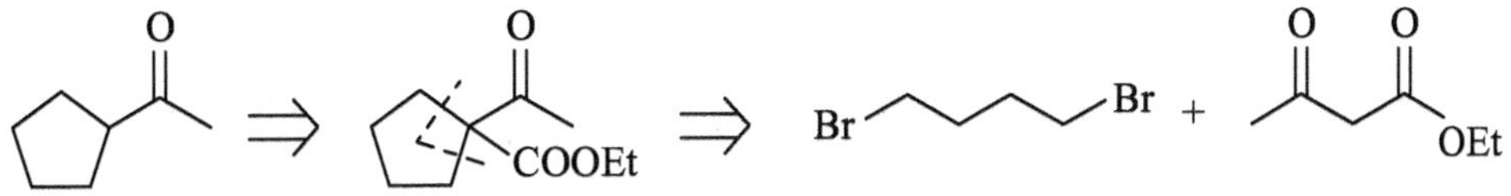

首先在羰基左侧引入一个羧基，此时显示出三乙经过两次烷基化后的整个碳骨架；接下来就是切割出两个卤代烃，由于目标物是环状，卤代烃就是一个 1, 4-二卤丁烷。

合成路线如下：

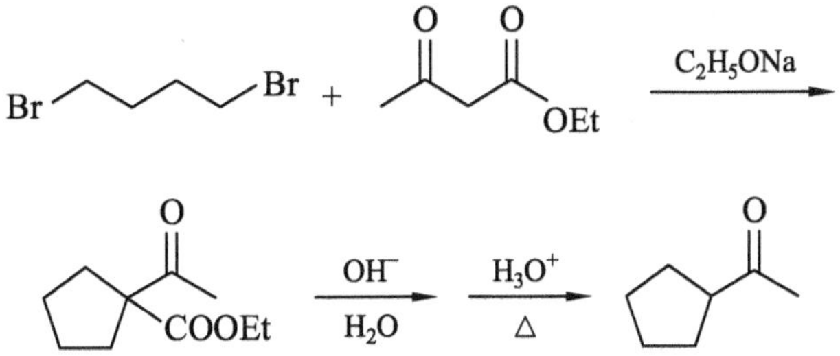

232. 用不超过 2 个碳的有机化合物合成

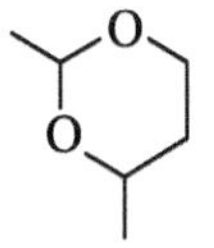

解：倒推分析如下

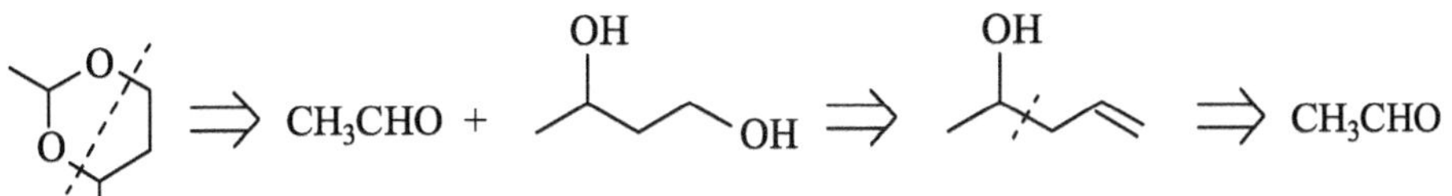

目标物是一个缩醛，所以首先切断右侧的两个碳氧键，得到合成子的两个等价物：乙醛、1, 3-丁二醇。后者可通过乙醛进行羟醛缩合，再还原得到。

合成路线如下：

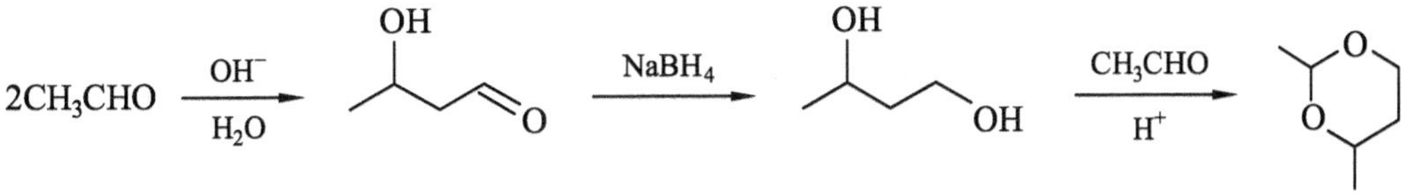

233. 以乙炔为有机原料合成下列化合物：

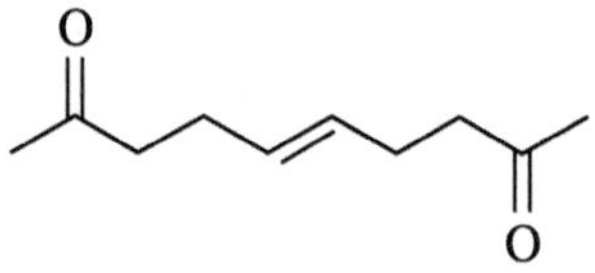

解： 倒推分析如下

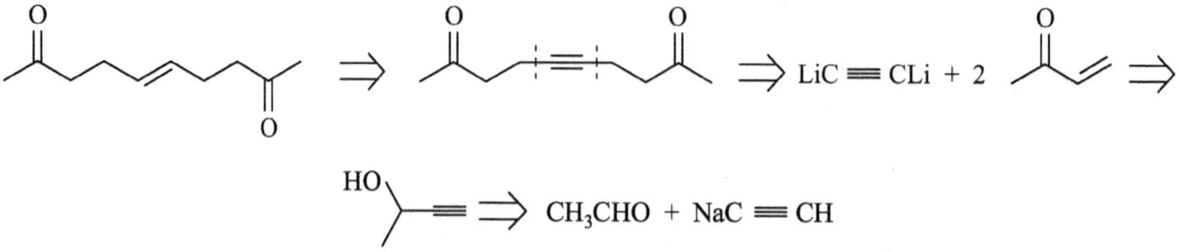

根据目标物的对称性，首先转换烯烃为炔烃；然后将碳碳三键两侧的碳碳单键切断，得到两个合成子的等价物：乙炔二锂、3-丁烯-2-酮；后者可以由乙炔钠和乙醛反应，然后经过官能团的多次转化得到。

合成路线如下：

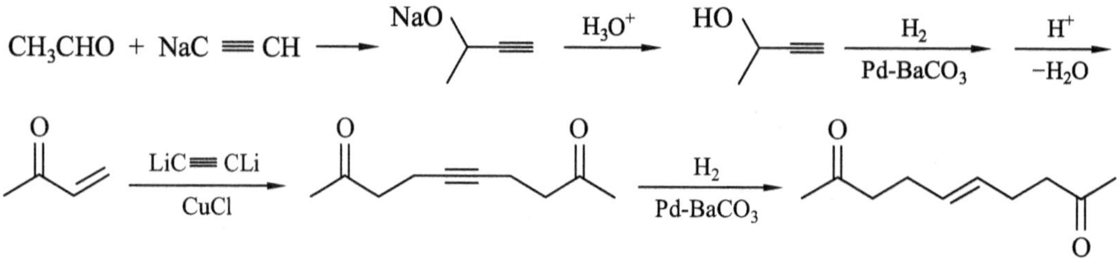

234. 以乙炔为原料合成

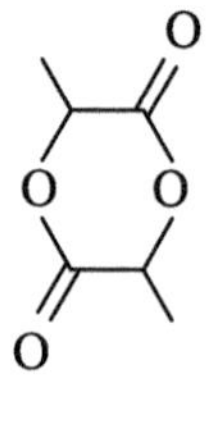

解： 倒推分析如下

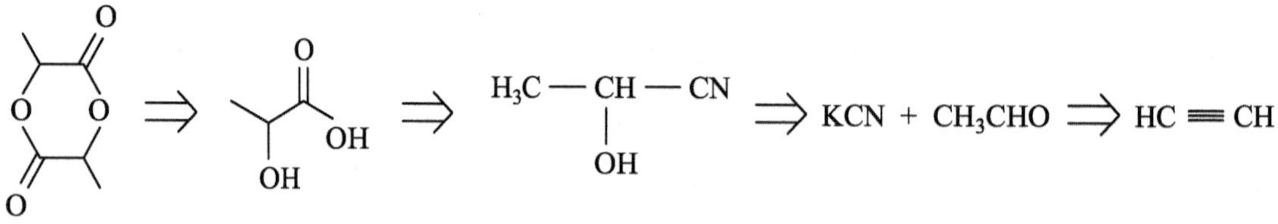

目标物是一个丙交酯，其前体就是一个 α-羟基丙酸；后者可以由 α-羟基丙腈转化得来，α-羟基丙腈可由乙醛与氰根离子反应获得，乙醛可通过乙炔制备。

合成路线如下：

$$HC\equiv CH \xrightarrow[Hg^{2+}]{H_3O^+} CH_3CHO \xrightarrow{KCN} \underset{OH}{CH_3CH-CN} \xrightarrow{H_3O^+} \underset{OH}{CH_3CH}COOH... $$

235. 用少于 3 个碳的有机物合成

解： 倒推分析如下

目标物的前体是一个（E）-3-己烯-1-醇，然后转换烯烃为炔烃；最后切断乙炔两端的碳碳键，得到合成子的等价物：乙炔二钠、卤代乙烷、环氧乙烷。三元环由碳碳双键与卡宾反应来制取。

合成路线如下：

$$HC\equiv CH \xrightarrow{NaNH_2} HC\equiv CNa \xrightarrow{EtCl} EtC\equiv CH \xrightarrow{NaNH_2} EtC\equiv CNa \xrightarrow{\triangle O} \xrightarrow{H_2O}$$

236. 由乙酰乙酸乙酯合成

解： 倒推分析如下

$$\Rightarrow BrCH_2CH_2Br + BrCH_2Br + 2CH_3COCH_2COOEt$$

在目标物的两个乙酰基旁边分别引进一个羧基，得到两个三乙分别进行两次烷基化后的整体碳骨架；进一步切割，分别在三乙的亚甲基旁进行，分别得到合成子的等价物：卤代烃。

合成路线如下：

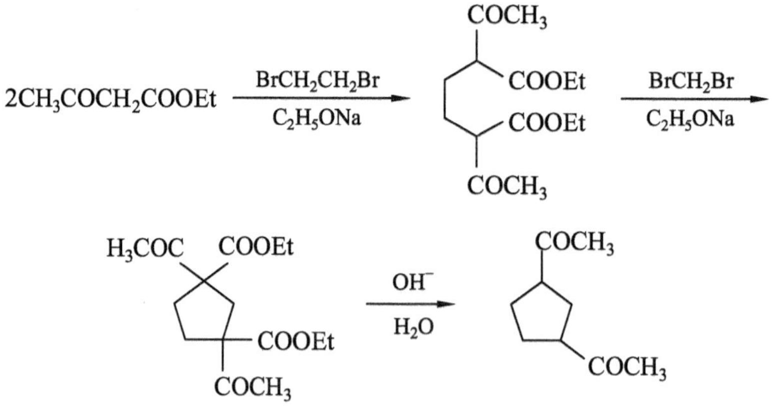

237. 用不超过 5 个碳的有机物合成

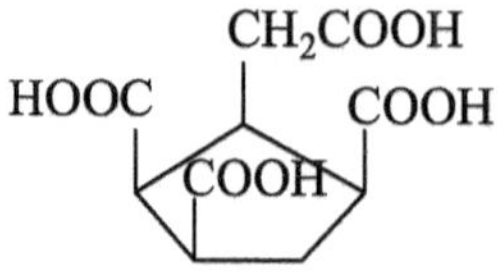

解： 倒推分析如下

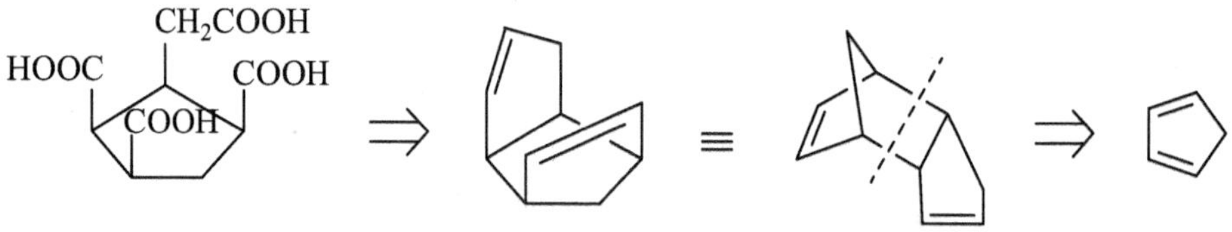

目标物为四元羧酸，观察后发现有两个 1,5-二羧酸，所以倒推转化成两个环戊烯，目标物可通过氧化碳碳双键获得；两个环戊烯组成的桥环二烯烃可以通过 D-A 反应来构建。

合成路线如下：

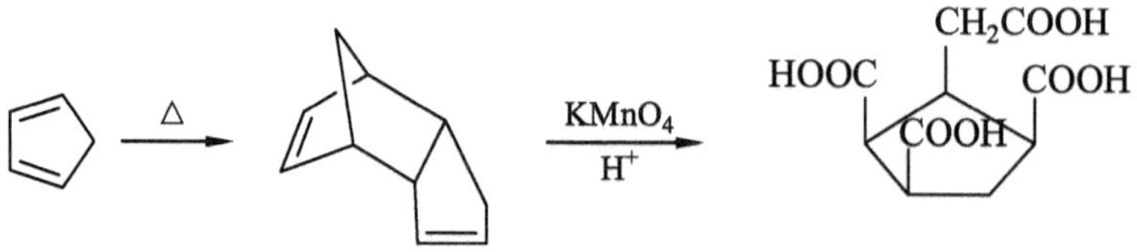

238. 由甲苯及必要的试剂完成下列转化：

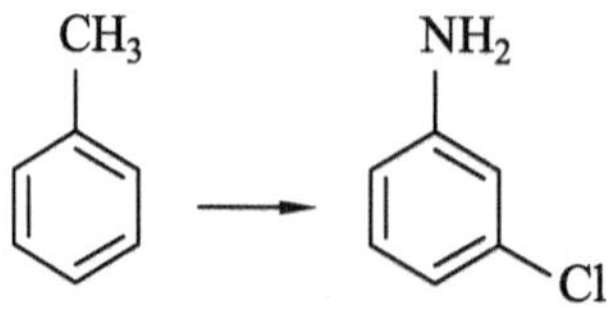

解： 倒推分析如下

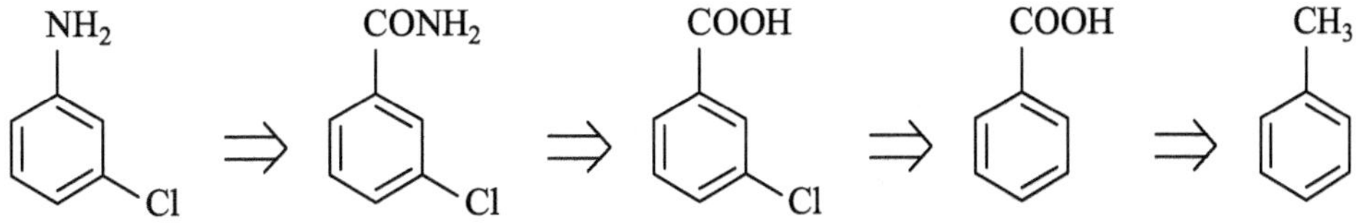

目标物甲基不见了，换成了氨基，甲基或氨基都不是氯的导向基，所以要在甲基转换成氯的导向基时进行氯代，引入氯原子；然后再继续转换成目标官能团，需要霍夫曼降级反应来完成。

合成路线如下：

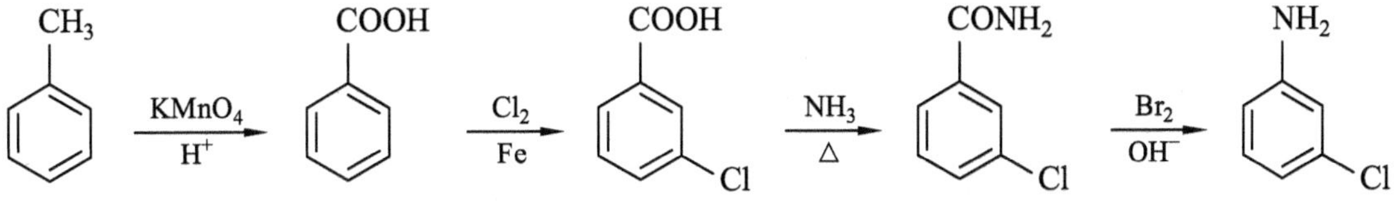

239. 由甲苯及必要的试剂完成下列转化：

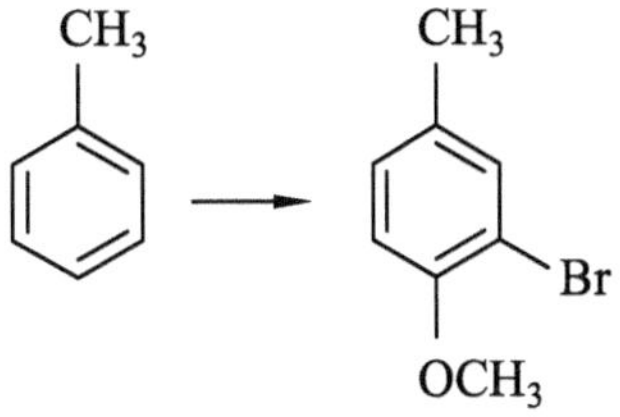

解： 逆合成分析如下：

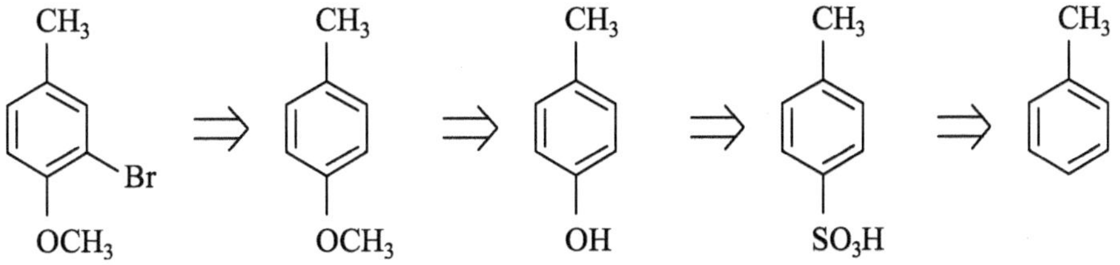

目标物显示需要在甲基的对位引入甲氧基，在间位引入溴原子。意味着甲基是引进对位基团的导向基，甲氧基是溴的导向基。所以，在苯环上进行官能团化的过程要按照反应的规律逐步进行。首先利用甲基导向，在对位转换成羟基，再转化成甲氧基，最后再溴代。

合成路线如下：

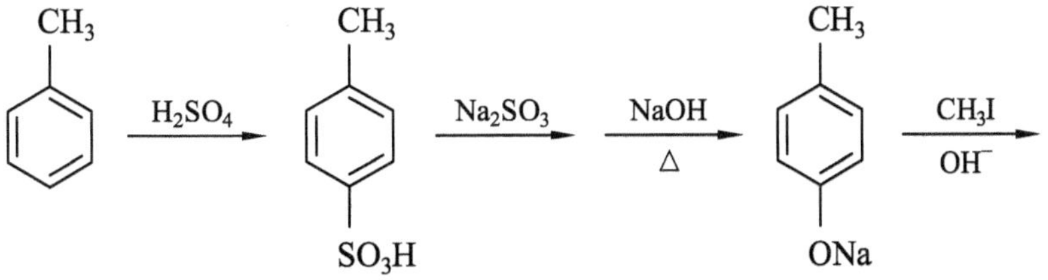

187

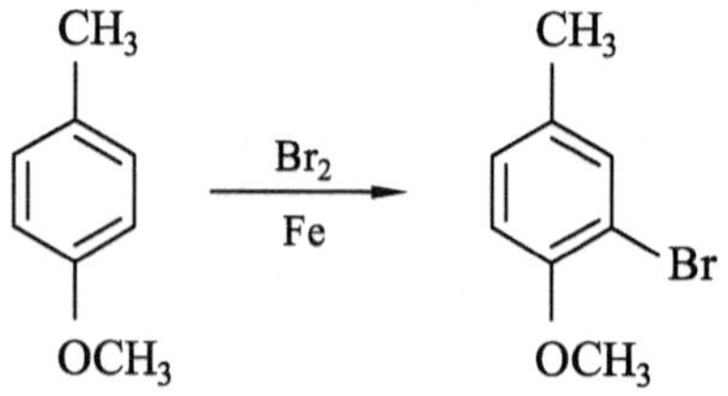

240. 由甲苯为原料，添加必要的试剂完成下列合成：

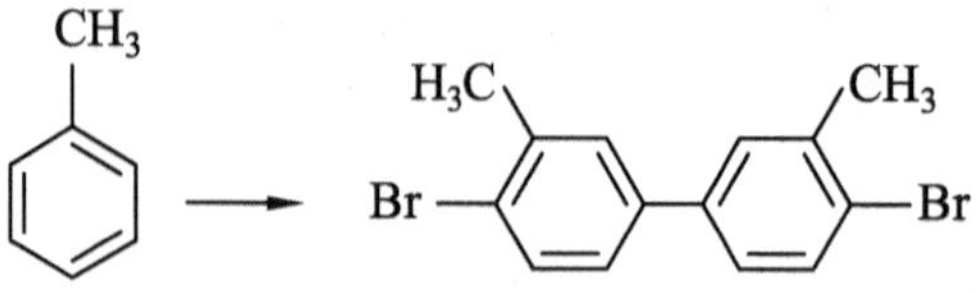

解： 倒推分析如下

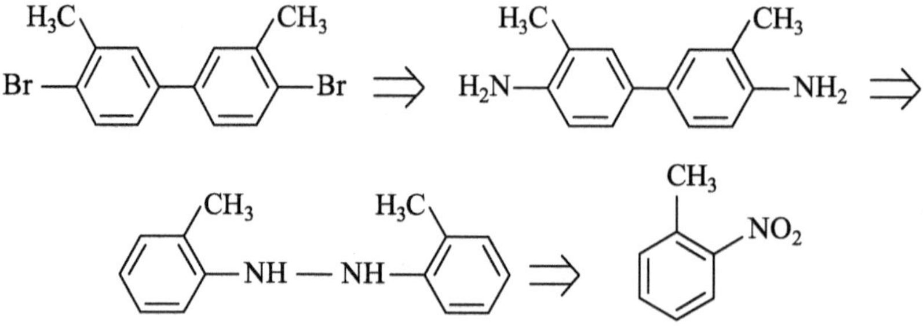

目标物是联苯，所以需要把溴转换成氨基；然后切断联苯间的碳碳键，因为可通过氢化偶氮苯重排成对应的联苯胺；然后再将氨基转换成溴代联苯。

合成路线如下：

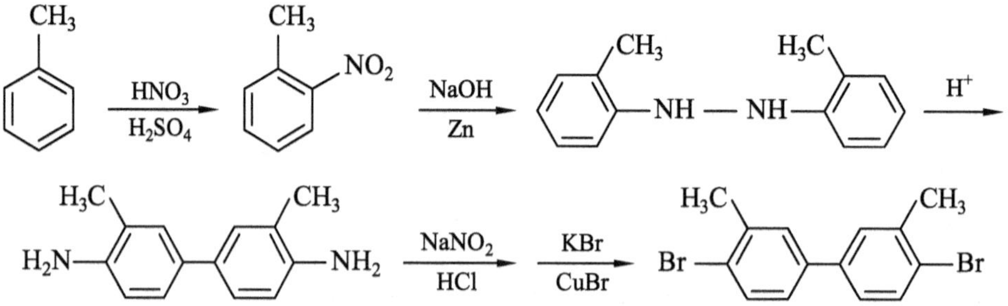

241. 用含 5 个或 5 个以下 C 的醇合成指定结构的产物：

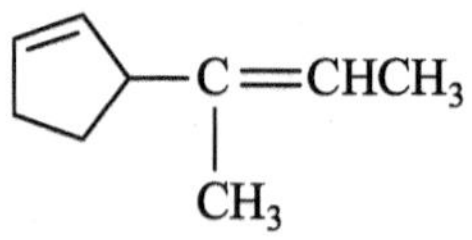

解： 倒推分析如下

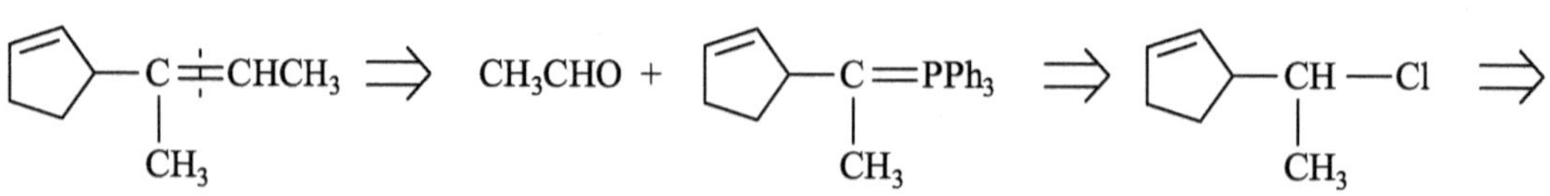

首先切断支链上的碳碳双键，得到合成子的等价物：乙醛、对应的维悌斯试剂；后者经过官能团的转化成卤代烃，再转化成对应的醇；然后切断支链上的碳碳键，得到合成子的等价物：乙醛、对应的格氏试剂；该格氏试剂转换成对应的卤代烃，再转化成对应的醇。

合成路线如下：

242. 用苯、甲苯以及必要的无机试剂合成下列化合物：

解： 倒推分析如下

首先切断连接硝基苯基上的碳氧键，得到合成子的等价物：对甲苯酚钠、对溴硝基苯。后者可通过先溴代后硝化得到。对甲苯酚可由甲苯先硝化，取对硝基苯还原得到对甲基苯胺，然后把氨基转换成羟基而得。

合成路线如下：

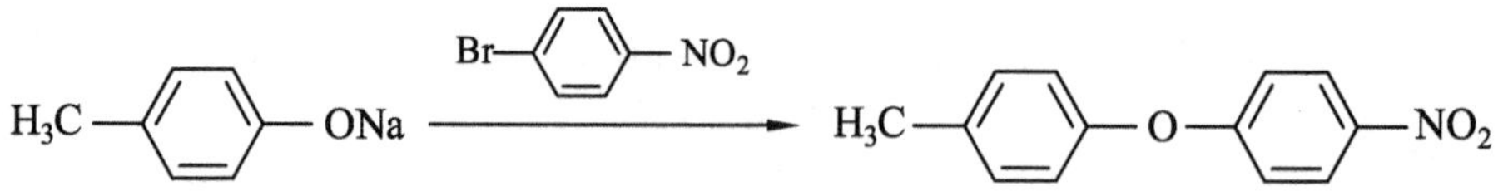

243. 用含 5 个及 5 个以下 C 的原料合成

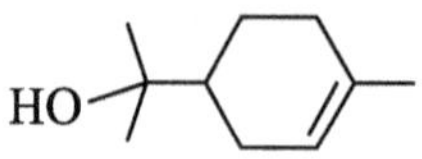

解： 倒推分析如下

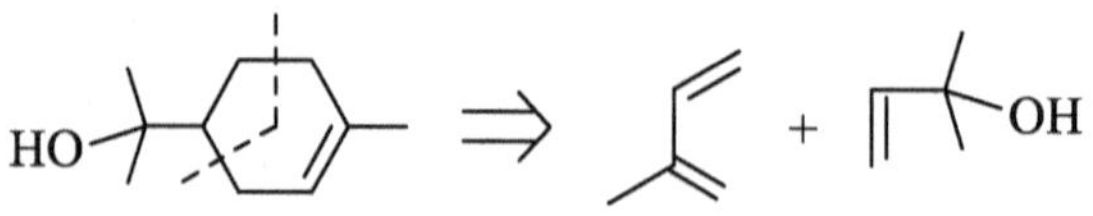

首先根据 D-A 反应规律切断环己烯醇环上的碳碳键，得到合成子的等价物：2-甲基-1,3-丁二烯、2-甲基-3-丁烯-2-醇。

合成路线如下：

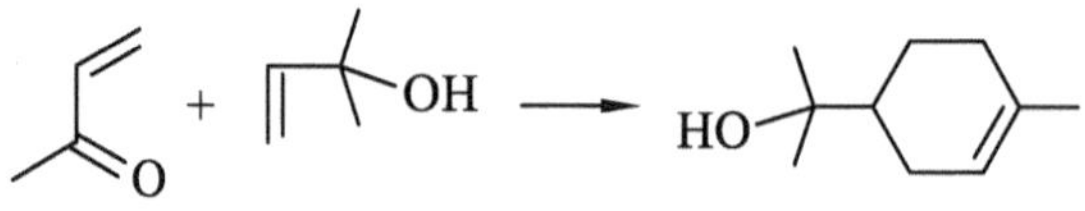

244. 由 2 个及 2 个碳以下的有机物合成下列化合物：

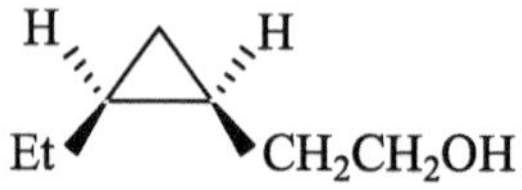

解： 倒推分析如下

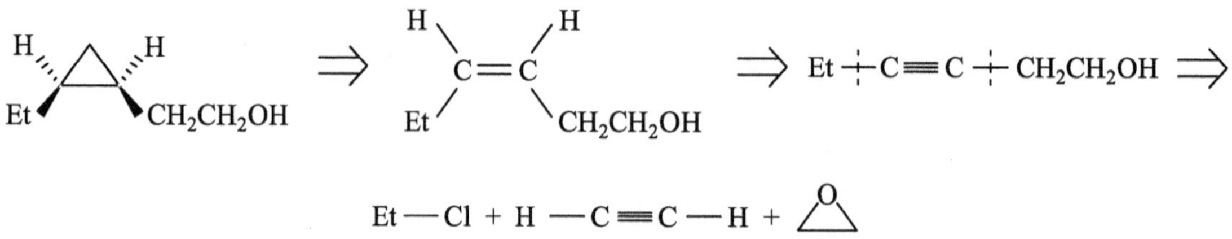

根据三元环可从烯烃与重氮甲烷来构建，首先切断三元环，去除亚甲基，转换成顺式-3-己烯-1-醇，再转化成炔醇；然后切断碳碳三键左右两边的碳碳键，得到合成子的等价物：乙炔、卤乙烷、环氧乙烷。

合成路线如下：

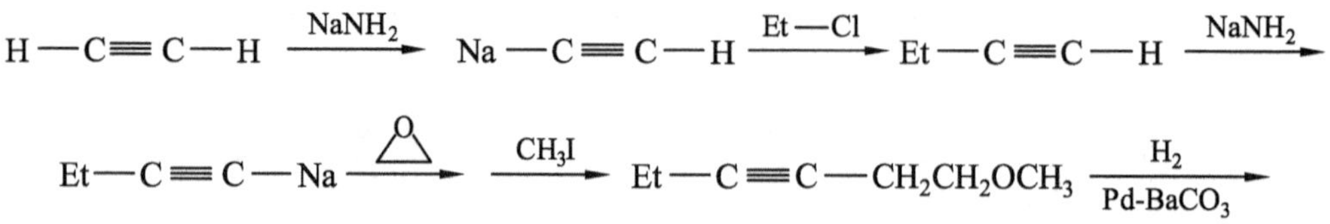

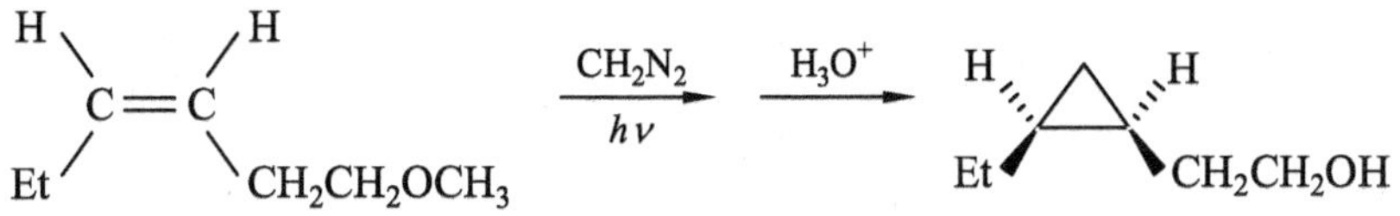

245. 用含 2 个 C 的原料合成指定结构的产物。

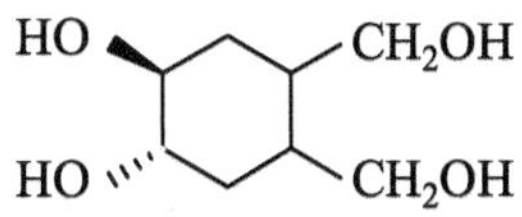

解： 倒推分析如下

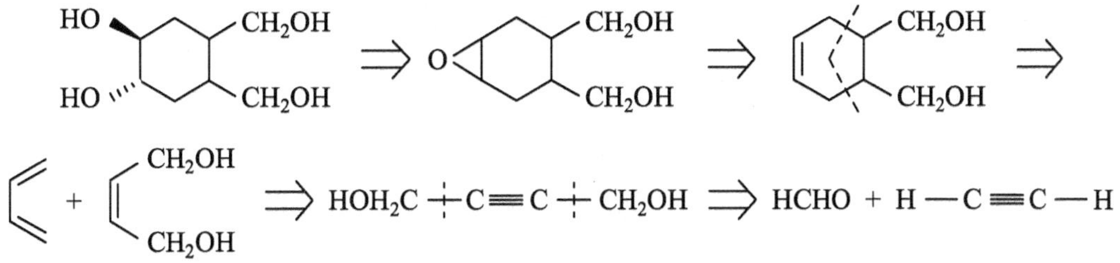

首先逐步转换环上的二元醇为环己烯，然后根据 D-A 反应规律切断环己烯环上的碳碳键，得到合成子的等价物：1, 3-丁二烯、顺式-2-丁烯-1, 4-二醇。后者经过把碳碳双键转化为三键，然后切断三键左右的碳碳单键，得到合成子的等价物：乙炔、甲醛。

合成路线如下：

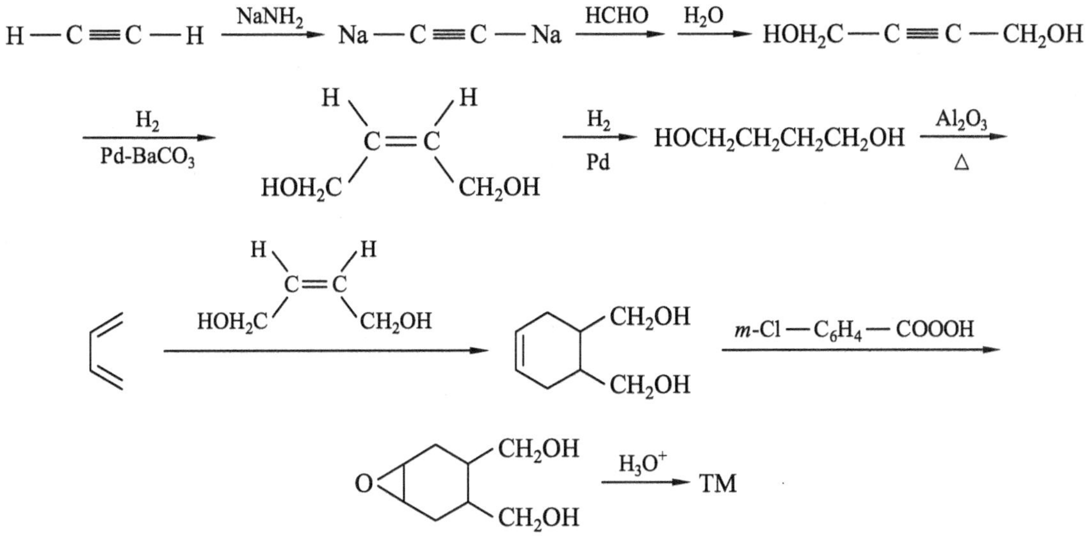

246. 完成下列转化：

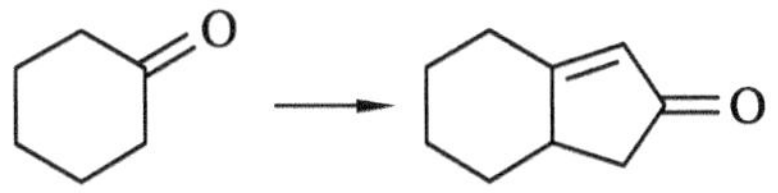

解： 倒推分析如下

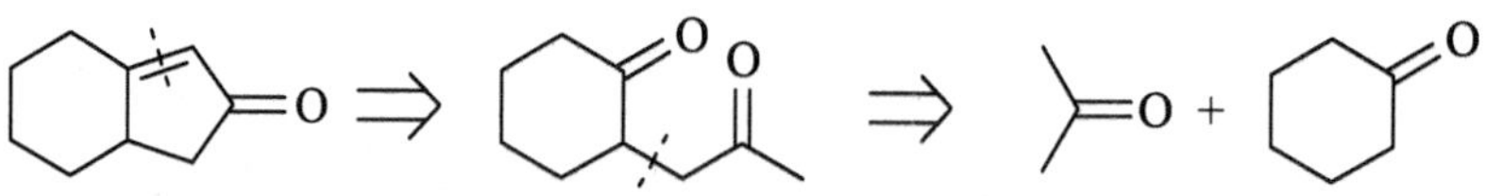

首先切断环上的碳碳双键，得到 1,4-二酮，然后切断支链上的碳碳键，得到合成子的等价物：环己酮、一卤丙酮。目标物经过一溴丙酮与烯胺反应生成的 1,4-二酮，再经过分子内交叉羟醛缩合来合成。

合成路线如下：

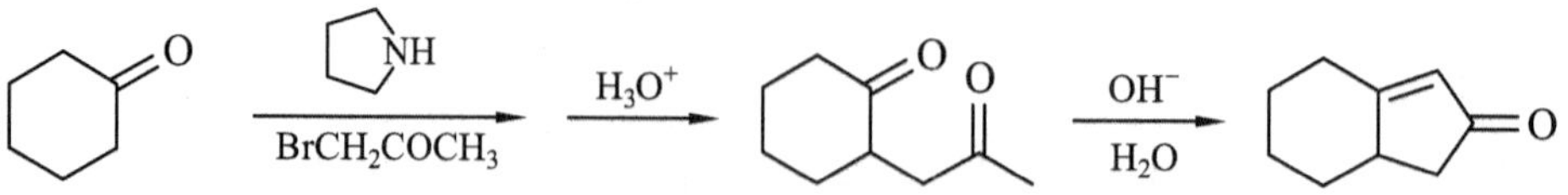

247. 由 3 个碳及以下的有机物合成

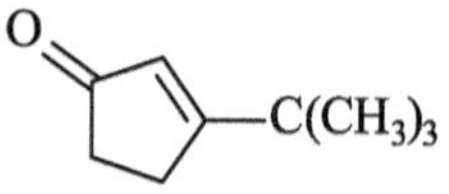

解：倒推分析如下

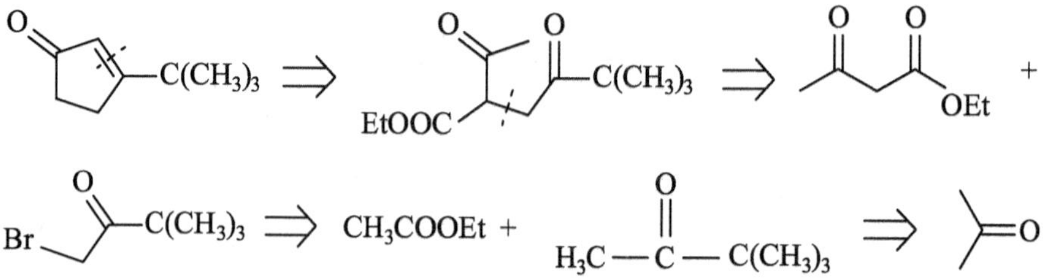

首先切断环上的碳碳双键，得到 1,4-二酮；再切断三乙的亚甲基上其他碳碳键，得到合成子的等价物：三乙、一溴代频哪酮。三乙可通过乙酸乙酯缩合制备。后者经过丙酮自由基耦合，频哪醇重排，酸性条件进行一卤代反应制得。

合成路线如下：

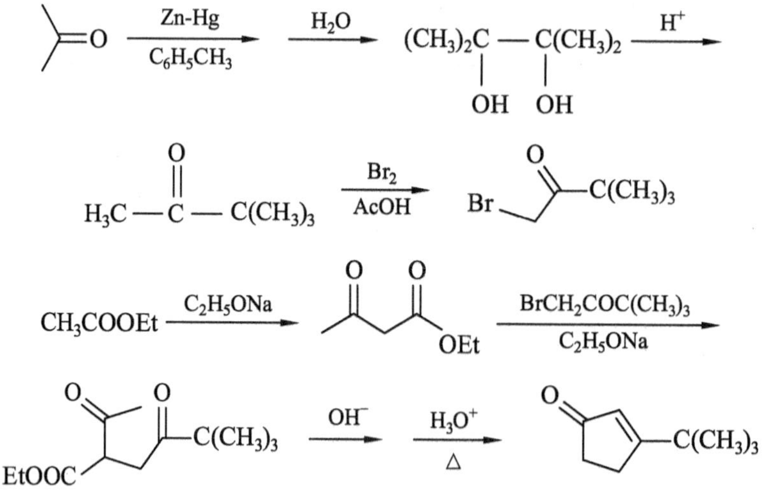

248. 用 4 个碳及以下的有机物为原料合成

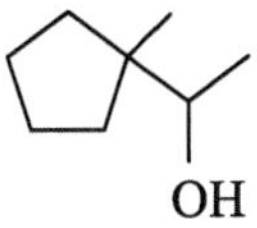

解： 倒推分析如下

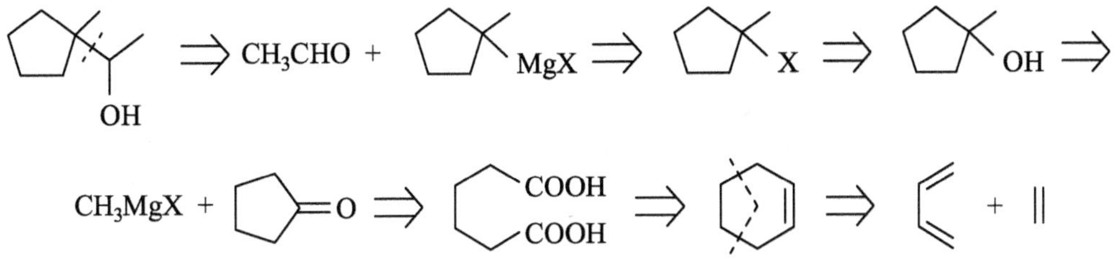

首先切断羟基左侧的碳碳键，得到合成子的等价物：乙醛、对应的格氏试剂；后者先转化成对应的卤代烃，再转化为对应的醇，切掉甲基，得环戊酮；环戊酮可经己二酸加热脱羧脱水得到，己二酸则可由氧化环己烯制备，后者通过 D-A 反应制备。

合成路线如下：

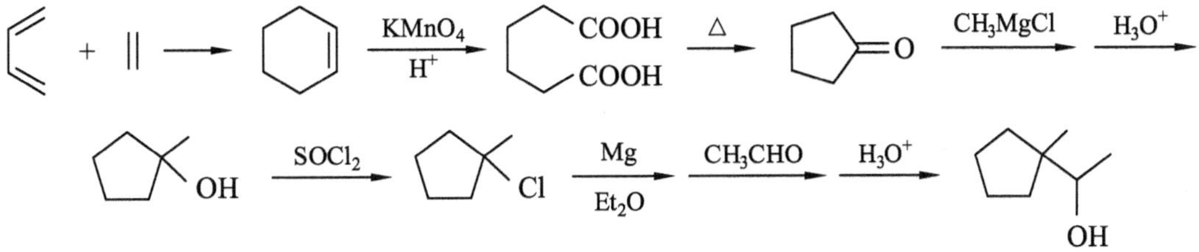

249. 用 4 个碳及以下的有机化合物和必要的无机试剂合成下列化合物：

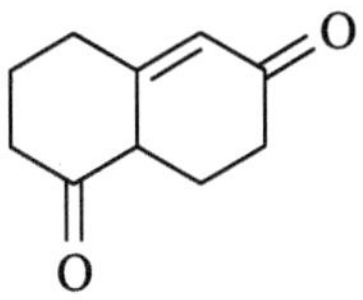

解： 倒推分析如下

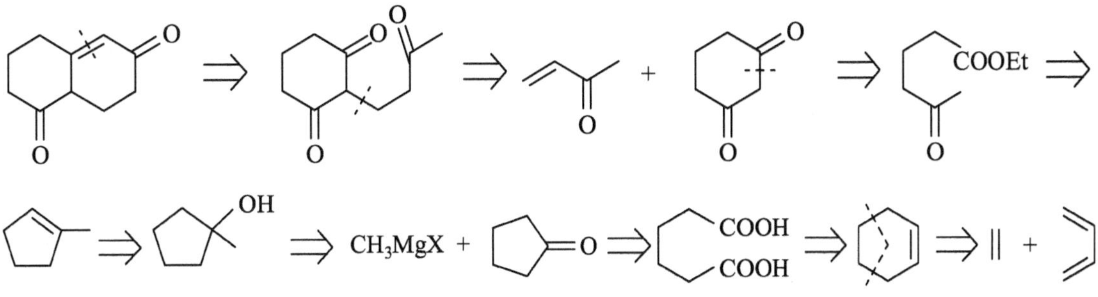

首先切断环的碳碳双键，得到一个 1, 5-二酮，再切断环的支链碳碳键，得到合成子的等价物：3-丁烯-2-酮、1, 3-环己二酮；然后切断羰基间的碳碳键，得到一个 5-己酮酸酯；后者

转变成 1-甲基环戊烯，再转变成 1-甲基环戊醇，切断支链，得合成子的等价物：甲基格氏试剂、环戊酮；后者转换成己二酸，再转变为环己烯；切断环己烯的两条碳碳单键，得到合成子的等价物：1,3-丁二烯、乙烯。

合成路线如下：

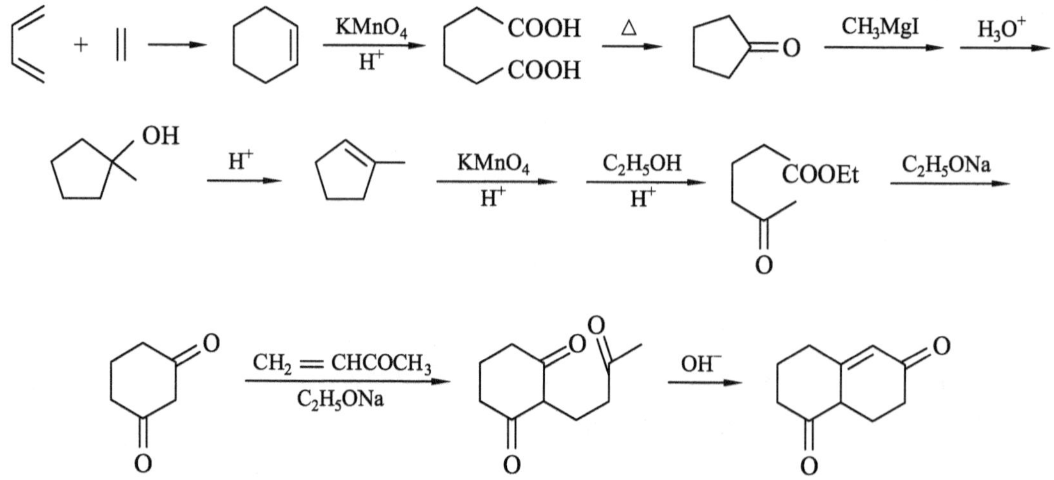

250. 由苯和 4 个碳及以下的有机物合成

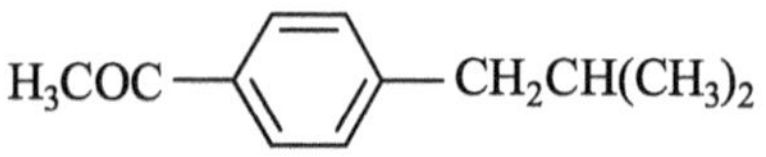

解： 倒推分析如下

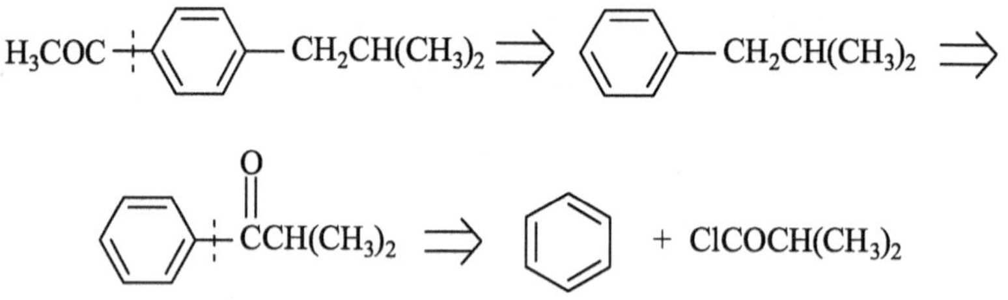

首先切掉左边的乙酰基，得到异丁基苯，转化成异丁酰基苯，再切掉异丁酰基，得到苯和异丁酰氯。

合成路线如下：

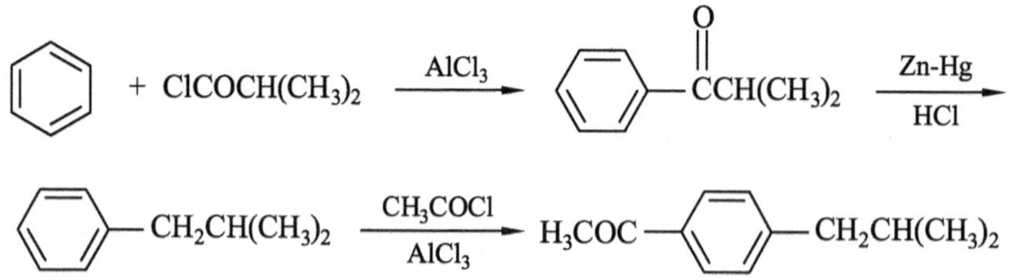

251. 以苯甲醛和 4 个碳及以下的有机物为原料合成

$$\text{C}_6\text{H}_5\text{—CHCH}_2\text{COCH}_3$$
$$\text{|}$$
$$\text{CH(COOEt)}_2$$

解： 倒推分析如下

苯基—CHCH₂COCH₃ ⟹ CH₂(COOEt)₂ + 苯基—CH=CHCOCH₃ ⟹
|
CH(COOEt)₂

苯基—CH=CCOCH₃ ⟹ 苯基—CHO + CH₃COCH₂COOEt
|
COOEt

根据目标物是一个 1, 5-酮酸酯，可以通过迈克尔加成反应来构建，首先切断支链的碳碳键，得到合成子的等价物：丙二酸酯、4-苯基-3-丁烯-2-酮；在后者乙酰基的左侧添加辅助基——羧基，切断双键，得到合成子的等价物：苯甲醛、三乙。

合成路线如下：

苯基—CHO + CH₃COCH₂COOEt $\xrightarrow{\text{C}_2\text{H}_5\text{ONa}}$ 苯基—CH=CCOCH₃ $\xrightarrow[\text{H}_2\text{O}]{\text{OH}^-}$
|
COOEt

苯基—CH=CHCOCH₃ $\xrightarrow[\text{C}_2\text{H}_5\text{ONa}]{\text{CH}_2(\text{COOEt})_2}$ 苯基—CHCH₂COCH₃
|
CH(COOEt)₂

252. 由苯和 4 个碳及以下的有机物为原料合成

（结构式：茚-2-甲醛 CHO）

解： 倒推分析如下

（倒推分析结构式序列）

195

由于目标物可以通过 1,6-二醛进行交叉羟醛缩合构建，所以，首先切断环双键，得到 1,6-二醛化合物，然后转换成苯并环己烯，再转换成对应的醇，再转成对应的酮，从羰基旁切断支链，得到 4-苯基丁酸；转换苯环旁第一个亚甲基为羰基，切断支链的碳碳键，得到合成子的等价物：苯、丁二酸酐。

合成路线如下：

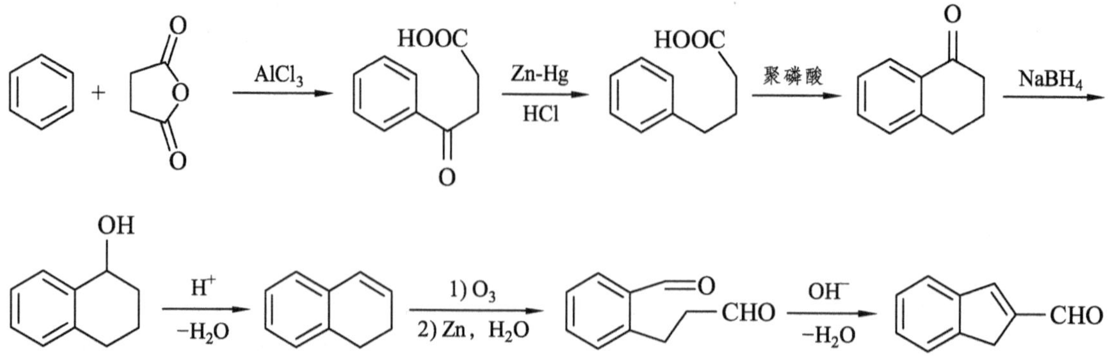

253. 用 4 个碳及以下的有机物为原料合成

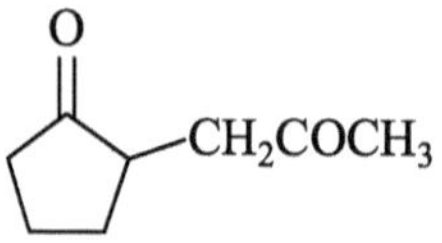

解： 倒推分析如下

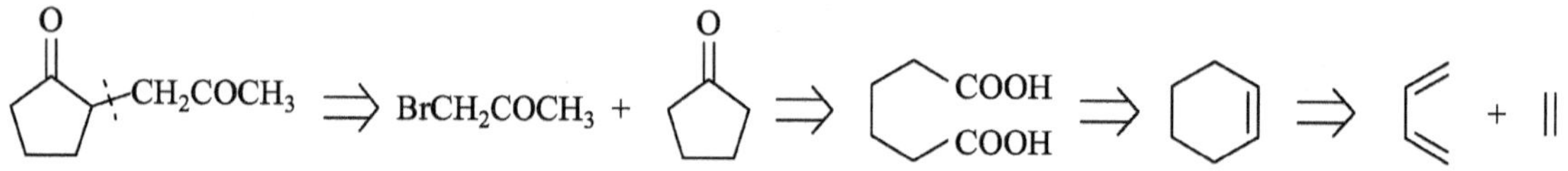

由于目标物可由烯胺和一溴丙酮烷基化来构建，所以，首先切断支链的碳碳键，得到合成子的等价物：一溴丙酮、环戊酮；后者转换为己二酸，再转换为环己烯，切断环上的两条碳碳键，得到两个合成子的等价物：1,3-丁二烯、乙烯。

合成路线如下：

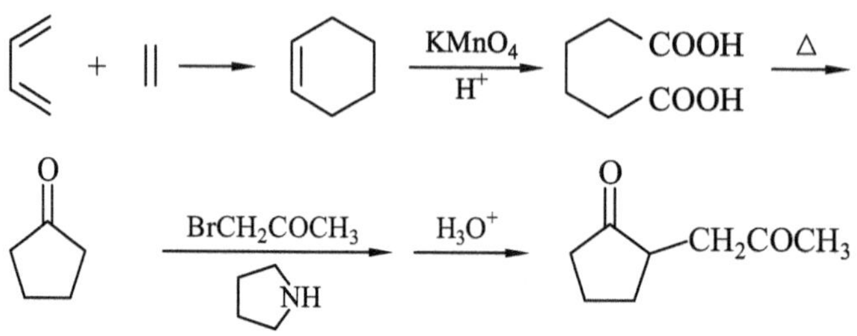

254. 由苯及必要的试剂合成

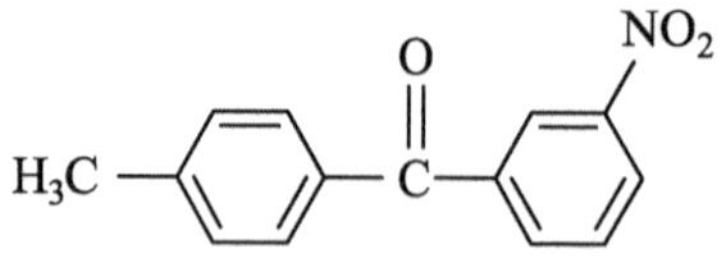

解：倒推分析如下

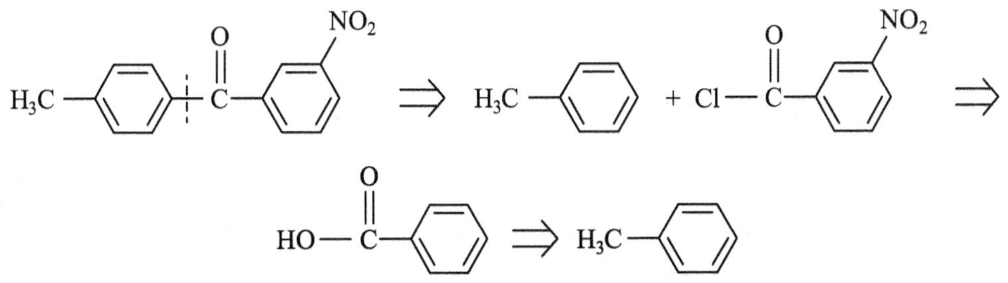

由间硝基苯甲酰氯与甲苯发生酰基化反应构建目标物。所以，首先切断羰基左侧的碳碳键，得到合成子的两个等价物：甲苯、间硝基苯甲酰氯。后者可以先氧化甲苯，再硝化，转化羧基为酰氯。

合成路线如下：

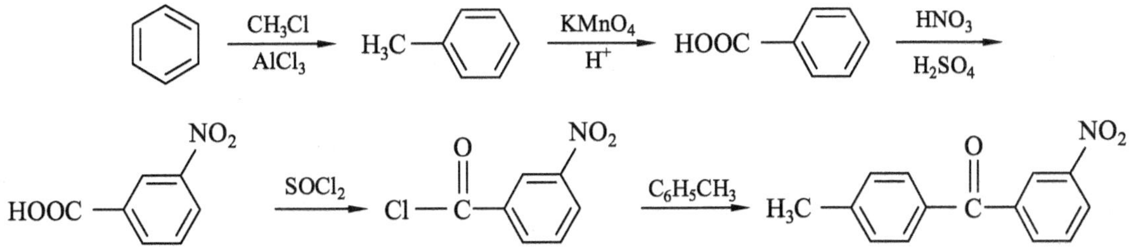

255. 由 3 个碳及以下的有机物为原料合成

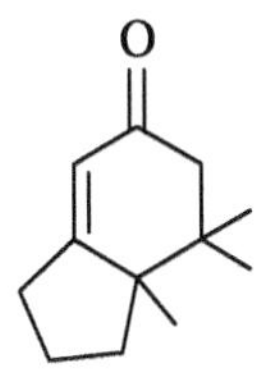

解：倒推分析如下

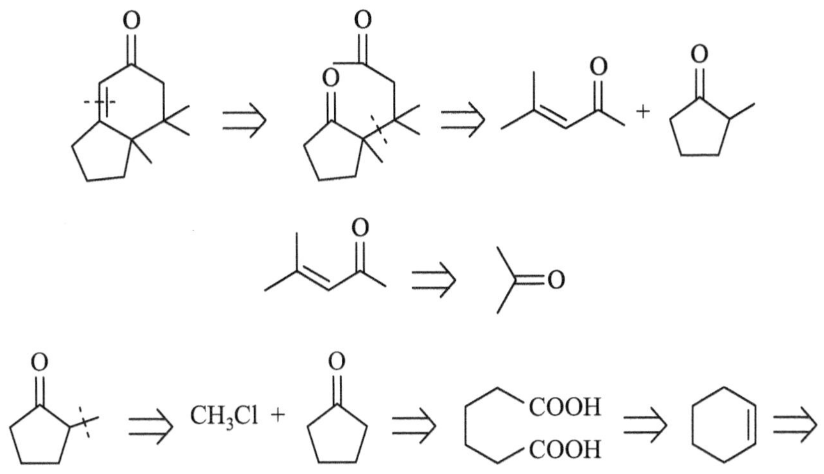

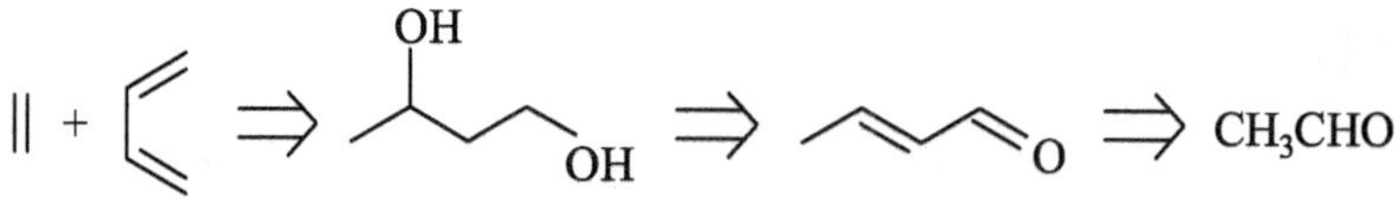

由 1,5-二酮通过交叉羟醛缩合可以构建目标物。所以，首先切断碳碳双键，得到 1,5-二酮化合物；然后切断环戊酮支链的碳碳键，得到合成子的两个等价物：4-甲基-3-戊烯-2-酮和 2-甲基环戊酮。前者可通过丙酮的羟醛缩合得到。后者可由烯胺的甲基化构建，先切掉甲基，再转化成己二酸，再转化为环己烯；随后切断环上的两条碳碳单键，得到合成子的等价物：乙烯、1,3-丁二烯；后者由乙醛经过羟醛缩合、还原、脱水来制备。

合成路线如下：

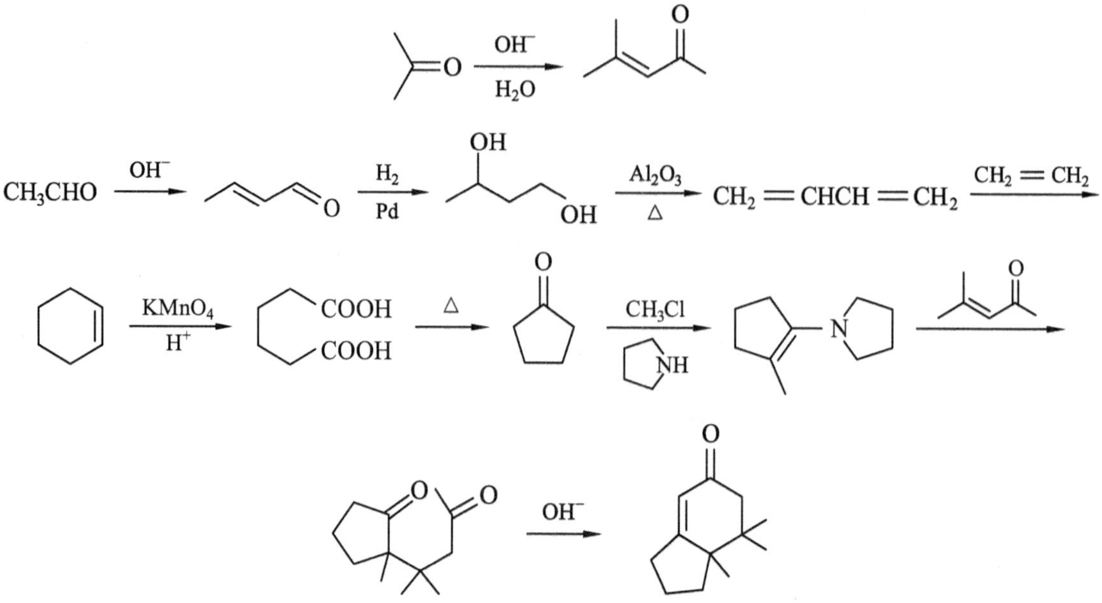

256. 由苯和 3 个碳的有机物为原料合成

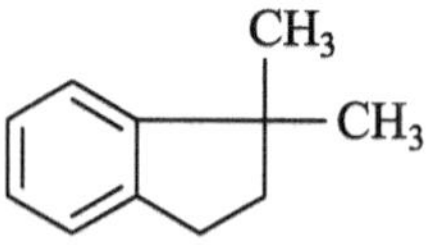

解： 倒推分析如下

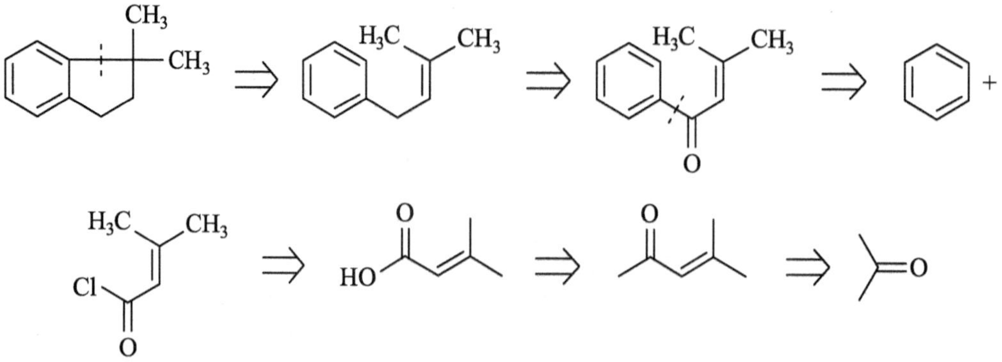

198

首先切断芳环旁边有甲基的碳碳键，得到一个芳香烯烃；把近芳环的亚甲基转换成羰基，然后切断，得到合成子的两个等价物：苯和 3-甲基-2-丁烯酰氯。后者可通过丙酮先进行羟醛缩合，再氧化，再转化成酰氯。

合成路线如下：

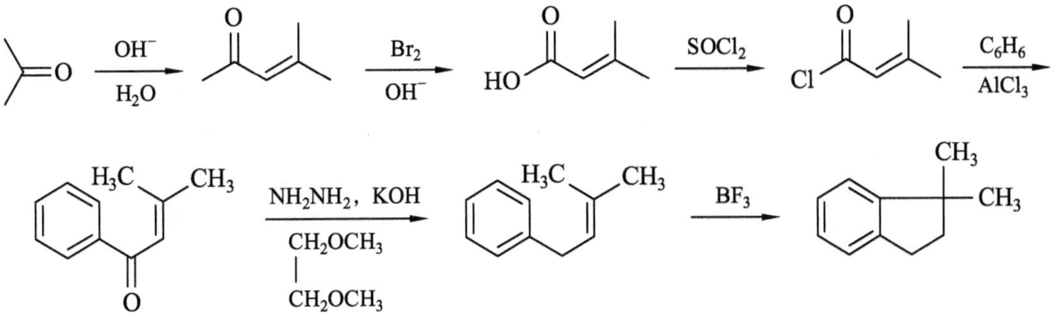

257. 用含 3 个及 3 个 C 以下的原料合成指定结构的产物

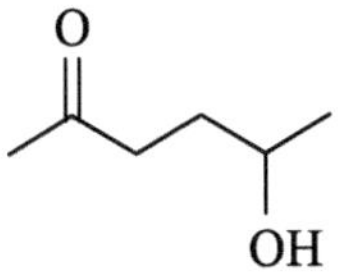

解： 倒推分析如下

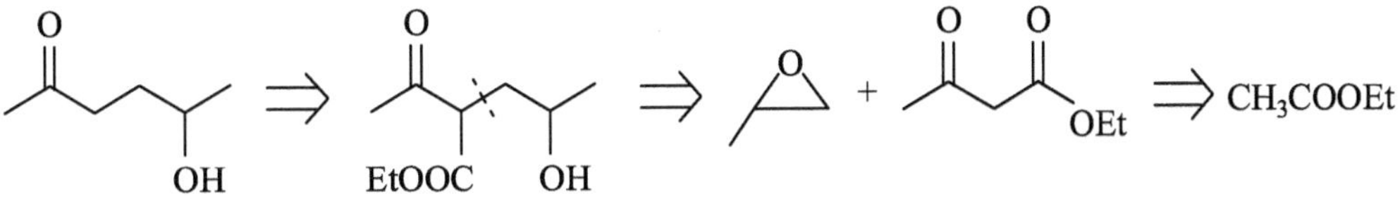

首先在羰基的右侧添加一个羧基，可以观察到三乙进行烷基化后的整体碳骨架结构，然后切断三乙其他碳碳键，得到合成子的等价物：1, 2-环氧乙烷、三乙。后者由乙酸乙酯进行酯缩合得到。

合成路线如下：

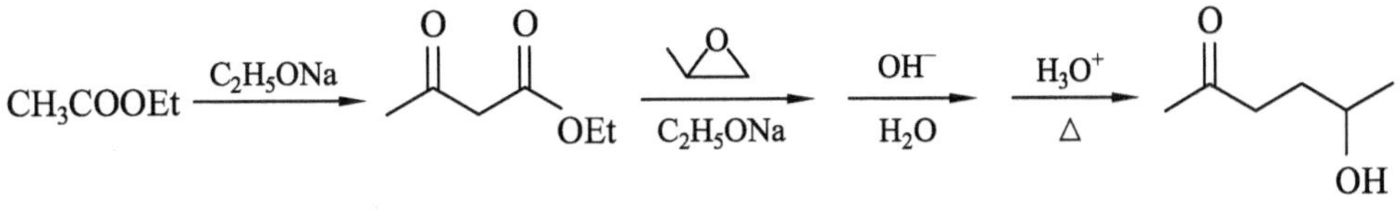

258. 用 4 个碳及以下的有机物，以及必要的试剂合成

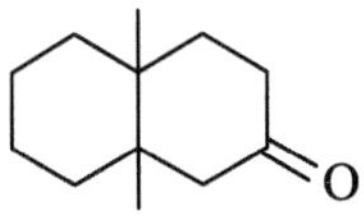

解： 倒推分析如下

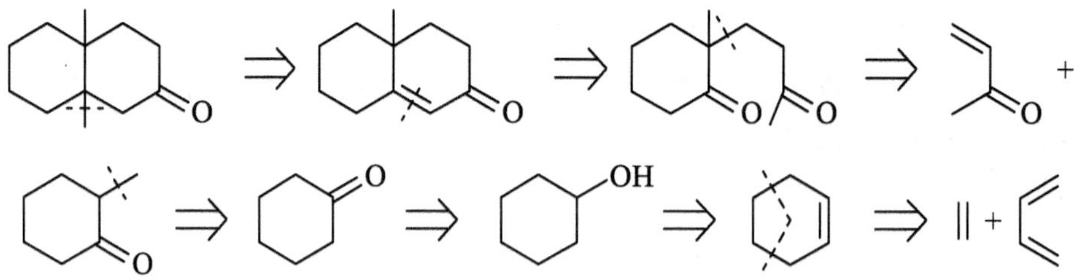

目标分子可以通过有机铜锂试剂进行迈克尔加成实现甲基化。因此，首先切掉下面的甲基，得到一个环烯酮碳骨架结构，然后切断碳碳双键，得到一个 1,5-二酮碳骨架化合物；切断环上的支链碳碳键，得到合成子的等价物：3-丁烯-2-酮、2-甲基环己酮；后者切掉甲基，再转换为环己酮，再转化为环己醇，最后转化为环己烯；切断环上适宜的两条碳碳单键，得到合成子的等价物：1,3-丁二烯和乙烯。

合成路线如下：

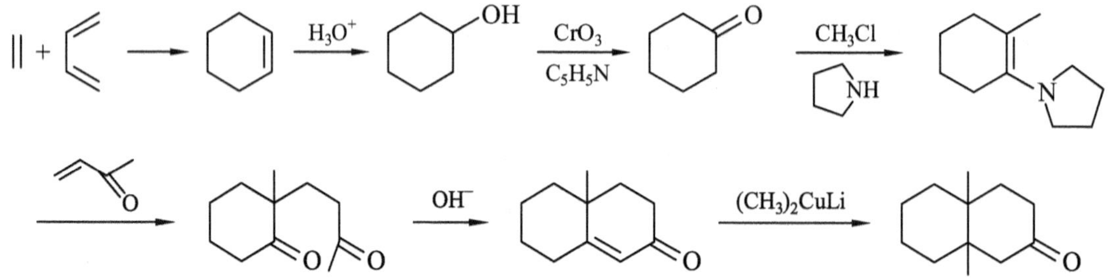

259. 用苯和乙酰乙酸乙酯为原料合成

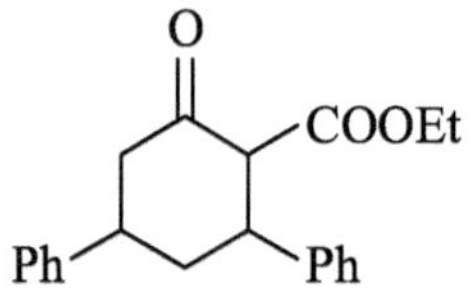

解：倒推分析如下

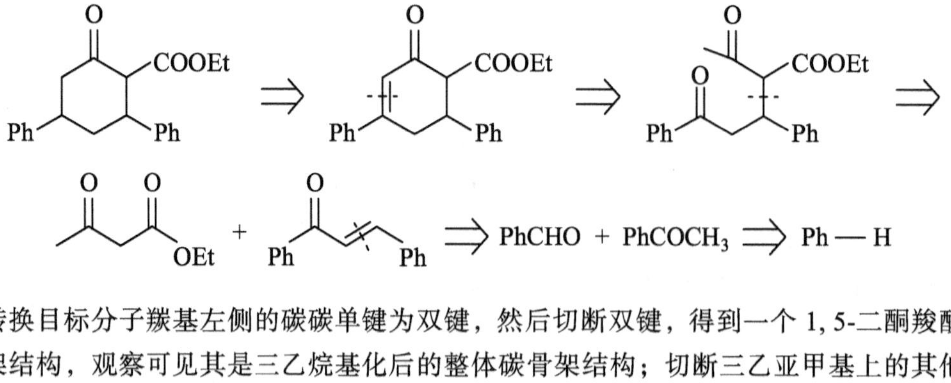

转换目标分子羰基左侧的碳碳单键为双键，然后切断双键，得到一个 1,5-二酮羧酸酯的碳骨架结构，观察可见其是三乙烷基化后的整体碳骨架结构；切断三乙亚甲基上的其他碳碳键，得到合成子的等价物：三乙、1,3-二苯基丙烯酮。后者可通过苯甲醛和苯乙酮进行交叉羟醛缩合反应来制备。

合成路线如下：

$$Ph-H + CO + HCl \xrightarrow{ZnCl_2} PhCHO$$

$$Ph-H + CH_3COCl \xrightarrow{AlCl_3} PhCOCH_3 \xrightarrow[OH^-]{PhCHO} \text{（查尔酮结构）} \xrightarrow[C_2H_5ONa]{CH_3COCH_2COOEt}$$

260. 由丙二酸二乙酯为原料合成 1,4-环己烷二甲酸。

解： 倒推分析如下

$$HOOC-\bigcirc-COOH \Rightarrow \text{（双环结构）} \Rightarrow CH_2(COOEt)_2 + BrCH_2CH_2Br$$

首先在羧基两边同时引入一个辅助基——羧基，然后，切断羧基旁边其他碳碳单键，得到合成子的等价物：丙二酸酯、1,2-二卤乙烷。

合成路线如下：

$$CH_2(COOEt)_2 + BrCH_2CH_2Br \xrightarrow{C_2H_5ONa} \text{（四酯结构）} \xrightarrow[C_2H_5ONa]{BrCH_2CH_2Br}$$

$$\text{（双环四酯）} \xrightarrow[H_2O]{OH^-} \xrightarrow[\triangle]{H_3O^+} HOOC-\bigcirc-COOH$$

261. 完成下列转化：

解： 倒推分析如下

首先切断环上的双键，得到 1,6-二酮碳骨架结构；然后分别在左右两个乙酰基旁边引入辅助基——羧基，此时可观察到其是一个两分子三乙经过烷基化连接在一起的碳骨架结构；切断三乙亚甲基上的其他碳碳键，得到合成子的等价物：两个三乙、1,2-二卤乙烷。

合成路线如下：

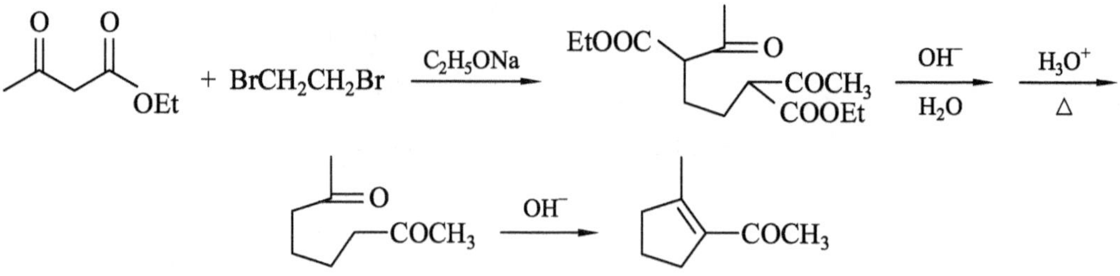

$$\text{(结构式)} \xrightarrow{C_2H_5ONa} \text{(结构式)} \xrightarrow[H_2O]{OH^-} \xrightarrow[\triangle]{H_3O^+}$$

$$\text{(结构式)} \xrightarrow{OH^-} \text{(结构式)}$$

262. 由环戊酮为有机原料合成

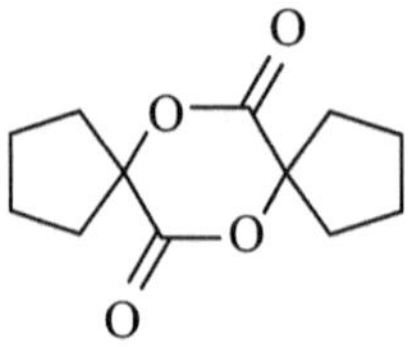

解： 倒推分析如下

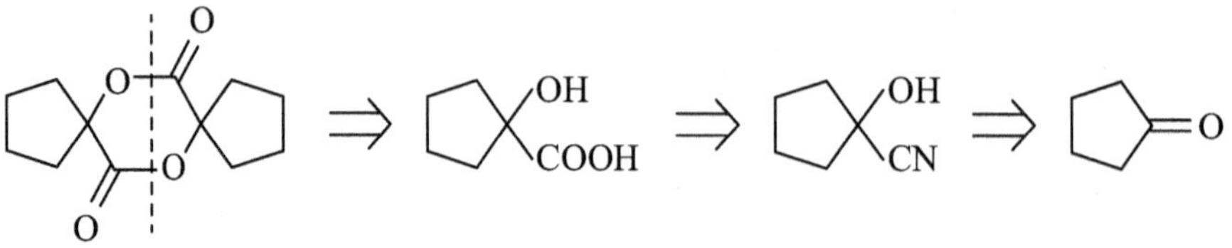

目标物为一个交酯，对称切断后得两分子 α-羟基羧酸；把羧基转化为氰基，切掉氰基，得到合成子的等价物：环戊酮和氰化钠。

合成路线如下：

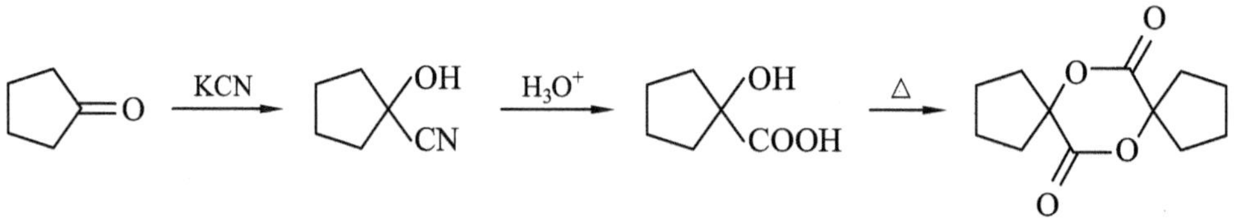

$$\text{(结构式)} \xrightarrow{KCN} \text{(结构式)} \xrightarrow{H_3O^+} \text{(结构式)} \xrightarrow{\triangle} \text{(结构式)}$$

263. 用 3 个碳及以下的有机物完成下列转化：

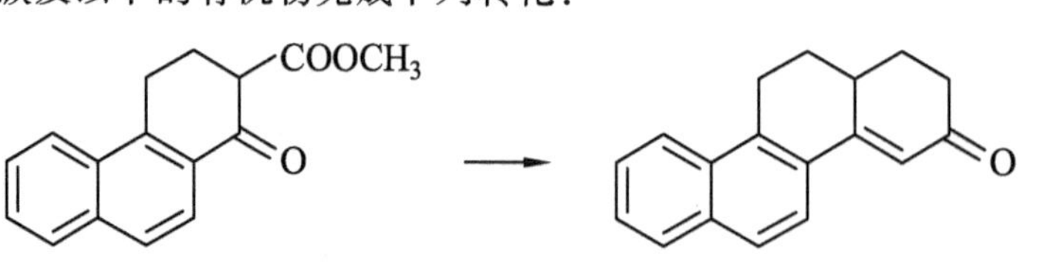

解： 倒推分析如下

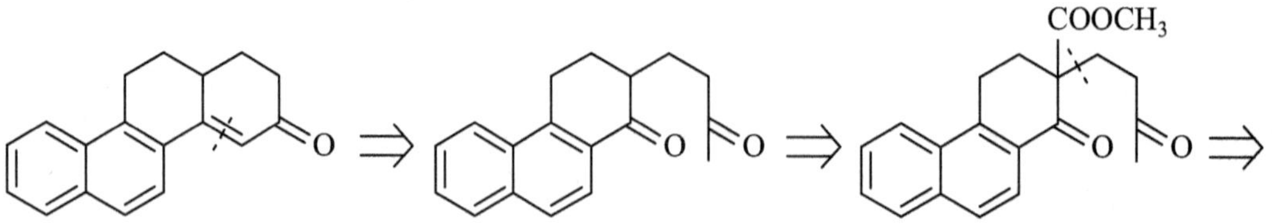

首先切断脂环烯酮的碳碳双键，得到一个 1,5-二酮碳骨架结构；然后在环羰基旁边引入辅助基——羧基，切断支链的碳碳键，得到合成子的等价物：3-丁烯-2-酮、β-酮酸酯化合物；前者可以通过丙酮和甲醛进行交叉羟醛缩合，然后消去一分子的水而获得。

合成路线如下：

264. 用不多于 2 个碳的有机物合成 5,5-二乙基巴比妥酸（Barbituric acid）：

解：倒推分析如下

$$CH_2(COOH)_2 \Longrightarrow NCCH_2COOH \Longrightarrow BrCH_2COOH \Longrightarrow CH_3COOH$$

首先切断环上两个酰胺键，得到合成子的等价物：脲、二乙基丙二酸酯；后者切掉两个乙基，得到丙二酸酯；丙二酸可由丙腈酸水解得到，丙腈酸可由一卤乙酸转化得到。

合成路线如下：

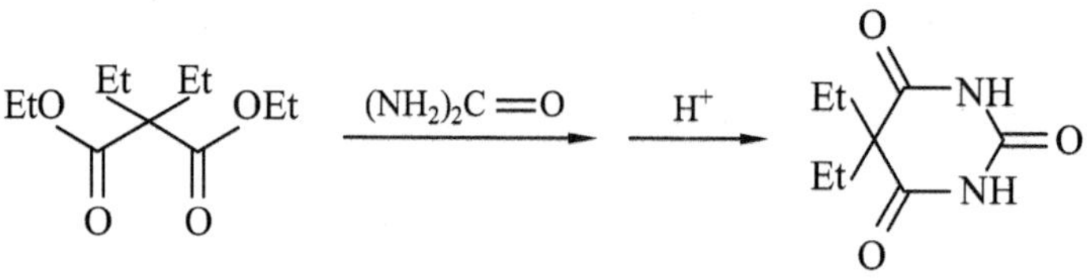

265. 用乙酰乙酸乙酯和 4 个 C 以下的有机物合成

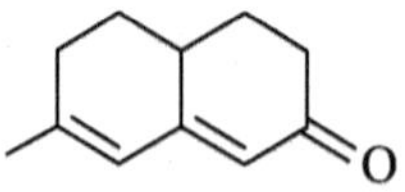

解：倒推分析如下

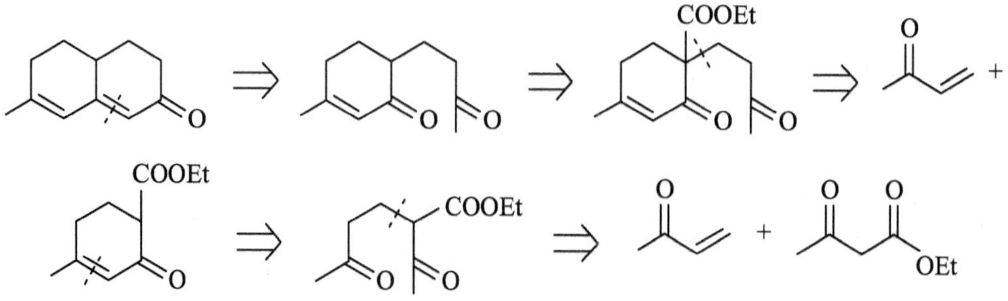

首先切断右环的碳碳双键，得到环己烯-1, 5-二酮碳骨架结构；在后者环羰基的α-位引入辅助基——羧基，此时可见一个不饱和β-羰基羧酸酯的碳骨架结构；切断环上的支链碳碳键，得到合成子的等价物：3-丁烯-2-酮、不饱和β-羰基羧酸酯；切断后者的碳碳双键，得 1, 5-二酮酸酯的碳骨架结构，其是一个三乙进行烷基化后的碳骨架结构，切断三乙中亚甲基上的其他碳碳键，得到合成子的等价物：3-丁烯-2-酮、三乙。

合成路线如下：

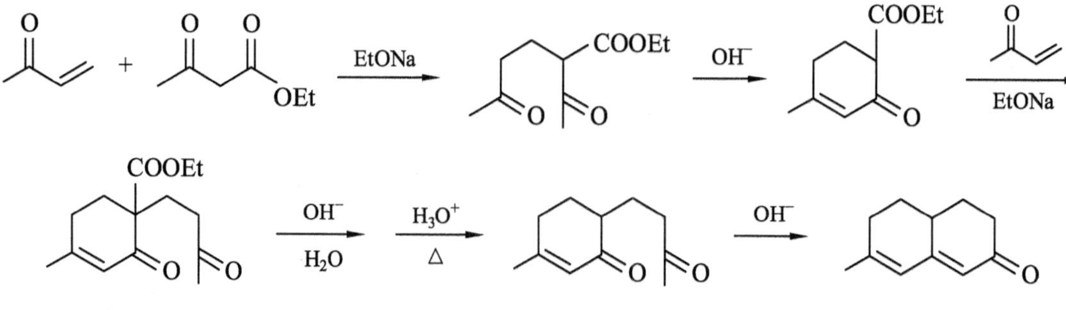

266. 用 4 个 C 以下的有机物合成

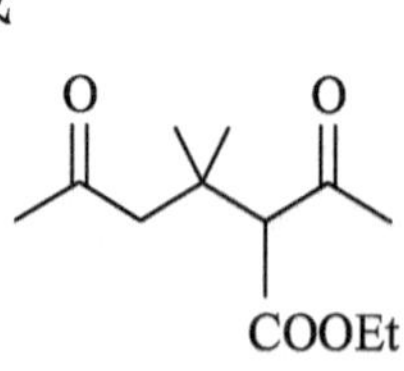

解：倒推分析如下

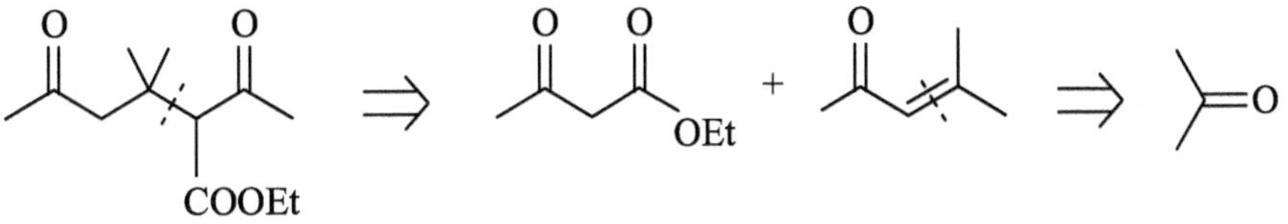

首先切断羧基左侧的碳碳键，得到合成子的等价物：三乙、4-甲基-3-丁烯-2-酮。后者可以通过丙酮进行羟醛缩合得到；三乙由乙酸乙酯缩合制备。

合成路线如下：

$$CH_3COOEt \xrightarrow{C_2H_5ONa} CH_3COCH_2COOEt$$

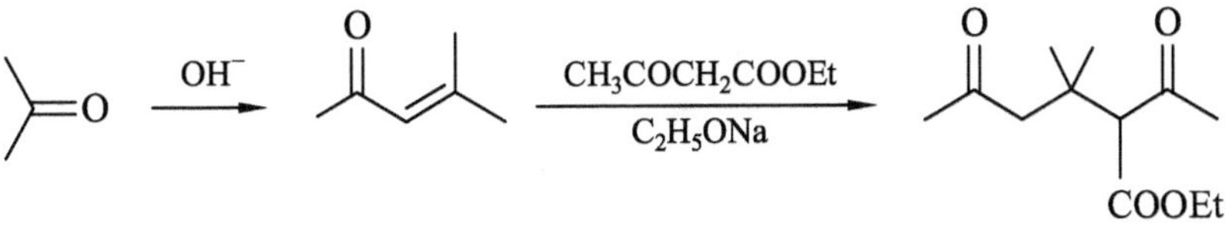

267. 由甲苯和 2 个碳及以下有机物合成

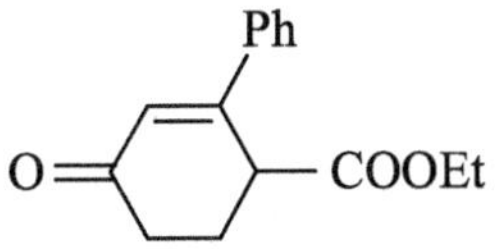

解： 倒推分析如下

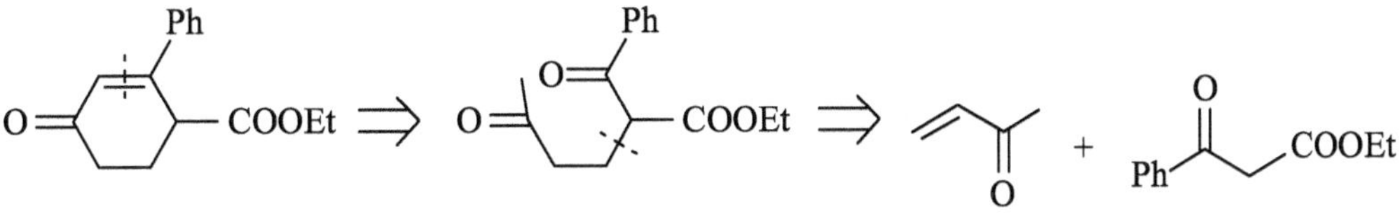

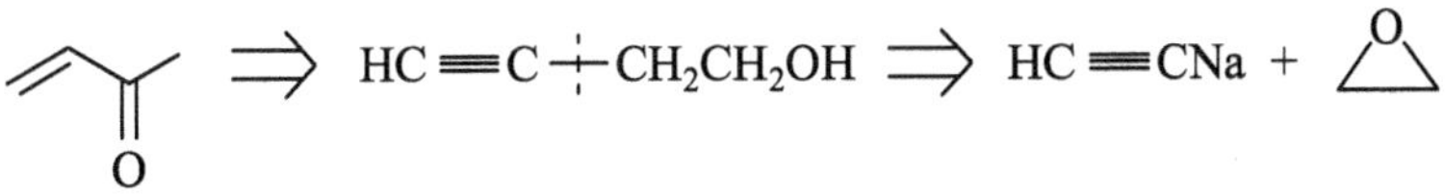

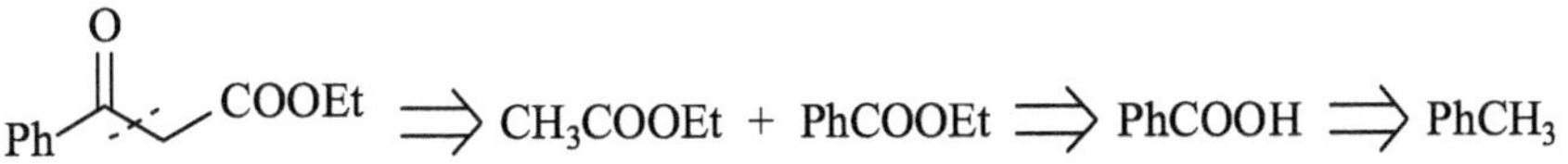

首先切断碳碳双键，得到 1,5-二酮酸酯的碳骨架结构；再切断 β-酮酸酯中亚甲基其他的碳碳键，得到合成子的等价物：3-丁烯-2-酮、苯甲酰乙酸乙酯。前者可以通过乙炔钠和环氧乙烷反应，水解，消去获得。后者通过甲苯氧化，酯化，交叉酯缩合而获得。

合成路线如下：

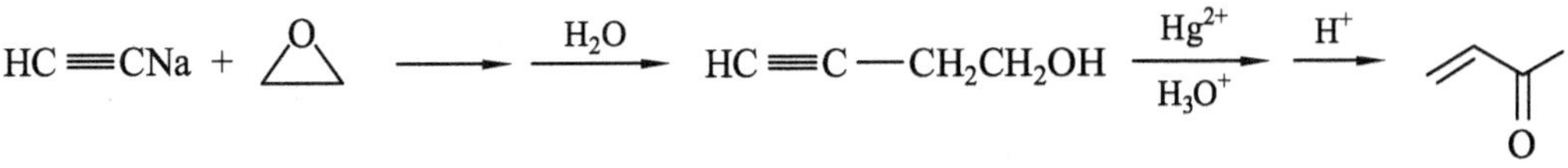

$$\text{PhCH}_3 \xrightarrow{\text{KMnO}_4} \text{PhCOOH} \xrightarrow[\text{H}^+]{\text{EtOH}} \text{PhCOOEt} \xrightarrow[\text{EtONa}]{\text{CH}_3\text{COOEt}} \text{Ph}\text{-CO-CH}_2\text{-COOEt} \xrightarrow[\text{EtONa}]{}$$

$$\text{(环状二酮酯)} \xrightarrow{\text{OH}^-} \text{(环己烯酯)}$$

268. 由苯和 4 个 C 以下的有机原料合成

解： 倒推分析如下

$$\text{PhCH}_2\text{COOCH}_3 \Rightarrow \text{PhCH}_2\text{CN} \Rightarrow \text{PhCH}_2\text{Cl} \Rightarrow \text{Ph}-\text{H}$$

首先切断环上羰基右侧的碳碳键，得到一个三元羧酸酯，但细心一看可分出两个 1,5-二羧酸酯的结构；观察分析得知其是一个苯乙酸乙酯经过两次烷基化后的整体碳骨架结构；接着切断苯乙酸乙酯亚甲基上的其他碳碳键，得到合成子的等价物：丙烯酸酯、苯乙酸乙酯。后者可由苯经过氯甲基化、氰化钾亲核取代、酸性醇解得到。

合成路线如下：

$$\text{Ph}-\text{H} + \text{HCHO} + \text{HCl} \xrightarrow{\text{ZnCl}_2} \text{PhCH}_2\text{Cl} \xrightarrow{\text{KCN}} \text{PhCH}_2\text{CN} \xrightarrow[\text{H}^+]{\text{CH}_3\text{OH}}$$

$$\text{PhCH}_2\text{COOCH}_3 \xrightarrow[\text{C}_2\text{H}_5\text{ONa}]{2\text{CH}_2=\text{CHCOOCH}_3} \text{(二酯中间体)} \xrightarrow{\text{C}_2\text{H}_5\text{ONa}} \text{(环己酮酯产物)}$$

269. 由 4 个及 4 个 C 以下的有机原料合成

解： 倒推分析如下

首先在羧基的 α-位引入辅助基——羧基，然后在其左侧切断碳碳键，得到合成子的等价物：丙二酸酯、4-氯甲基环己烯。后者先转化氯甲基为甲酰基，然后按照 D-A 反应的规律切断环上的两条碳碳键，得到合成子的等价物：1,3-丁二烯、丙烯醛。

合成路线如下：

270. 用含 4 个及 4 个 C 以下的有机原料合成下列化合物：

解： 倒推分析如下

首先在羰基的右侧 α-位引入一个羧基，得到一个三乙进行一次烷基化后的碳骨架结构，然后切断三乙亚甲基上的其他碳碳键，得到合成子的等价物：三乙、丙烯酸酯。

合成路线如下：

271. 用含 4 个及 4 个 C 以下的有机原料合成下列化合物：

解：倒推分析如下

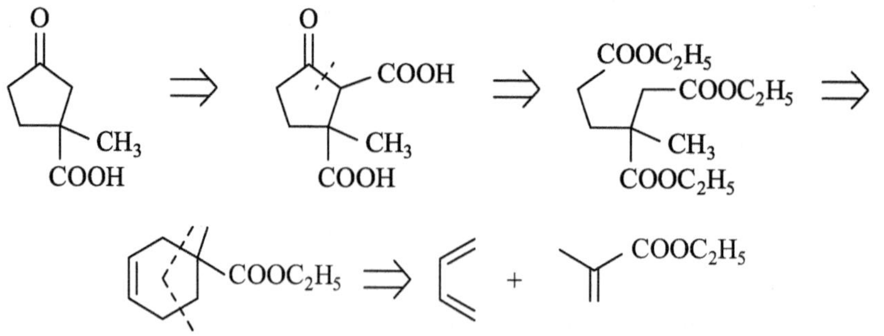

首先在环上羰基右侧引入一个辅助基——羧基，然后切断羰基右侧的碳碳键，得到含有 1,6-己二酸酯结构的三元羧酸酯；其可以通过氧化 1-甲基-3-环己烯甲酸酯，然后切断环上的两条碳碳单键，得到合成子的等价物：1,3-丁二烯、2-甲基丙烯酸酯。

合成路线如下：

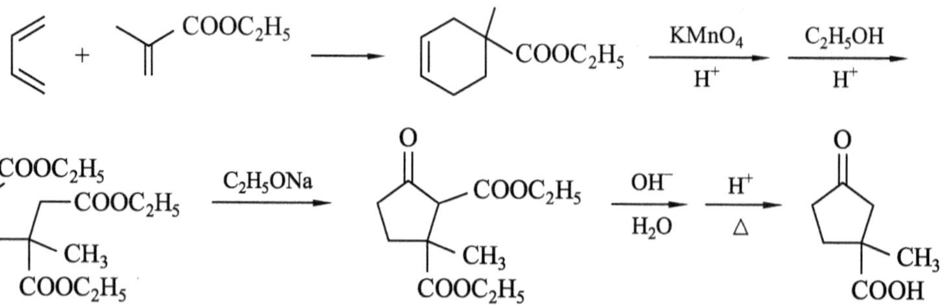

272. 用含 4 个及 4 个 C 以下的有机原料合成下列化合物：

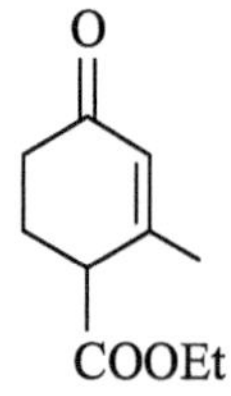

解：倒推分析如下

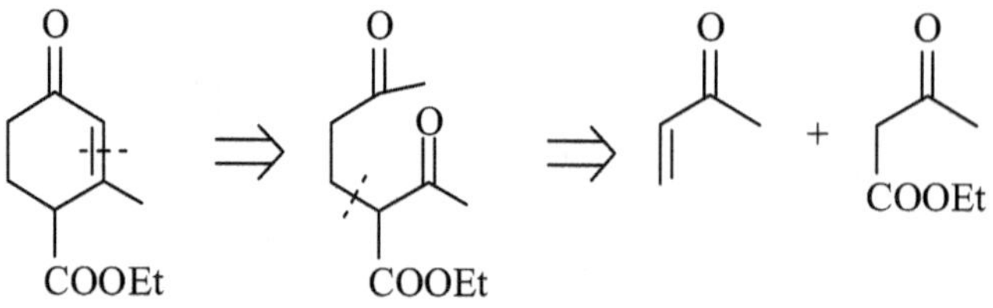

首先切断碳碳双键，得到 1,5-二酮酸酯，仔细观察其是一个三乙经过一次烷基化后的整体碳骨架结构，再切断三乙的亚甲基上的其他碳碳键，得到合成子的等价物：三乙、3-丁烯-2-酮。

合成路线如下：

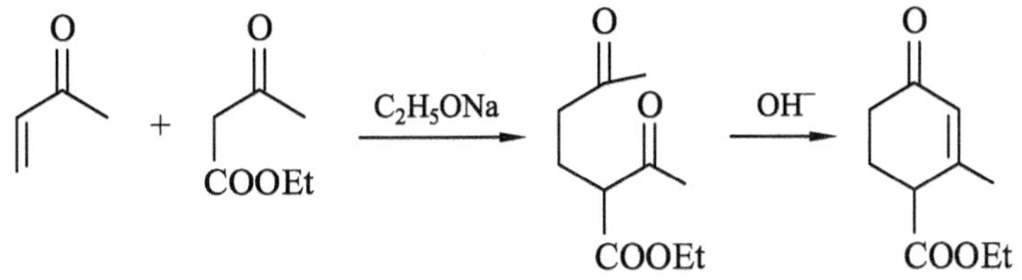

273. 由苯和丙二酸酯合成

$$\underset{\overset{|}{OH}}{Ph_2C} - CH_2 - CH_2 - CH_2OH$$

解： 倒推分析如下

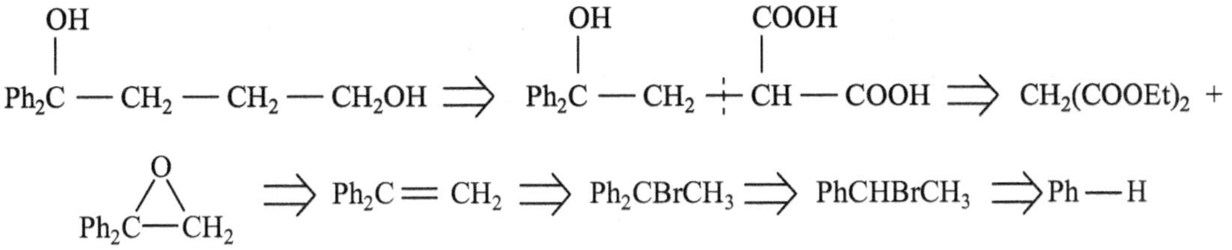

首先转换右端的羟甲基为羧基，接着在羧基的 α-位引入辅助基——羧基，然后在羧基旁切断碳碳键，得到合成子的等价物：丙二酸酯、1,1-二苯基环氧乙烷。后者可由苯经过系列反应转化而成。

合成路线如下：

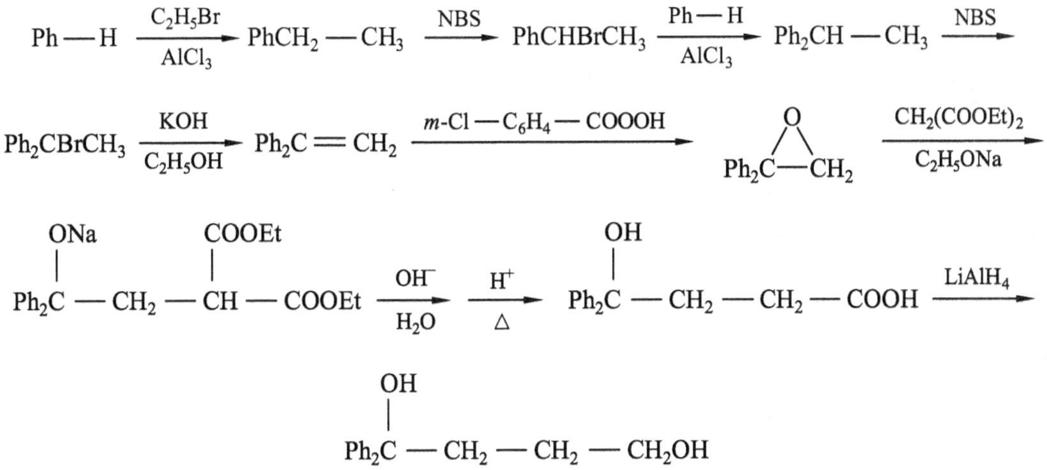

274. 用甲苯、丙二酸酯和乙醇合成 $PhCH_2CH(C_2H_5)COOC_2H_5$。

解： 倒推分析如下

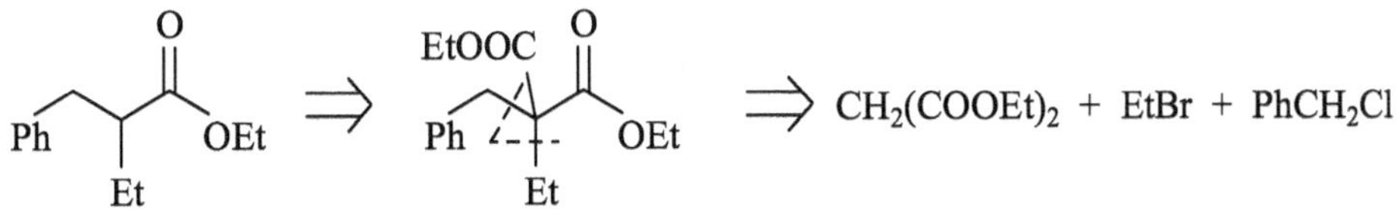

209

首先在羧基 α-位引入辅助基——羧基，得到一个丙二酸酯经过两次烷基化后的整体碳骨架结构，然后切断丙二酸酯的亚甲基上其他碳碳键，得到合成子的等价物：丙二酸酯、苄基卤、卤代乙烷。

合成路线如下：

$$C_2H_5OH \xrightarrow{\quad HBr \quad} EtBr$$

$$PhCH_3 \xrightarrow[h\nu]{Cl_2} PhCH_2Br \xrightarrow[C_2H_5ONa]{CH_2(COOEt)_2} \underset{Ph}{EtOOC} \overset{O}{\underset{}{\diagdown}} OEt \xrightarrow[C_2H_5ONa]{EtBr}$$

$$\underset{Ph}{\overset{EtOOC}{\diagup}}\underset{Et}{\overset{O}{\diagdown}}OEt \xrightarrow[H_2O]{OH^-} \xrightarrow[\triangle]{H^+} \xrightarrow[H^+]{C_2H_5OH} \underset{Ph}{\overset{O}{\diagdown}}\underset{Et}{OEt}$$

275. 由苯和必要的试剂合成

解： 倒推分析如下

首先切断酰氧基的碳氧键，得到一个不饱和酚酸，然后切断双键，得到合成子的等价物：乙酐、水杨醛。后者可由苯转换成酚，然后进行甲酰化而获得。

合成路线如下：

210

276. 由甲苯和必要的试剂合成

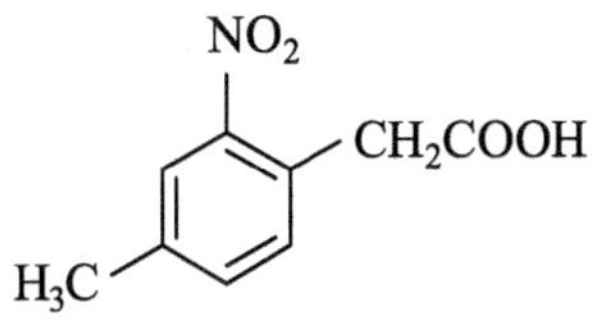

解：倒推分析如下

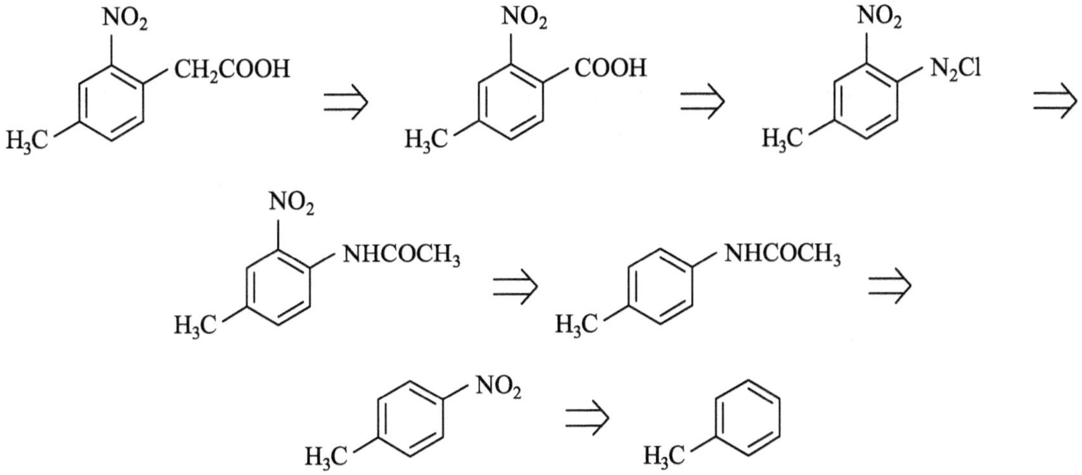

由于目标物可由羧基经过重氮甲烷反应重排获得羧甲基，所以首先转换苯环上的羧甲基为羧基，然后逐步转换羧基为酰胺基，切断硝基，再继续转换酰胺基为硝基。

合成路线如下：

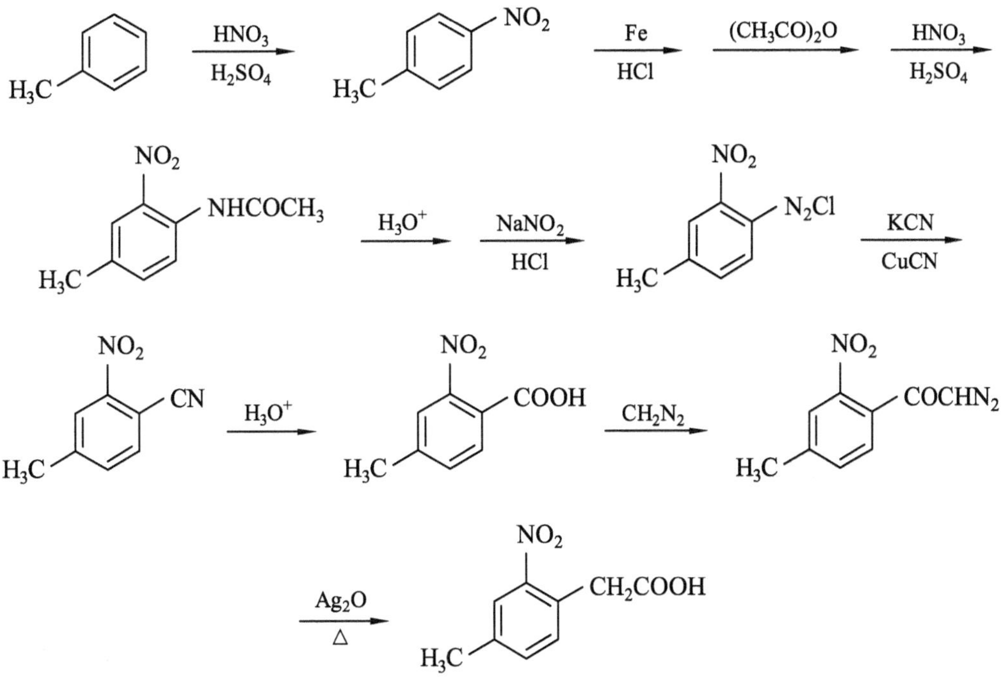

277. 由苯甲醛、丙二酸二乙酯和不多于 3 个碳的有机原料合成

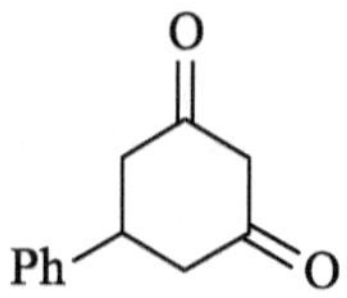

解：倒推分析如下

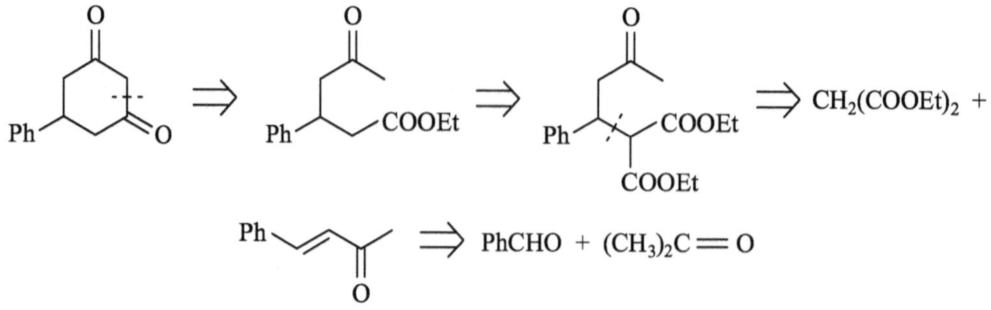

首先切断两个羰基间的碳碳键，得到 1, 5-羰基酸酯，然后在羰基的 α-位引入辅助基——羧基，可观察到其是一个丙二酸酯经过烷基化后的整体碳骨架结构；切断丙二酸酯上亚甲基的其他碳碳键，得到合成子的等价物：丙二酸酯、4-苯基-3-丁烯-2-酮。后者可通过苯甲醛和丙酮进行交叉羟醛缩合反应来构建。

合成路线如下：

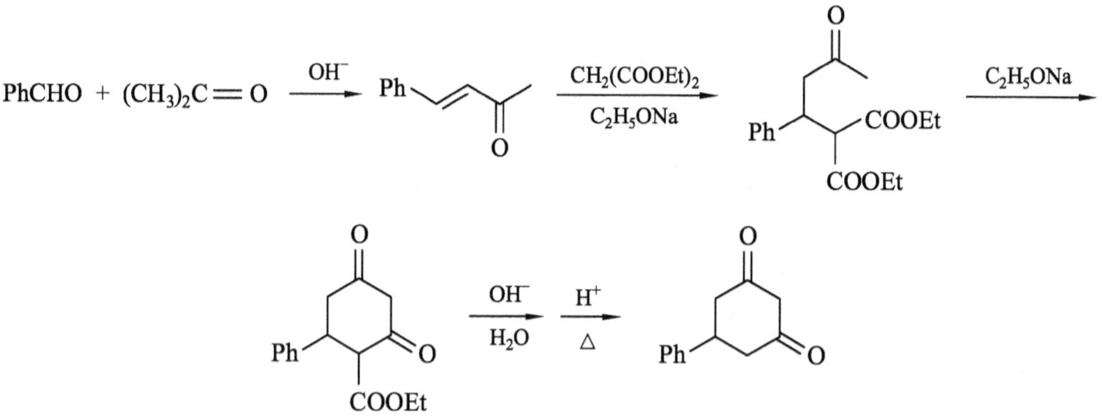

278. 以丙酮、乙醇为有机原料合成下列化合物：

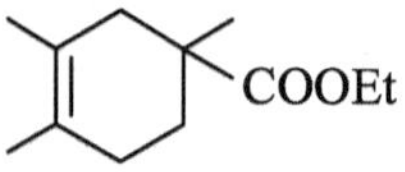

解：倒推分析如下

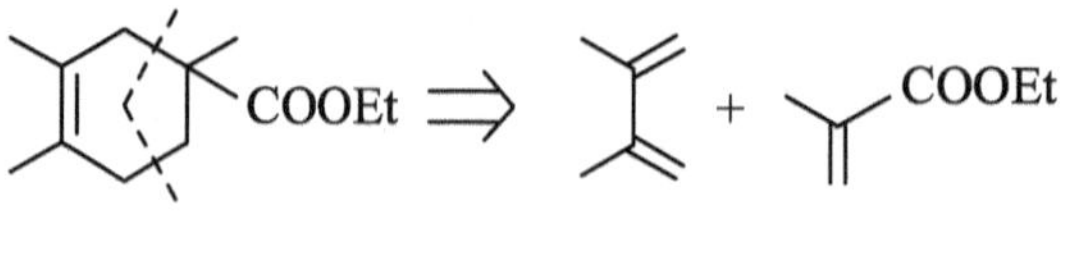

212

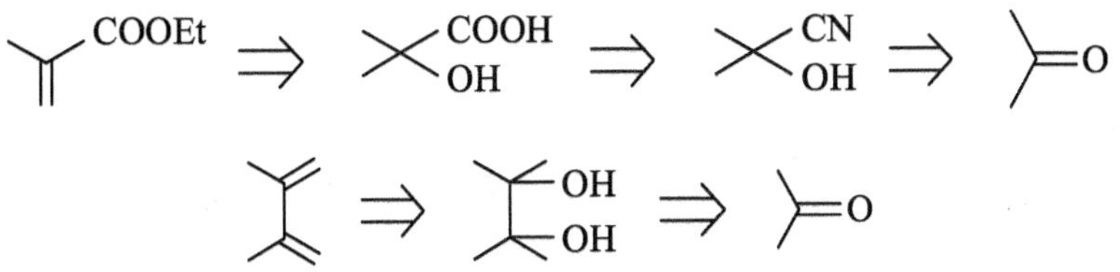

首先切断环己烯上的两条碳碳键，得到合成子的等价物：2,3-二甲基-1,3-丁二烯、1-甲基丙烯酸酯。前者可通过丙酮自由基偶联、水解、消去等过程获得。后者由丙酮与氰化钠经过亲核加成、消去等过程来制备。

合成路线如下：

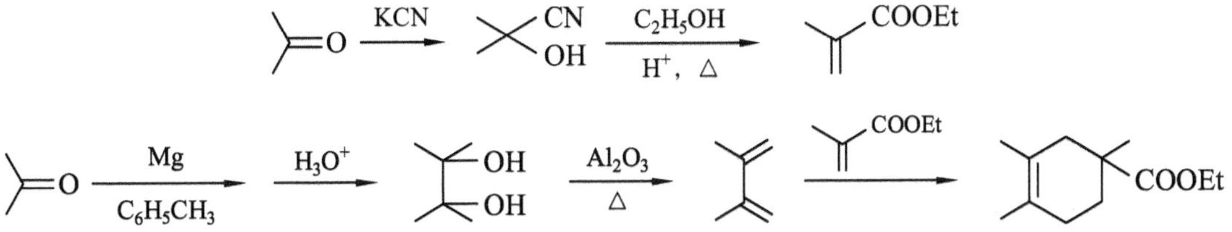

279. 以苯、丙酸等有机原料及其他必要的试剂合成

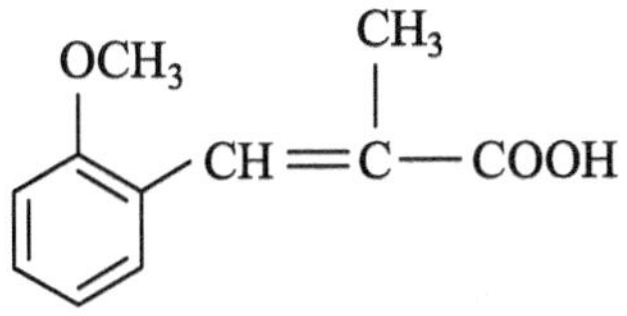

解：倒推分析如下

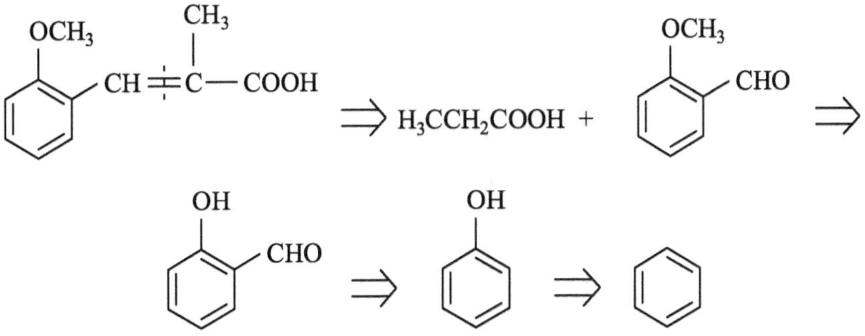

首先切断双键，得到合成子的等价物：丙酸、邻甲氧基苯甲醛。后者可由苯经过系列反应制备苯酚，然后甲酰化得到水杨醛，最后进行甲基化而得到。

合成路线如下：

$$CH_3CH_2COOH + C_2H_5OH \xrightarrow{H^+} CH_3CH_2COOEt$$

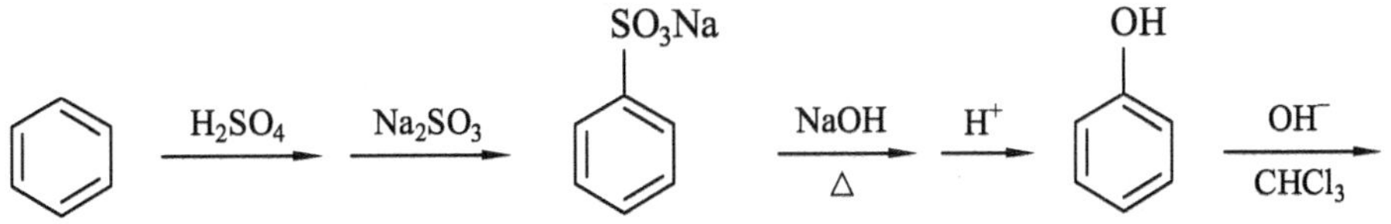

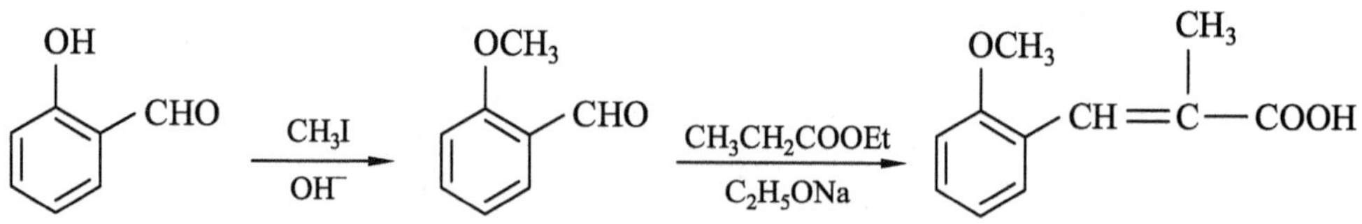

280. 由 3 个碳的有机原料合成下列化合物：

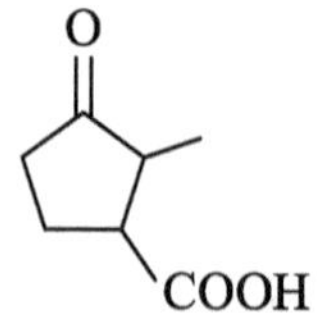

解：倒推分析如下

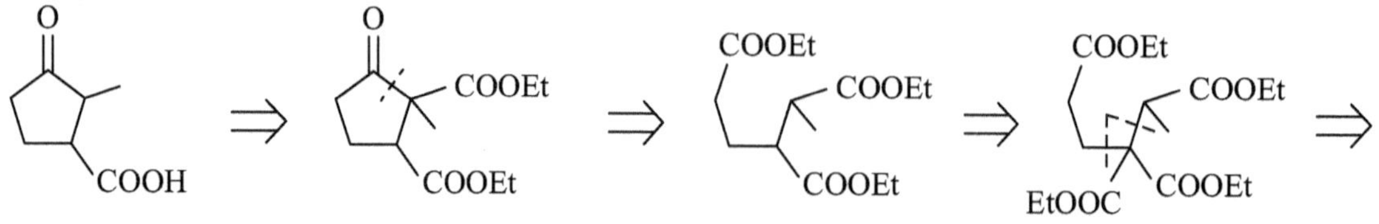

$$CH_2(COOEt)_2 + CH_3CHBrCOOEt + CH_2{=}CHCOOEt$$

首先在环的羰基的α-位引入辅助基——羧基，然后切断羰基右侧的碳碳键，得到一个 1, 5-二羧酸酯结构的三元羧酸酯。在下端的α-位引入辅助基——羧基后可得到一个丙二酸酯进行两次烷基化后的整体碳骨架结构。切断丙二酸酯的亚甲基上的其他碳碳键，得到合成子的等价物：丙二酸酯、丙酸乙酯、丙烯酸酯。

合成路线如下：

$$CH_2(COOEt)_2 + CH_2{=}CHCOOEt \xrightarrow{C_2H_5ONa} \underset{\displaystyle CH_2CH_2COOEt}{\overset{\displaystyle CH(COOEt)_2}{|}} \xrightarrow[C_2H_5ONa]{CH_3CHBrCOOEt}$$

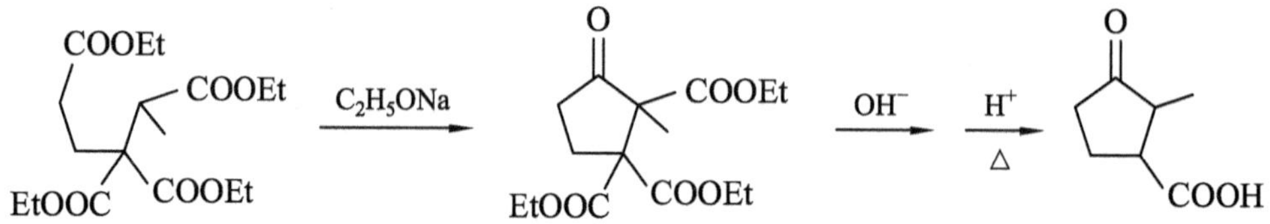

281. 由 3-戊酮和 4 个碳及以下的有机原料合成

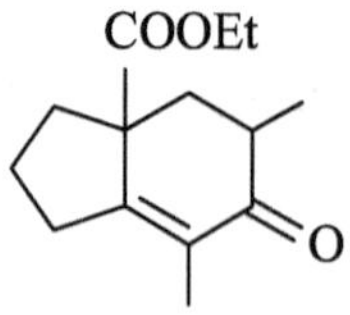

解：倒推分析如下

(反应式图略)

首先切断环上的双键，得到一个1,5-二酮羧酸酯，再切断环支链的碳碳键，得到合成子的等价物：4-甲基-4-戊烯-3-酮、2-乙氧甲酰基环戊酮。前者可通过甲醛与3-戊酮进行交叉羟醛缩合制取。后者经过1,3-丁二烯与乙烯合成环己烯，然后氧化、酯化、缩合得到。

合成路线如下：

(合成路线图略)

$$HCHO + \text{(3-戊酮)} \xrightarrow[\text{H}_2\text{O}]{\text{OH}^-} \text{(4-甲基-4-戊烯-3-酮)}$$

$$\text{(丁二烯)} + \| \longrightarrow \text{(环己烯)} \xrightarrow[\text{H}^+]{\text{KMnO}_4} \xrightarrow[\text{H}^+]{\text{C}_2\text{H}_5\text{OH}} \text{(己二酸二乙酯)} \xrightarrow{\text{C}_2\text{H}_5\text{ONa}}$$

$$\text{(2-乙氧甲酰基环戊酮)} \xrightarrow[\text{C}_2\text{H}_5\text{ONa}]{} \text{(中间体)} \xrightarrow{\text{OH}^-} \text{(产物)}$$

282. 由丙二酸二乙酯、苯乙酮为有机原料合成

(目标产物结构图略)

解： 倒推分析如下

(倒推分析图略)

$$\text{(苯丙二酸衍生物)} \Rightarrow \text{(苯茚酮)} \Rightarrow \text{(苯丙酸衍生物)} \Rightarrow \text{(苯基丁二酸)} \Rightarrow$$

$$\text{(亚甲基丙二酸衍生物, COOH)} \Rightarrow \text{COCH}_3 \text{（苯乙酮）} + \text{CH}_2(\text{COOEt})_2$$

首先把苯环边的亚甲基转换成羰基，然后切断羧酸与苯环相连的碳碳键，在羧基的 α-位引入辅助基——羧基，再转换丙二酸亚甲基为双键，接着切断双键，得合成子的等价物：丙二酸酯、苯乙酮。

合成路线如下：

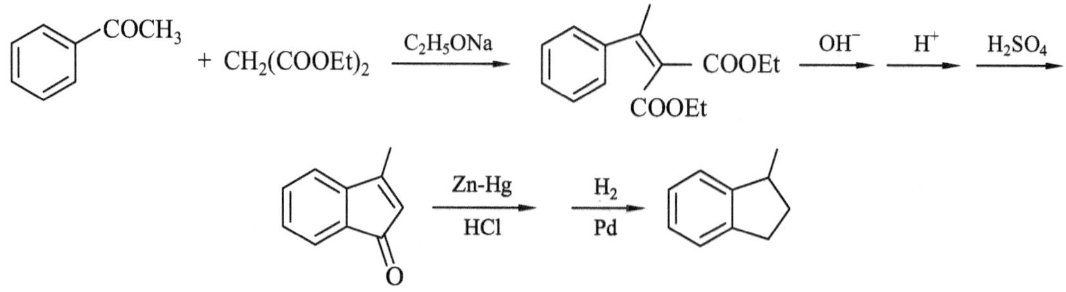

283. 由丙酮、丙二酸二乙酯为有机原料合成

$$(CH_3)_2C\!\!=\!\!C(CH_2CH_2OH)_2$$

解： 倒推分析如下

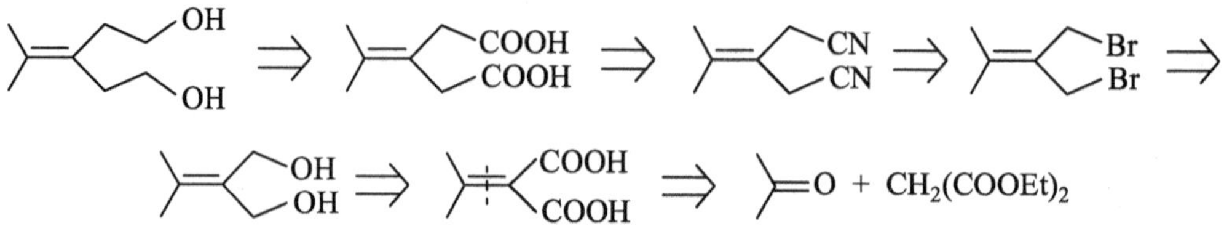

首先转换羟甲基为羧基，再依次转换成氰基、卤代烃、相应的醇；再把羟甲基转换成羧基，最后切断双键，得到合成子的等价物：丙酮、丙二酸二乙酯。

合成路线如下：

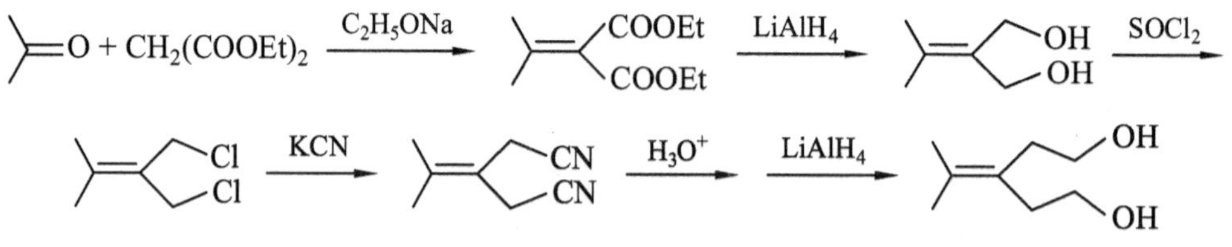

284. 由丙酮、乙炔和不多于 3 个碳的有机原料合成

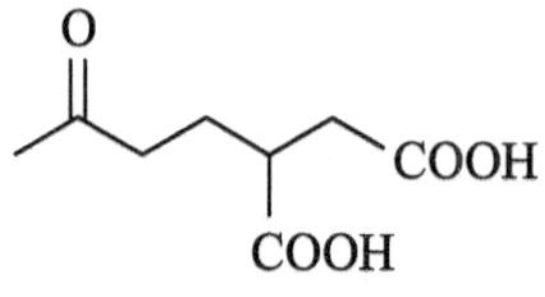

解： 倒推分析如下

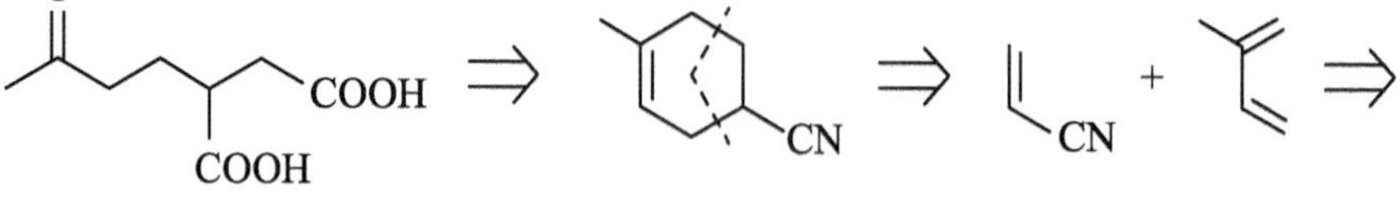

216

$$\overset{\overset{\displaystyle OH}{|}}{\underset{|}{\text{—}C\text{—}}} \Rightarrow (CH_3)_2C=O + HC\equiv CNa$$

由于目标物是一个 1, 6-酮酸的二元羧酸, 倒推至 1-甲基-4-氰基环己烯。切断相应的碳碳键, 得到合成子的等价物: 丙烯腈、2-甲基-1, 3-丁二烯。后者碳骨架可由乙炔钠和丙酮构建, 然后通过消去和选择还原得到。

合成路线如下:

$$(CH_3)_2C=O + HC\equiv CNa \longrightarrow \xrightarrow[\triangle]{H_3O^+ \quad Al_2O_3} \quad \xrightarrow{H_2}_{Pd\text{-}BaCO_3} \quad \overset{CN}{\diagup\!\!\!\diagdown} \longrightarrow$$

$$\xrightarrow[H_3O^+]{KMnO_4} \quad \underset{COOH}{\overset{O}{\diagup}COOH}$$

285. 由丁二烯合成己二胺。

解: 倒推分析如下

$$H_2N\diagdown\!\!\diagup\!\!\diagdown\!\!\diagup NH_2 \Rightarrow NC\diagdown\!\!\diagup\!\!\diagdown CN \Rightarrow \underset{Br}{\diagdown\!\!\diagup\!\!\diagdown\!\!\diagup} Br \Rightarrow \diagdown\!\!\diagup\!\!\diagdown$$

首先将氨甲基转换为氰基, 然后用溴取代氰基, 再转化成 1, 3-丁二烯。

合成路线如下:

$$\diagdown\!\!\diagup\!\!\diagdown \xrightarrow{Br_2} \underset{Br}{\diagdown\!\!\diagup\!\!\diagdown}Br \xrightarrow[Ni]{H_2} \underset{Br}{\diagdown\!\!\diagup\!\!\diagdown\!\!\diagup}Br \xrightarrow{KCN}$$

$$NC\diagdown\!\!\diagup\!\!\diagdown CN \xrightarrow{LiAlH_4} H_2N\diagdown\!\!\diagup\!\!\diagdown\!\!\diagup NH_2$$

286. 用乙炔为有机原料合成 1-丁胺。

解: 倒推分析如下

$$\diagdown\!\!\diagup\!\!\diagdown NH_2 \Rightarrow \diagdown\!\!\diagup\!\!\diagdown NH \Rightarrow \diagdown\!\!\diagup\!\!\diagdown NH \Rightarrow$$

$$\diagdown\!\!\diagup\!\!\diagdown O \Rightarrow CH_3CHO \Rightarrow HC\equiv CH$$

首先将目标物转化成丁亚胺, 再转换为丁烯亚胺, 亚胺转换为羰基, 得 2-丁烯醛, 后者由乙醛通过羟醛缩合获得。

合成路线如下:

$$HC\equiv CH \xrightarrow[Hg^{2+}]{H_3O^+} CH_3CHO \xrightarrow{OH^-} \diagdown\!\!\diagup\!\!\diagdown O \xrightarrow{NH_3} \diagdown\!\!\diagup\!\!\diagdown NH \xrightarrow[Pd]{H_2} \diagdown\!\!\diagup\!\!\diagdown NH_2$$

287. 用含 4 个及 4 个 C 以下的原料合成 $CH_3CH_2CH_2CH_2CH(NHCH_3)CH_3$。

解: 倒推分析如下

首先将甲氨基转换为甲基亚氨基，再转换成酮，最后转换成羟基，切断羟基左侧的碳碳键，得合成子的等价物：乙醛、丁基格氏试剂。

合成路线如下：

288. 用含 4 个及 4 个 C 以下的原料合成 $CH_3(CH_2)_4CH_2NHCH_3$。

解：倒推分析如下

首先转换末端的甲氨基为甲亚氨基，再转换成醛基，最后转换成羟基，切断羟基β-位的碳碳键，得合成子的等价物：环氧乙烷、丁基格氏试剂。

合成路线如下：

289. 以苯为原料合成二苯硫醚。

解：倒推分析如下

$$C_6H_5 — S — C_6H_5 \Rightarrow C_6H_5 — Br + C_6H_5 — SNa \Rightarrow C_6H_5 — SH \Rightarrow C_6H_5 — SO_3H \Rightarrow C_6H_6$$

首先切断碳硫键，得到合成子的等价物：溴苯、硫酚钠。前者通过苯催化溴代获得；后者可以由苯先磺化，再还原得到。

合成路线如下：

$$C_6H_6 + Br_2 \xrightarrow{\text{Br}_2/\text{Fe}} C_6H_5 — Br$$

$$C_6H_6 + ClSO_3H \longrightarrow C_6H_5—SO_3H \xrightarrow[H_2SO_4]{Zn} C_6H_5—SH \xrightarrow[OH^-]{C_6H_5—Br} C_6H_5—S—C_6H_5$$

290. 以苯胺、硫脲、氯乙醛为有机原料合成

解： 倒推分析如下

$$H_2N—\text{(苯)}—SO_2 \!\!\not|\!\!— NH—\text{(噻唑)} \Longrightarrow H_2N—\text{(苯)}—SO_2Cl + H_2N—\text{(噻唑)}$$

$$H_2N—\text{(噻唑)} \Longrightarrow (NH_2)_2S{=}O + ClCH_2CHO$$

$$H_2N—\text{(苯)}—SO_3H \Longrightarrow H_2N—\text{(苯)}$$

首先切断磺酰胺的硫氮键，得到合成子的等价物：对氨基磺酰氯、2-氨基噻唑。前者可通过磺化反应制备；后者可直接用硫脲与氯乙醛缩合得到。

合成路线如下：

$$(NH_2)_2S{=}O + ClCH_2CHO \longrightarrow H_2N—\text{(噻唑)}$$

$$H_2N—\text{(苯)} \xrightarrow{ClSO_3H} H_2N—\text{(苯)}—SO_3H \xrightarrow{SOCl_2} H_2N—\text{(苯)}—SO_2Cl \xrightarrow{H_2N—\text{(噻唑)}}$$

$$H_2N—\text{(苯)}—SO_2—NH—\text{(噻唑)}$$

291. 以苯为有机原料合成 4, 4′-二甲基联苯。

解： 倒推分析如下

$$H_3C—\text{(苯)}\!\!\not|\!\!—\text{(苯)}—CH_3 \Longrightarrow H_3C—\text{(苯)} + ClN_2—\text{(苯)}—CH_3 \Longrightarrow$$

$$H_2N—\text{(苯)}—CH_3 \Longrightarrow O_2N—\text{(苯)}—CH_3 \Longrightarrow \text{(苯)}—CH_3 \Longrightarrow \text{(苯)}$$

首先切断联苯的碳碳键，得到合成子的等价物：甲苯和对甲苯重氮盐，后者可由甲苯通过硝化、还原，再重氮化而得到。

合成路线如下：

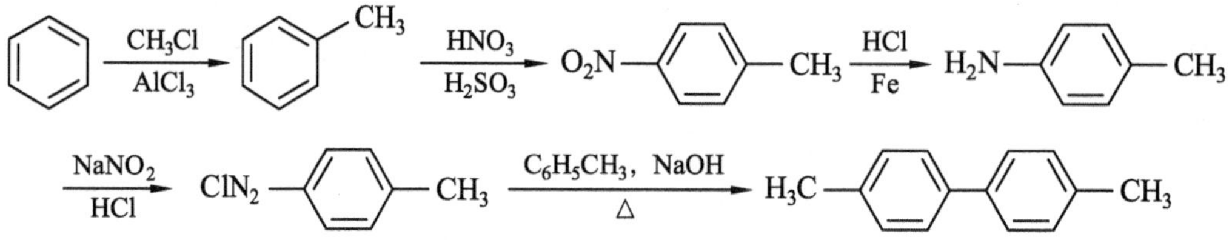

292. 以乙烯、苯、丁二酸酐为有机原料合成 β-乙基萘。

解： 倒推分析如下

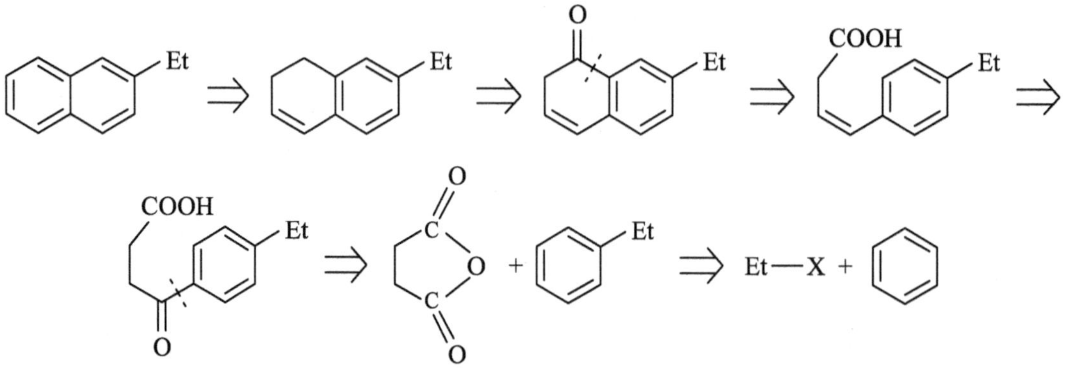

首先转换左侧环 α-位的碳为亚甲基，再转换成羰基，切断羰基右侧的碳碳键，得到一个不饱和芳香羧酸；继续转换苯环支链第一个碳为羰基，接着切断羰基右侧的碳碳键，得到合成子的等价物：乙苯、丁二酸酐。前者通过乙烯与苯进行烷基化反应获得。

合成路线如下：

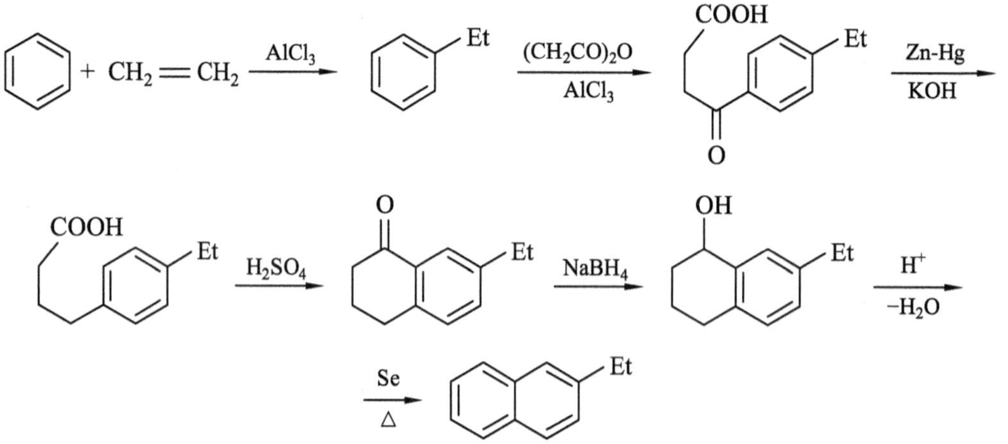

293. 以苯、丁二酸酐为有机原料合成

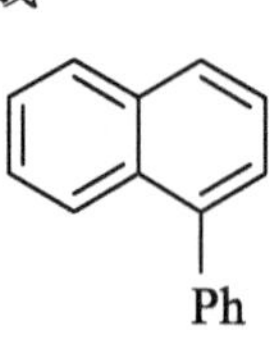

解： 倒推分析如下

220

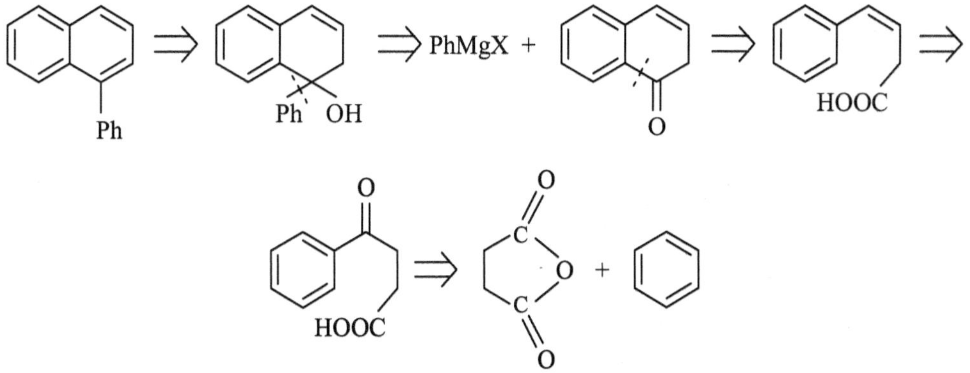

首先将苯基连接的碳环上的碳碳双键转换为叔醇；然后切断苯基，得到合成子的等价物：苯基格氏试剂、4-苯基-3-丙烯酸。后者首先转化为4-苯基-4-酮酸，然后切断支链，得到合成子的等价物：苯、丁二酸酐。

合成路线如下：

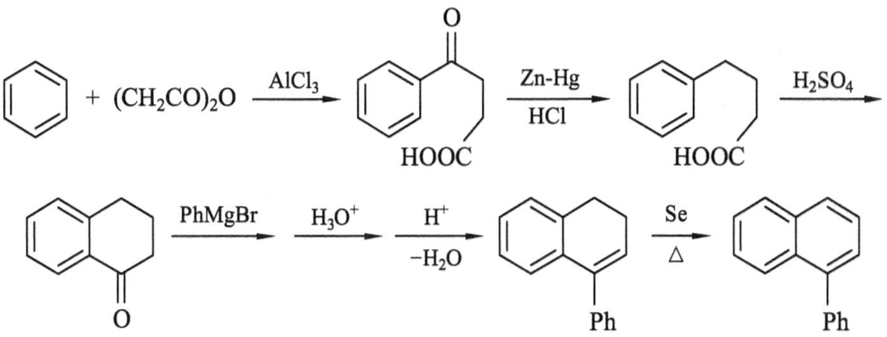

294. 以萘、丁二酸酐及必要的试剂合成

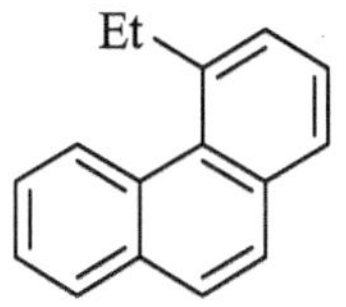

解：倒推分析如下

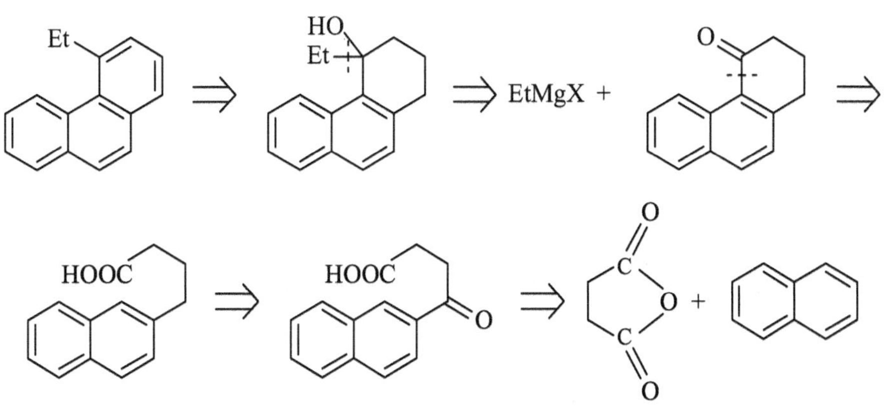

参照 291 题。

合成路线如下：

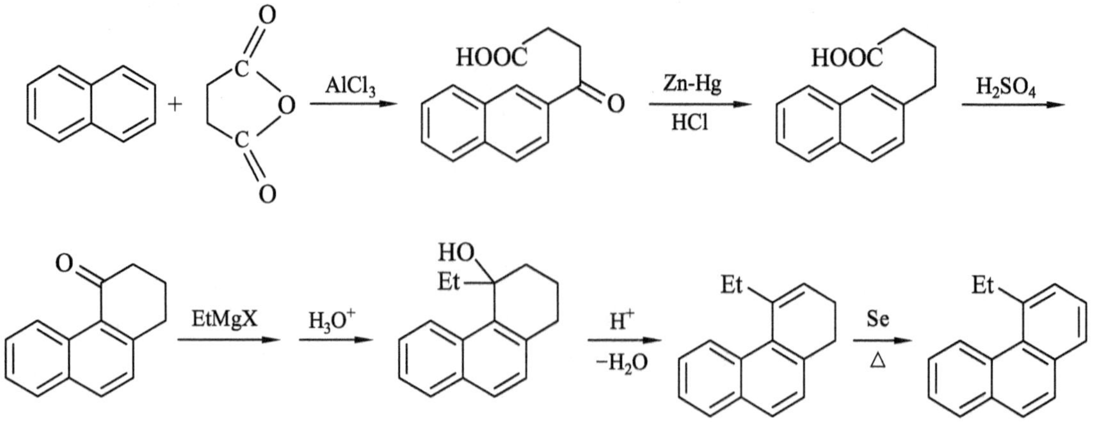

295. 用苯、甲苯合成 1-苄基-4-硝基苯。

解： 倒推分析如下

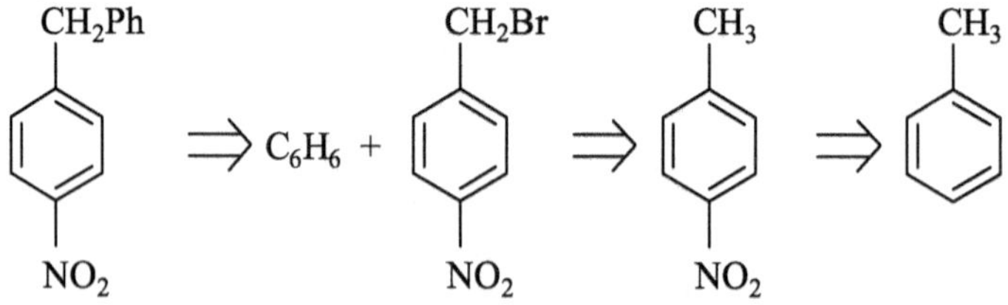

首先切掉苯基，得到合成子的等价物：苯、对硝基苄基溴。后者可由甲苯通过先硝化，再经过游离基溴代获得。

合成路线如下：

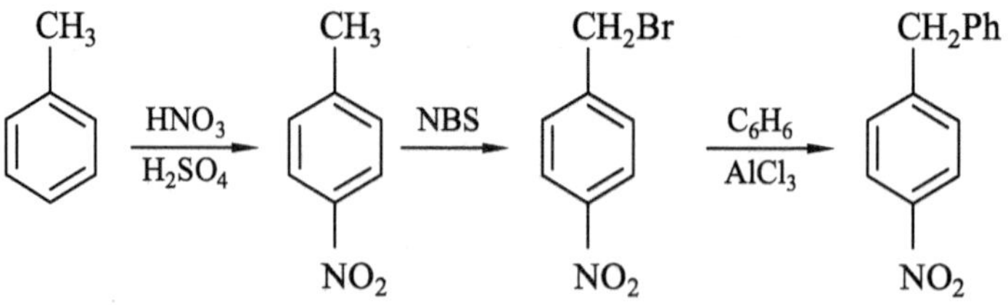

296. 以甲苯为有机原料合成 2-甲基-4-硝基苯腈。

解： 倒推分析如下

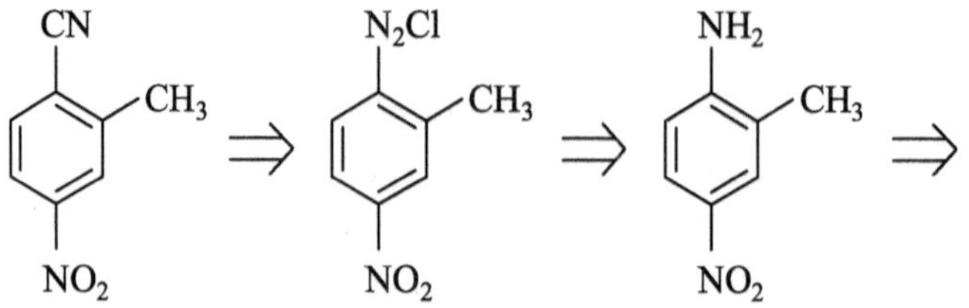

首先转换氰基为重氮基，然后转换成氨基，切断硝基，再把氨基转换成硝基，切断硝基，得到甲苯。

合成路线如下：

297. 以苯胺为原料合成 1-硝基-2,6-二氯苯。

解： 倒推分析如下

首先转化硝基为氨基，然后在氨基的对位引入堵塞基——磺酸基，切掉两个氯，再移去磺酸基，得到苯胺。

合成路线如下：

298. 以苯、甲苯为有机原料合成 3-甲基联苯。

解： 倒推分析如下

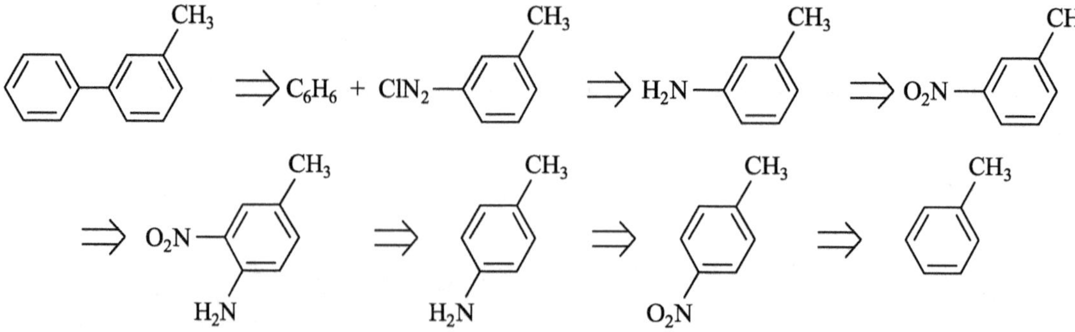

首先切断联苯的碳碳键，得到合成子的等价物：苯、间甲基重氮苯。分两步转换重氮基为硝基，在甲基的对位引入氨基，切掉硝基，再转换氨基为硝基，后者经甲苯硝化得到。最重要的反应是通过联苯胺的重排反应制备联苯的碳骨架。

合成路线如下：

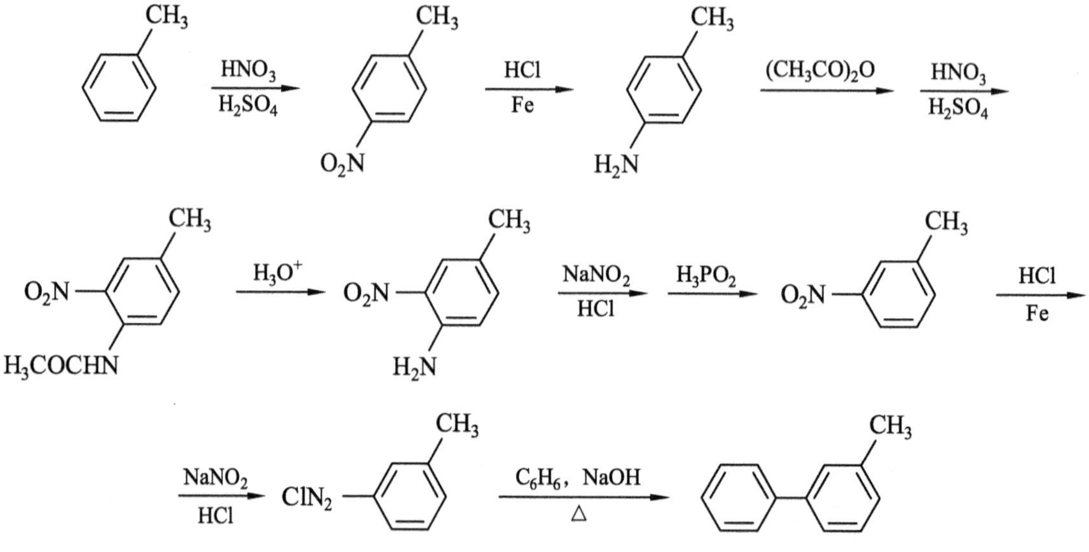

299. 以甲苯为有机原料合成 4,4′-二甲基联苯。

解： 倒推分析如下

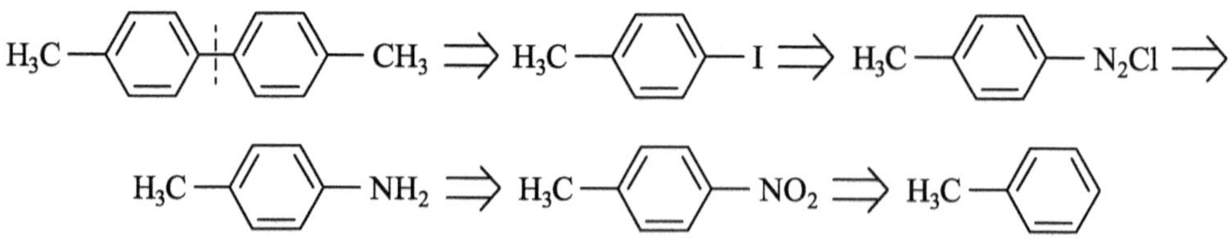

目标物可以由对碘甲苯通过乌尔曼（Ullmann）反应获得。所以，先切断联苯的碳碳键，得到对碘甲苯，把碘转换成重氮基，再转换成氨基，继续转换成硝基，切掉硝基，最后得到甲苯。

合成路线如下：

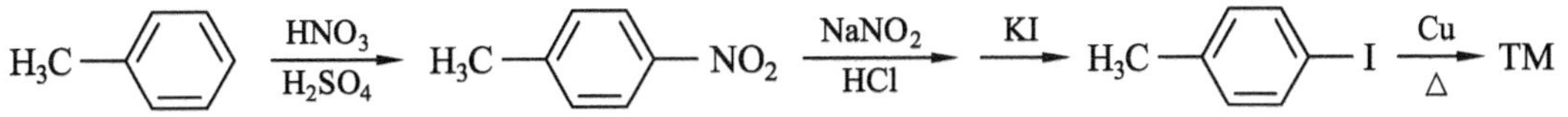

300. 以苯为有机原料及必要的试剂合成

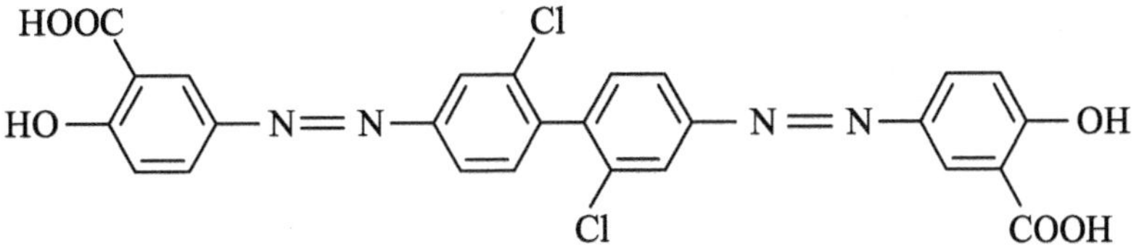

解：倒推分析如下

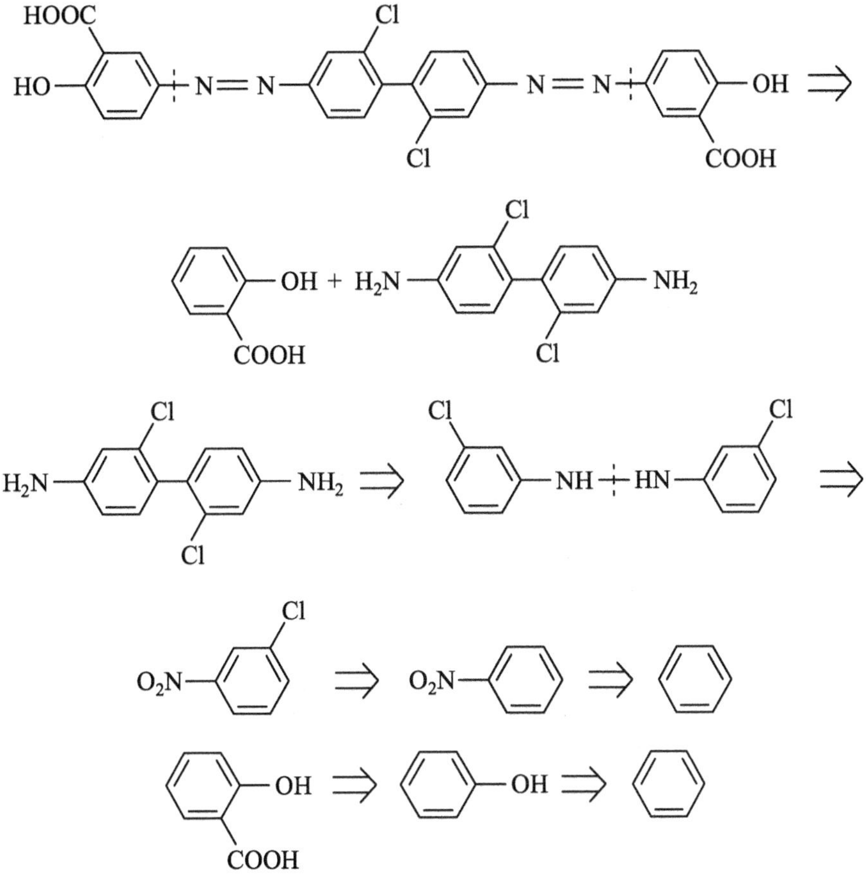

因为偶联反应只能在重氮盐和酚或芳胺之间进行反应。所以，切断与酚连接的碳氮键，得到合成子的等价物：邻羟基苯甲酸、2, 2′-二氯-4, 4′-二重氮苯。前者可由甲苯先硝化后选取邻硝基甲苯，氧化甲基为羧基，然后通过系列反应把硝基转换成羟基制得。后者倒推得到2, 2′-二氯-4, 4′-二氨基联苯，切断联苯碳碳键，得间硝基氯苯。后者可由苯通过先硝化，再氯代制取。这里最重要的反应是通过联苯胺重排反应制备联苯的碳骨架。

合成路线如下：

301. 以苯为有机原料合成 2, 2′-二溴-4, 4′-联苯二甲酸。

解： 倒推分析如下

首先转换羧基为氰基，然后转换为氨基，切断联苯骨架的碳碳键，得到合成子的等价物：间硝基溴苯。它可以由苯通过先硝化，再溴代来制备。该题还是利用了联苯胺的重排反应制备联苯的碳骨架。

合成路线如下：

$$\text{(苯)} \xrightarrow[\text{H}_2\text{SO}_4]{\text{HNO}_3} \text{(PhNO}_2\text{)} \xrightarrow[\text{Fe}]{\text{Br}_2} \text{(3-Br-NO}_2\text{)} \xrightarrow[\text{NaOH}]{\text{Zn}}$$

NH—HN (Br, Br) $\xrightarrow{\text{H}^+}$ H$_2$N—(Br, Br)—NH$_2$ $\xrightarrow[\text{HCl}]{\text{NaNO}_2}$ $\xrightarrow[\text{CuCN}]{\text{KCN}}$

NC—(Br, Br)—CN $\xrightarrow{\text{H}_3\text{O}^+}$ TM

302. 以甲苯和 3 个碳的有机原料合成 4-苯基丁醇。

解： 倒推分析如下

$$\text{PhCH}_2\text{CH}_2\text{CH}_2\text{CH}_2\text{OH} \Longrightarrow \text{PhCH}_2 \overset{|}{} \text{CH}_2\text{CH}=\text{CH}_2 \Longrightarrow \text{PhCH}_2\text{MgCl} +$$

$$\text{BrCH}_2\text{CH}=\text{CH}_2 \Longrightarrow \text{PhCH}_3 + \text{CH}_3\text{CH}=\text{CH}_2$$

首先转换醇为对应的烯烃，然后切断苄基，得到合成子的等价物：苄基格氏试剂、丙烯。重要的是把链端的烯烃转化成伯醇的反应。

合成路线如下：

$$\text{CH}_3\text{CH}=\text{CH}_2 \xrightarrow{\text{NBS}} \text{BrCH}_2\text{CH}=\text{CH}_2$$

$$\text{PhCH}_3 \xrightarrow[h\nu]{\text{Cl}_2} \text{PhCH}_2\text{Cl} \xrightarrow[\text{Et}_2\text{O}]{\text{Mg}} \text{PhCH}_2\text{MgCl} \xrightarrow{\text{BrCH}_2\text{CH}=\text{CH}_2}$$

$$\text{PhCH}_2\text{CH}_2\text{CH}=\text{CH}_2 \xrightarrow[\text{OH}^-]{\text{B}_2\text{H}_6 \quad \text{H}_2\text{O}_2} \text{PhCH}_2\text{CH}_2\text{CH}_2\text{CH}_2\text{OH}$$

303. 由甲苯合成

（结构：CH$_3$、H$_3$CO、C=O、NO$_2$ 取代的二苯甲酮）

解: 倒推分析如下

由于 F-C 酰基化反应必须在有活性的芳环上才能进行,所以在羰基的左侧(唯一的位置)切断,得到合成子的等价物:对甲苯甲醚、对硝基苯甲酰氯。前者可由甲苯先制备对甲酚,然后在羟基上进行甲基化获得。后者则由甲苯先硝化,取对位产物,然后氧化甲基得到羧基,最后转换成酰氯。

合成路线如下:

304. 用苯、甲苯和不超过 2 个 C 的有机原料合成

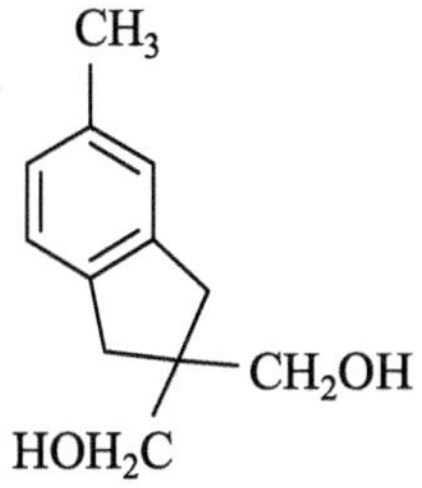

解： 倒推分析如下

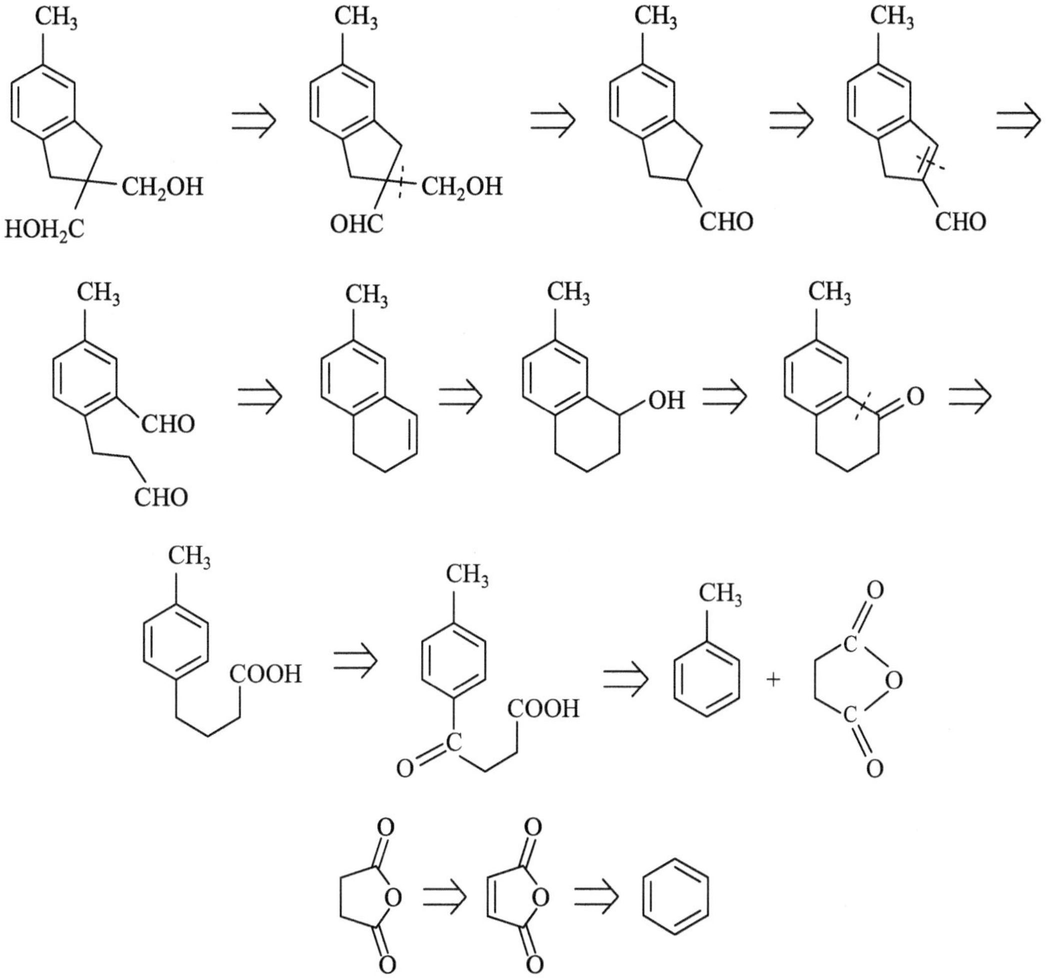

首先转化一个羟甲基为醛基，然后切掉羟甲基，得到对应的醛；转换醛基右侧的亚甲基为碳碳双键，切断碳碳双键，得到一个 1,6-二醛，再转换二醛骨架为对应的环己烯碳骨架。转换芳环 α-位的双键为苄醇结构，再转化羟基为羰基，切断羰基得到 4-对甲苯基丁酸。转换亚甲基为羰基，再切断苯环与羰基之间的碳碳键，得到合成子的等价物：甲苯、丁二酸酐。

合成路线如下：

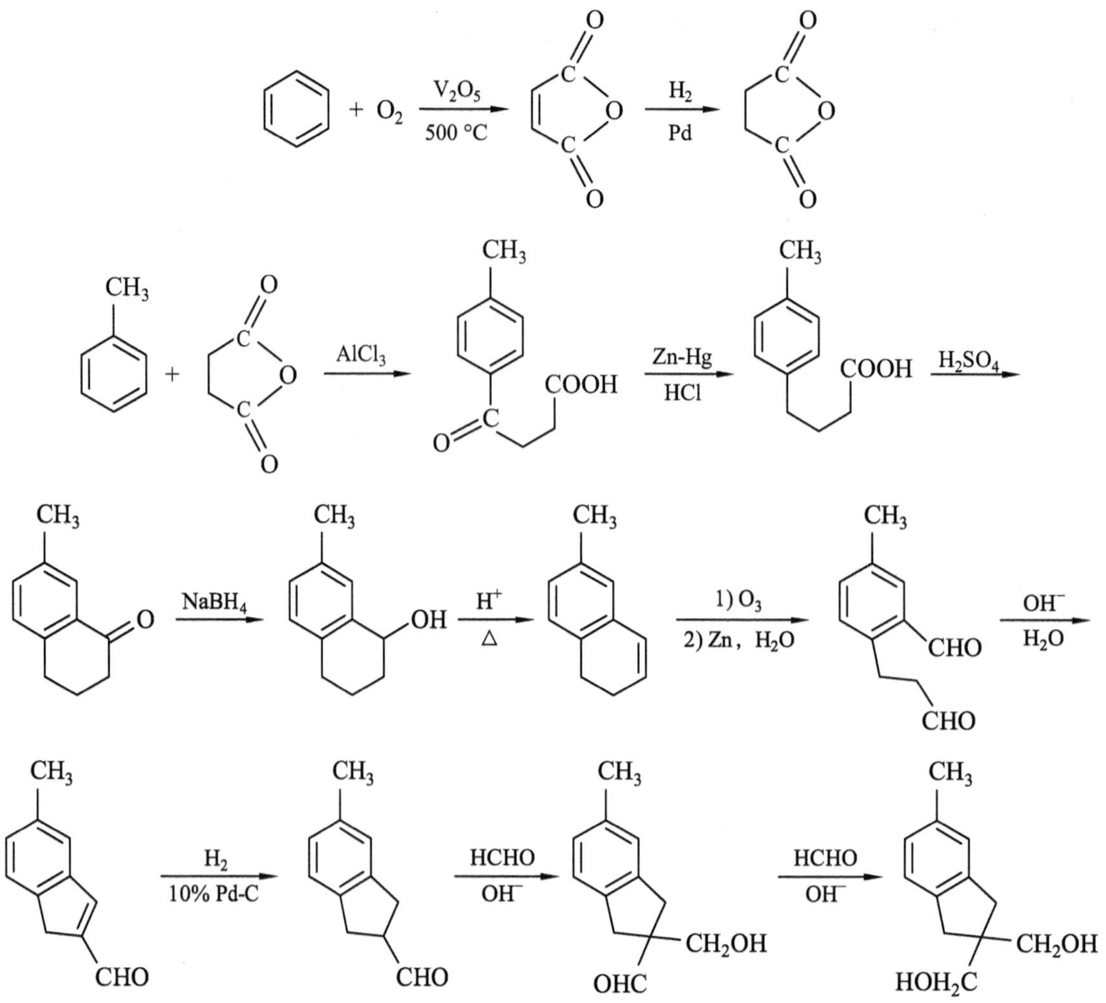

305. 以乙炔为有机原料合成

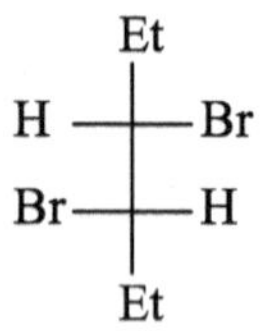

解： 倒推分析如下

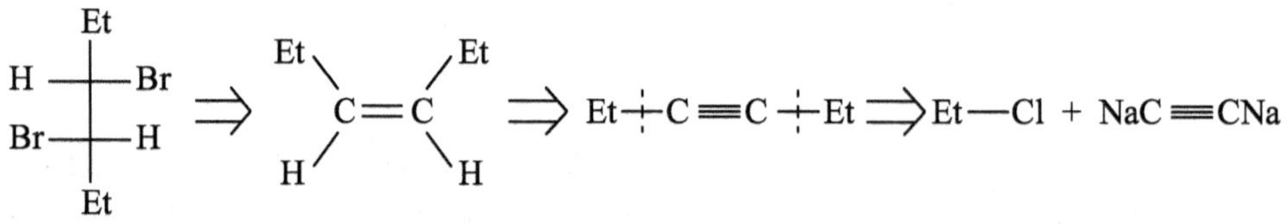

由于溴的亲电加成为反式加成，所以把目标物转换为顺式烯烃，再转换成炔烃。切断碳碳三键两边的碳碳单键，得到合成子的等价物：乙炔钠、卤代乙烷。

合成路线如下：

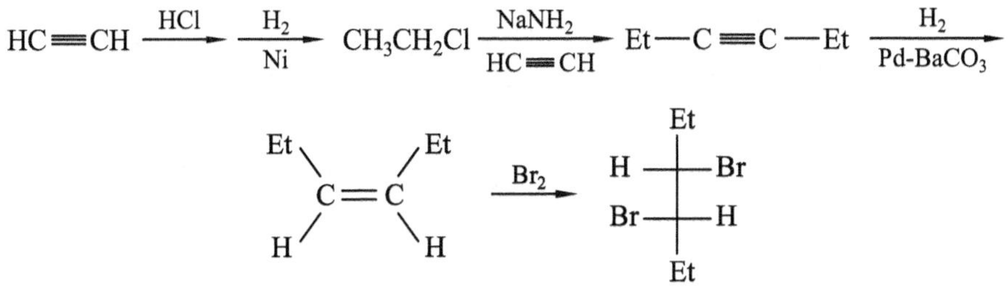

$$HC \equiv CH \xrightarrow{HCl} \xrightarrow[Ni]{H_2} CH_3CH_2Cl \xrightarrow[HC \equiv CH]{NaNH_2} Et-C \equiv C-Et \xrightarrow[Pd-BaCO_3]{H_2}$$

306. 以乙炔为有机原料合成

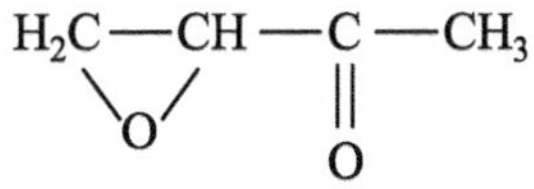

解： 倒推分析如下

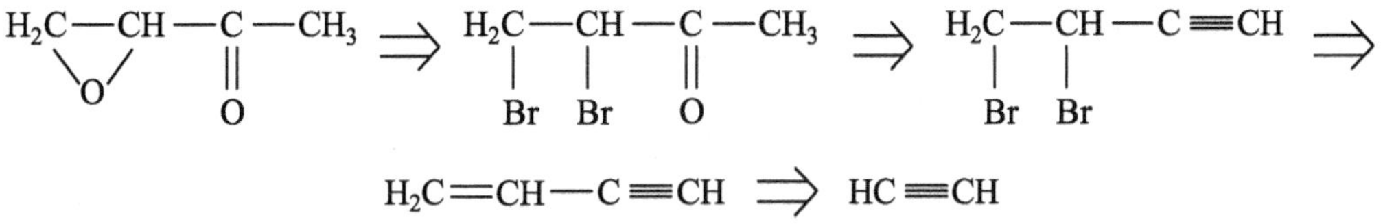

首先转换环氧乙基为 1, 2-二溴乙基，再把右侧的乙酰基转换成乙炔基，然后把 1, 2-二溴乙炔基转换成乙烯基乙炔。乙烯基乙炔可通过乙炔催化二聚而得。

合成路线如下：

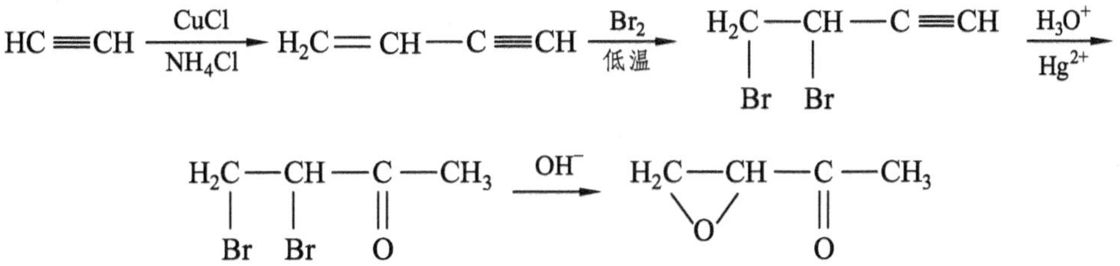

307. 用苯基醚和 4 个碳及以下的有机物为原料合成

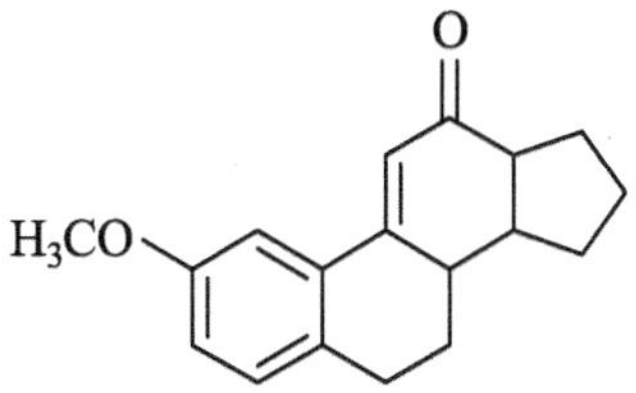

解： 倒推分析如下

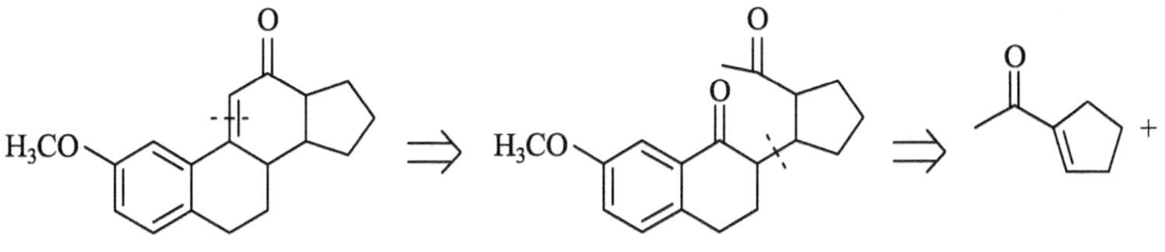

由于环状的烯酮可以由1,5-二酮构建，所以先切断碳碳双键，得1,5-二羰基化合物的碳骨架，再切断环上支链的碳碳键，得到合成子的等价物：5-甲氧基-1,2-苯并环己-2-酮、1-乙酰环戊烯。前者首先切断羰基左侧的碳碳键，得到4-对甲氧苯基丁酸，转换支链第一个碳的亚甲基为羰基，然后切掉支链，得到合成子的等价物：苯甲醚、丁二酸酐。后者切断碳碳双键，得到1,6-酮酸酯，转换该化合物为1-甲基环己烯，切断两条适宜的碳碳单键，得到合成子的等价物：乙烯、2-甲基-1,3-丁二烯。后者可以通过乙炔钠与丙酮亲核加成、消去、催化还原得到。

合成路线如下：

308. 用甲苯等有机物为原料合成 9-菲甲酸。

解：倒推分析如下

首先切断连接 1,3-二环的碳碳键，得到左侧碳为重氮的不饱和羧酸。逐步转换重氮基为硝基，再切断支链上的碳碳双键，得到合成子的等价物：邻硝基苯甲醛、苯乙酸。前者可由甲苯先硝化，再取邻位产物，氧化甲基为甲酰基而得。后者可通过甲苯先进行游离基卤代，再与氰化钠进行亲核取代，最后水解得到。

合成路线如下：

309. 以苯甲醛、丙二酸二乙酯及小于或等于 3 个碳的有机物为原料，添加必要的无机试剂合成

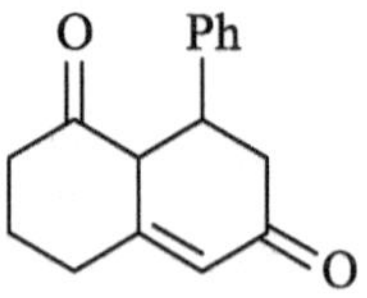

解： 倒推分析如下

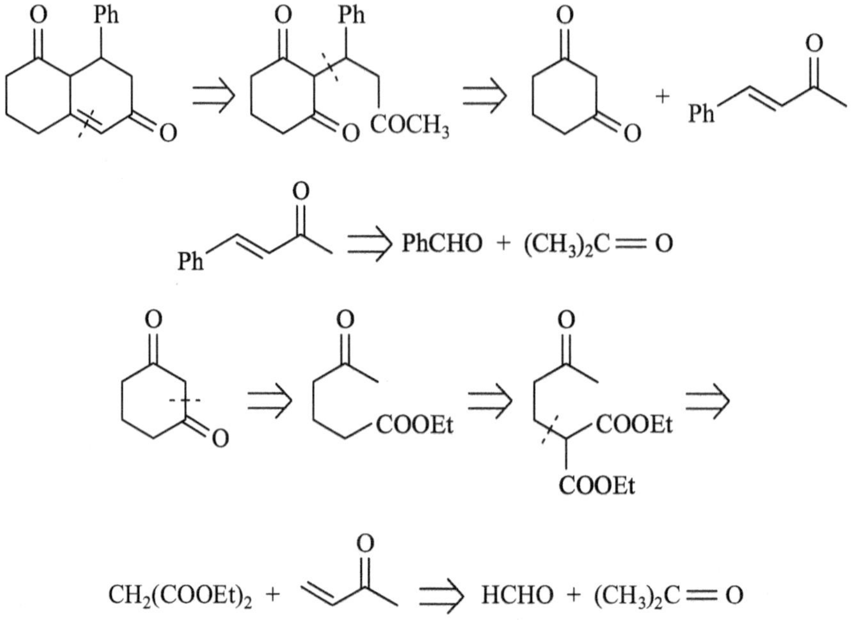

首先切断碳碳双键，得到 1,5-二酮结构的三酮化合物。切断环上支链的碳碳键，得到合成子的等价物：1,3-环己二酮、4-苯基-3-丁烯-2-酮。后者可由丙酮和苯甲醛经过交叉羟醛缩合得到。前者再切断羰基旁边的碳碳单键，得到 1,5-酮酸酯，然后在羧基的 α-位引进辅助——羧基，即可看到整个碳骨架是一个丙二酸酯经过烷基化后的结构，切断丙二酸酯亚甲基的其他碳碳键，得到合成子的等价物：丙二酸酯、3-丁烯-2-酮。烯酮可由甲醛与丙酮进行交叉羟醛缩合后再消去而获得。

本路线经过两次迈克尔加成反应构建 1,5-酮酸酯或 1,5-二酮的碳骨架，这是常用的增长碳链的好方法。

合成路线如下：

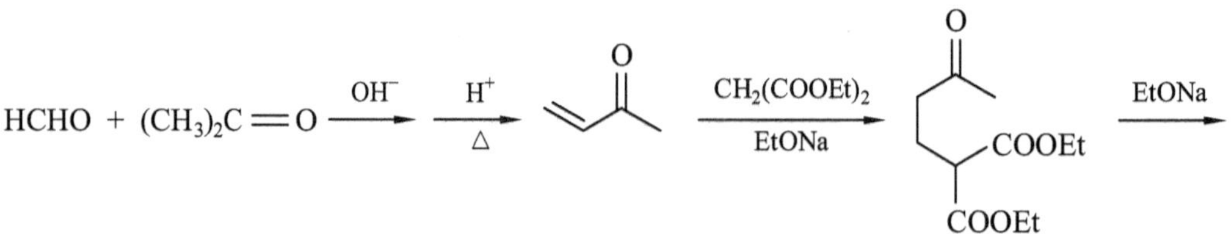

234

310. 以苯及小于或等于 4 个碳的有机物为原料，添加必要的无机试剂合成

解：倒推分析如下

首先对称切断联萘的碳碳键，得到 4-甲基-6-氟-8-碘喹啉，逐步转换碘为硝基，把氟转换为溴，按照斯克劳普合成法的规律切断，得到合成子的等价物：3-丁烯-2-酮、邻硝基对溴苯胺。后者由苯通过先制备苯胺，再溴代、硝化获得。该合成包括了乌尔曼反应、斯克劳普反应、氟代芳烃的反应等重要反应。

合成路线如下：

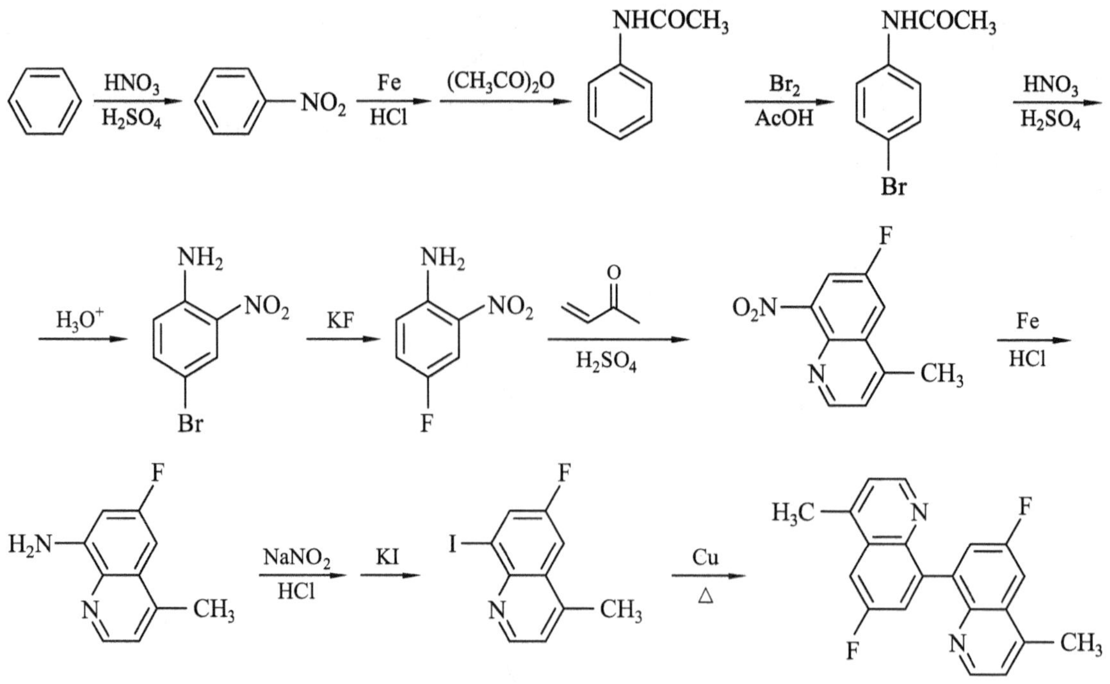

HNO₃/H₂SO₄ → NO₂ → Fe/HCl → (CH₃CO)₂O → NHCOCH₃ → Br₂/AcOH → NHCOCH₃ (Br) → HNO₃/H₂SO₄ →

H₃O⁺ → NH₂ NO₂ Br → KF → NH₂ NO₂ F → 甲基乙烯基酮 / H₂SO₄ → O₂N–F–CH₃喹啉 → Fe/HCl →

H₂N–F–CH₃喹啉 → NaNO₂/HCl, KI → I–F–CH₃喹啉 → Cu/Δ → 联喹啉产物

311. 以小于或等于 3 个碳的有机物为原料及必要的无机试剂合成

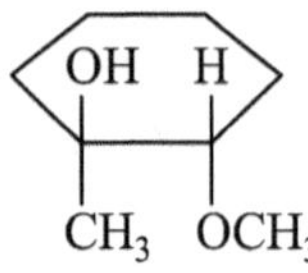

OH H (DL)
CH₃ OCH₃

解： 倒推分析如下

(目标物) ⟹ 环氧化物 ⟹ 1-甲基环己烯 ⟹ 1-甲基环己醇 ⟹ 环己酮 ⟹

环己醇 ⟹ 双环 ⟹ 乙烯 + 1,3-丁二烯 ⟹ 烯丙醇 ⟹ HCHO + XMgCH₂CH=CH₂

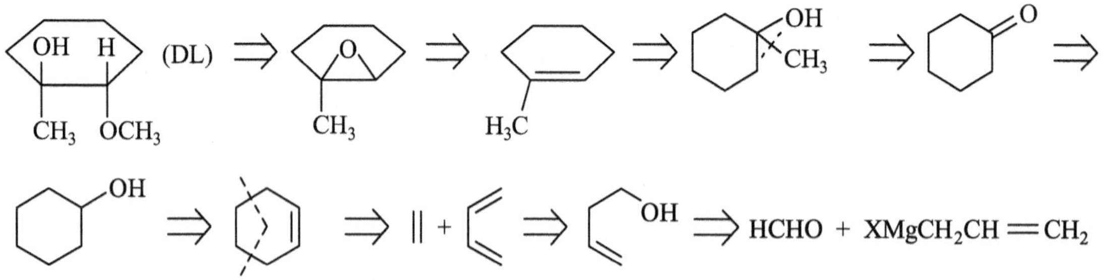

目标物可以通过甲氧负离子对环氧乙烷进行亲核开环来构建，所以首先转换目标物为环氧乙烷衍生物，再依次转换成 1-甲基环己烯、1-甲基环己醇；切断甲基得环己酮，再逐步转换至环己烯；切断环己烯，得到合成子的等价物：乙烯、1,3-丁二烯；后者可通过烯丙基格氏试剂与甲醛反应逐步构建。

合成路线如下：

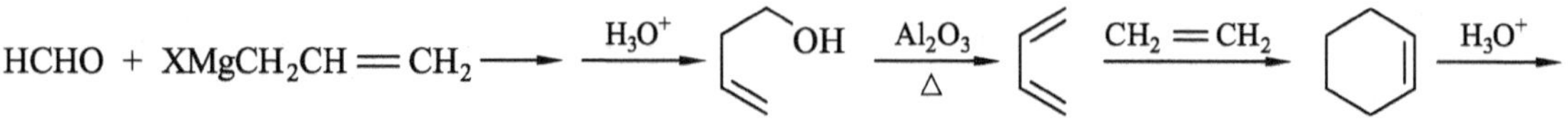

HCHO + XMgCH₂CH=CH₂ $\xrightarrow{H_3O^+}$ 烯丙醇 OH $\xrightarrow[\Delta]{Al_2O_3}$ 丁二烯 $\xrightarrow{CH_2=CH_2}$ 环己烯 $\xrightarrow{H_3O^+}$

312. 用 5 个碳以下（含 5 个碳）的化合物为原料合成二氢茉莉酮酸甲酯：

解：倒推分析如下

可通过烯胺的烷基化反应构建酮的 α-位烷基化结构，首先切掉支链的戊基，得到合成子的等价物：1-溴戊烷、3-甲氧甲酰亚甲基环戊酮。在后者的羧基 α-位引入辅助基——羧基，得一个丙二酸酯进行烷基化后的整体碳骨架结构（1,5-酮酸）。通常该类型结构可以通过迈克尔加成反应来构建，所以切断丙二酸酯亚甲基上的其他碳碳键，得合成子的等价物：丙二酸酯、共轭的环戊烯酮。

合成路线如下：

参考文献

[1] 李景宁. 有机化学（下册）[M]. 5 版. 北京：高等教育出版社，2011.

[2] 麦凯 R K，史密斯 D M，艾特肯 R A. 有机合成指南[M]. 3 版. 孟歌，译. 北京：化学工业出版社，2009.

[3] 徐家业. 高等有机合成[M]. 北京：化学工业出版社，2005.

[4] 薛永强，王志忠，张蓉. 现代有机合成技术[M]. 北京：化学工业出版社，2003.

[5] 黄培强，靳立人，陈安齐. 有机合成[M]. 北京：高等教育出版社，2004.

[6] 巨勇，赵国辉，席婵娟. 有机合成化学与路线设计[M]. 北京：清华大学出版社，2002.

[7] 王玉炉. 有机合成化学[M]. 北京：科学出版社，2005.

[8] 汪秋安. 高等有机化学[M]. 2 版. 北京：化学工业出版社，2007.